D1734531

M. Bidlingmaier, A. Haag, K. Kühnemann

Einheiten – Grundbegriffe – Meßverfahren der Nachrichten-Übertragungstechnik

SIEMENS
SIEMENS
SIEMENS

Einheiten – Grundbegriffe – Meßverfahren der Nachrichten-Übertragungstechnik

Von Meinrad Bidlingmaier, Albert Haag und Karl Kühnemann

4., überarbeitete und erweiterte Auflage

SIEMENS AKTIENGESELLSCHAFT

Zum Bild auf Seite 2:

Mit lochstreifen- und rechnergesteuerten Meßautomaten nach dem PEGAMAT-System ergeben sich beispielsweise in den Prüffeldern für Nachrichten-Übertragungseinrichtungen die Vorteile: einfache Bedienung, erhöhte Gütesicherung und große Zeitgewinne, einfache Anpassung an die jeweilige Prüfaufgabe, gedruckte Protokolle (s. S. 79) und schnelle Auswertung der Meßergebnisse durch Rechner. Das PEGAMAT-System ist zudem ein Aufbausystem: eine Grundausrüstung läßt sich entsprechend den jeweils in Forschung, Entwicklung oder Fertigung gestellten Meßaufgaben durch Hinzufügen weiterer Bausteine in wirtschaftlicher Weise anpassen.

ISBN 3-8009-1132-9

Herausgeber und Verlag: Siemens Aktiengesellschaft, Berlin · München

Printed in Germany

Vorwort

Von Anfang an und unmittelbar aus der Praxis heraus haben wir in den verschiedenen Ausgaben unseres Buches „Meßgeräte für die Nachrichtentechnik" — sein Titel lautete in den dreißiger Jahren „Meßgeräte für die Fernmeldetechnik", in den zwanziger Jahren „Geräte für Wechselstrommessungen" — die eigens für diese spezielle Meßtechnik geschaffenen Begriffe in Kurzform erklärt. Die bald zu einem Anhang zusammengefaßten Begriffsbestimmungen, Meßverfahrendarstellungen und Tabellen wurden Auflage für Auflage erweitert und dem jeweils neuesten Stand angepaßt. Sie fanden stets sehr großes Interesse, so daß es uns zweckmäßig erschien, den Anhang als selbständige Schrift herauszubringen; dies geschah erstmals mit der Ausgabe April 1963.

Die letzte, stark erweiterte Ausgabe (November 1969) war — ablesbar am schnellen Abruf der relativ großen Auflage — von den Fachleuten wiederum sehr begrüßt worden. Der bisherige Inhalt und die Kurzform der Darstellung wurden deshalb bei der Neuauflage beibehalten. Alle Abschnitte sind entsprechend dem neuesten Stand der Normen und der Meßtechnik überarbeitet worden. Neu hinzu kamen die Abschnitte„ Betriebsstreumatrix", „Hochfrequente Störspannungen", „Analog-Digital-Umsetzung", „Messen mit Automaten", „Stochastisch-ergodische Korrelationsmeßverfahren", „Verfahren der Funkstörmeßtechnik" und weitere Umrechnungstafeln.

Von den beiden miteinander konkurrierenden Quasi-Einheiten Neper und Dezibel wird sich das Dezibel durchsetzen; jedoch erschien es den Verfassern im Hinblick auf die umfangreichen Meßgeräteparks in den Laboratorien und Prüffeldern sowie in den Betriebsstellen der Nachrichtennetze als zu früh, jetzt schon die Angaben über das Neper zu kürzen oder gar herauszulassen.

Wir hoffen, daß auch diese Ausgabe von allen denen gern benutzt wird, die auf dem Gebiet der Nachrichtentechnik beschäftigt sind, sei es bei der Entwicklung von Systemen und Geräten, bei deren Fertigung und Montage oder bei ihrem Betrieb; nicht zuletzt, daß es auch den Studierenden der Nachrichtentechnik eine gute Hilfe sein wird.

München, im April 1973

SIEMENS AKTIENGESELLSCHAFT
BEREICH WEITVERKEHRSTECHNIK

Inhalt

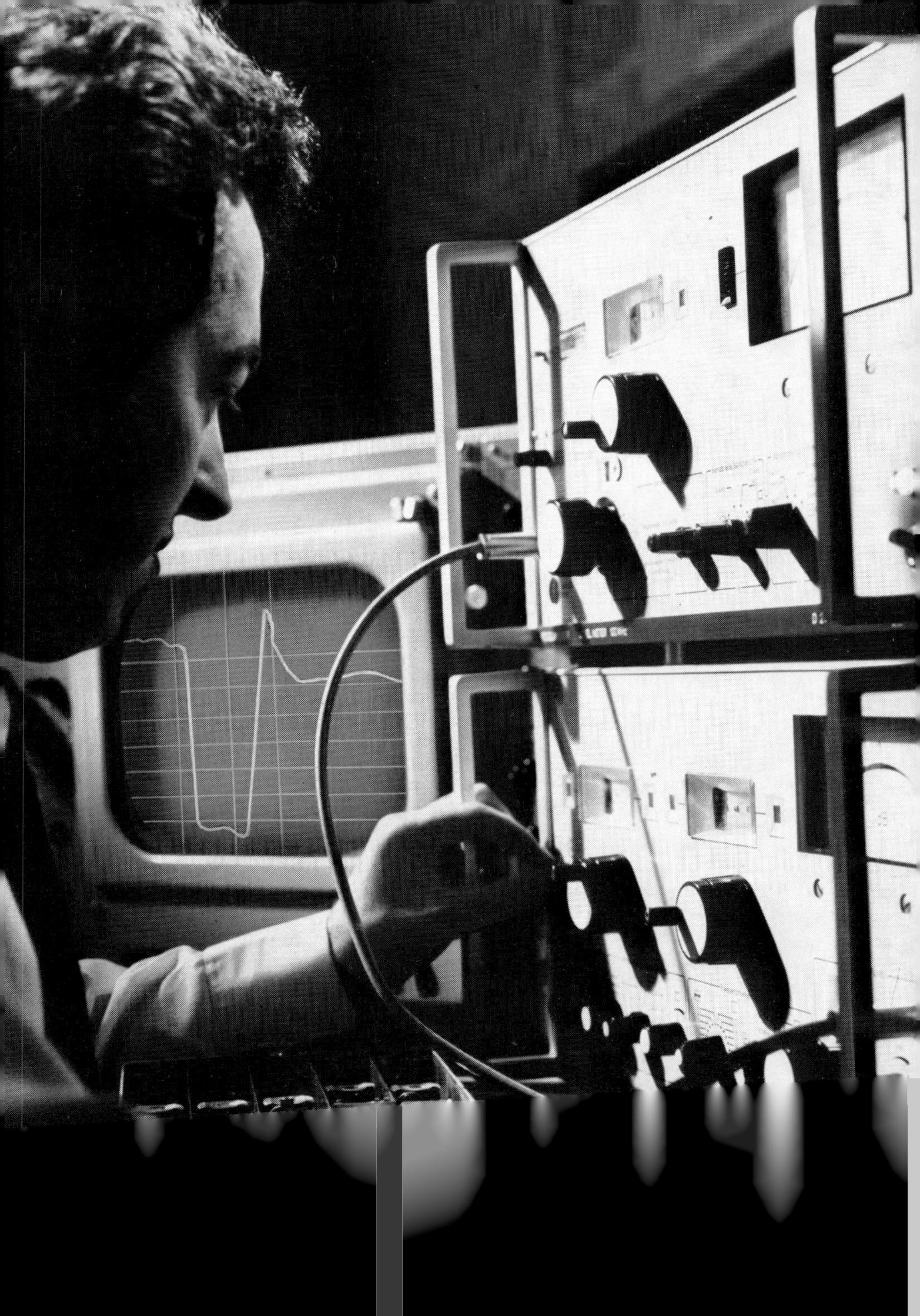

Einheiten I

◀ Koaxialpaare für den Nachrichtenweitverkehr werden heute bis 60 MHz ausgenutzt, z. B. mit dem Trägerfrequenz-System für 10800 Sprechkreise.
Der eigens für solche Breitbandsysteme entwickelte Pegelmeßplatz ermöglicht selektive Messungen mit sehr hoher Frequenz- und Meßgenauigkeit im Frequenzband bis 100 MHz. In den Pegelsender, der den Pegelmesser automatisch mitabstimmen kann, ist eine elektronisch arbeitende Wobbeleinrichtung eingebaut, so daß der Meßplatz durch Hinzufügen eines Pegelbildempfängers zum Wobbelmeßplatz wird.

1. Allgemein gebräuchliche Einheiten

Den hier und in den anderen Kapiteln angewandten Formelzeichen und Einheiten liegen die DIN 1344 „Formelzeichen der elektrischen Nachrichtentechnik“ und die DIN 1301 „Einheiten“ zugrunde. In der Ausgabe November 1971 berücksichtigen die DIN 1301 bereits die internationalen SI-Einheiten (Einheiten des **S**ystème **I**nternational d'Unités), wie sie von der Generalkonferenz für Maß und Gewicht beschlossen und von der ISO (**I**nternational **O**rganization for **S**tandardization) in ihrer Empfehlung ISO/R1000 vom Februar 1969 festgelegt wurden.

Spannung, voltage	U	in Volt (V), in volts (v)
Strom, current	I	in Ampere (A), in amperes (amp)
Frequenz, frequency	f	in Hertz (Hz), in hertz (Hz)
Wellenlänge, wave length . . .	λ	in Meter (m), in meters (m)
Zeit, time	t	in Sekunden (s), in seconds (s)
Periodendauer, duration of one period	T	in Sekunden (s), in seconds (s)
Komplexe Leistung, power generally	P	in Watt (W), in watts (w), auch Voltampere (VA), voltamperes (va)
Wirkleistung, active power . .	P_p	in Watt (W), in watts (w)
Blindleistung, reactive power .	P_q	in Watt (W), in watts (w), auch Var (var), voltamperes (va)
Komplexer Widerstand, impedance	Z	in Ohm (Ω), in ohms (Ω)
Wirkwiderstand, resistance . .	R	in Ohm (Ω), in ohms (Ω)
Blindwiderstand, reactance . .	X	in Ohm (Ω), in ohms (Ω)
Betrag des Komplexen Widerstands (Scheinwiderstand), magnitude of impedance . . .	$\|Z\|$	in Ohm (Ω), in ohms (Ω)
Phase des Komplexen Widerderstands, phase of impedance .	φ	in Grad oder Bogenmaß (° oder rad) in angular-measure or circular-measure (° or rad)
Komplexer Leitwert, admittance	Y	in Siemens (S), in mhos (mho)
Wirkleitwert, conductance. . .	G	in Siemens (S), in mhos (mho)
Blindleitwert, susceptance . . .	B	in Siemens (S), in mhos (mho)
Betrag des Komplexen Leitwerts (Scheinleitwert), magnitude of admittance . . .	$\|Y\|$	in Siemens (S), in mhos (mho)

Induktivität, inductance . . .	L	in Henry (H), in henries (h)
Kapazität, capacitance. . . .	C	in Farad (F), in farads (f)
Verlustfaktor	d	
dissipation factor	D	nur Zahlenwert
Gütefaktor, storage factor . .	Q	nur Zahlenwert
Temperatur, temperature . . .	T	in Kelvin (K), in kelvins (K) in °C, wenn Bezugstemp. in °C, if reference temperature in °C
Druck, pressure	p	in Newton/Quadratmeter (N/m^2) in newtons per meter² (N/m^2)
Kraft, force	F	in Newton (N), in newtons (N)
Amplitude der Beschleunigung acceleration amplitude	a	in Meter/Sekunde² (m/s^2), in meters per second² oder/or in g ($1\,g \approx 9{,}81\ m/s^2$, Fallbeschleunigung, gravitional acceleration)

Nach DIN 1301 ist:

T (Tera) $= 10^{12}$	h (Hekto) $= 10^{2}$	μ (Mikro) $= 10^{-6}$
G (Giga) $= 10^{9}$	da (Deka) $= 10^{1}$	n (Nano) $= 10^{-9}$
M (Mega) $= 10^{6}$	d (Dezi) $= 10^{-1}$	p (Piko) $= 10^{-12}$
k (Kilo) $= 10^{3}$	c (Centi) $= 10^{-2}$	f (Femto) $= 10^{-15}$
	m (Milli) $= 10^{-3}$	a (Atto) $= 10^{-18}$

Die (gesetzlichen) Einheiten dürfen, damit man einfache Zahlenwerte erhält, d.h. Zahlenwerte zwischen 0,1 und 1000, mit einem (nur einem!) von diesen dezimalen Vielfachen oder Teilen kombiniert werden, ausgenommen °C, Winkeleinheiten und die Zeiteinheiten Minute, Stunde, Tag. Mißverständnissen ist durch entsprechende Schreibweise zuvorzukommen; Beispiel: ms für Millisekunde, aber m · s für Metersekunde.

2. Dezibel und Neper

In der Nachrichtentechnik sind für das Verhältnis von elektrischen oder akustischen Größen gleicher Einheit zueinander oder zu ihren genormten Bezugswerten *logarithmierte Größenverhältnisse* gebräuchlich; diese sind entweder ihrer Natur nach reell, oder es wird, wenn es sich um komplexe Größen handelt, nur das Verhältnis der Beträge (Amplituden) betrachtet. DIN 5493 nennt dabei *Energiegrößen* solche Größen, die der Energie (Energie, Energiedichte, Leistung, Leistungsdichte) proportional sind, und *Feldgrößen* solche, deren Quadrate in linearen Systemen der Energie proportional sind (z.B. Spannung, Strom, Schalldruck).

Mit logarithmierten Größenverhältnissen wird dem exponentiellen Verlauf von Spannungen, Strömen und Leistungen auf elektrischen Leitungen und der Unterschiedsempfindlichkeit des menschlichen Gehörsinns innerhalb weiter Amplitudenbereiche entsprochen. Vorzüge der logarithmierten Größenverhältnisse sind außerdem diese: Die Dämpfungs- und Verstärkungswerte können einfach addiert werden statt der notwendigen Multiplikation bei linearen Maßen; es ergeben sich lineare Pegellinien längs der Leitung; die Zahlen sind in einem großen Amplitudenbereich handlich.

Zur Kennzeichnung des logarithmierten Verhältnisses wird hinter die Zahl *bei Benutzung der Briggsschen Logarithmen* Bel (B) oder, was gebräuchlicher ist, für den 10. Teil Dezibel (dB) gesetzt, *bei Benutzung der natürlichen Logarithmen* Neper (Np). Das CCITT (**C**omite **c**onsultatif **i**nternational **t**éléphonique et **t**élégraphique) hat 1968 beschlossen, im internationalen Betriebsdienst ausschließlich die Einheit Dezibel anzuwenden. Da es aber viele Meßgeräte mit Neper-Eichung gibt — und solche auch heute noch angefordert werden —, wurde in diesem Buch auf die Erklärung der Einheit Neper, die Anschreibung entsprechender Gleichungen auch mit der Neper-Einheit und auf die Neper-Tafeln, nicht verzichtet.

In der Informationstheorie werden Verhältnisse von Energie- und Feldgrößen (z.B. Nutzspannung zu Rauschspannung) auch auf der Basis 2 logarithmiert. Ein dem Dezibel oder Neper entsprechendes allgemeines Kurzzeichen für die Kennzeichnung von Pegeln und Übertragungsmaßen unter Benutzung des *Zweierlogarithmus* ist noch nicht festgelegt worden. In den DIN 5493 wird hierfür *bis* (lat. zweimal) vorgeschlagen.

Sind P_1 und P_2 zwei Leistungen, die aufeinander bezogen werden sollen, A_1 und A_2 die Amplituden von zwei Spannungen, Strömen oder Schalldrücken, die quadratisch in die Leistung eingehen, so erhält man ihr Verhältnis nach den geltenden Bestimmungen (DIN 5493, Aug. 1972) als

$$10 \lg \frac{P_1}{P_2} \quad \text{und} \quad 20 \lg \frac{A_1}{A_2} \text{ in Dezibel (dB)}$$

oder als

$$\frac{1}{2} \ln \frac{P_1}{P_2} \quad \text{und} \quad \ln \frac{A_1}{A_2} \text{ in Neper (Np).}$$

Dezibel und Neper haben den Charakter von Einheiten für die Dämpfung und Verstärkung von Vierpolen und für den Pegel elektrischer und akustischer Größen angenommen. Das ist für die praktische Handhabung sehr nützlich. Für ihre zahlenmäßige Ermittlung gelten je nach den Betriebsverhältnissen die in späteren Abschnitten angegebenen Regeln.

Zwischen dem logarithmierten Verhältnis von zwei Leistungen und dem logarithmierten Verhältnis der diesen Leistungen zugeordneten Spannungen besteht durch die vor den Logarithmus jeweils gesetzte Konstante (10 oder 20, $\frac{1}{2}$ oder 1) ein solcher Zusammenhang, daß unterschiedliche Begriffe nicht erforderlich sind. Man braucht z.B. nicht zu formulieren: Spannungsdämpfungsmaß und Leistungsdämpfungsmaß einer Leitung, sondern nur Dämpfungsmaß.

Bei der *Festlegung des Bel* ging man von der dem elektrischen und akustischen Gebiet gemeinsamen Größe Leistung aus:

$$10^x = \frac{P_1}{P_2}; \quad x = \lg \frac{P_1}{P_2} \text{ B} \quad \text{oder}$$

$$10^{0,1\,x} = \frac{P_1}{P_2}; \quad x = 10 \lg \frac{P_1}{P_2} \text{ dB}; \tag{1}$$

für das Spannungs- und Stromverhältnis ergibt sich daraus

$$10^x = \frac{P_1}{P_2} = \left(\frac{A_1}{A_2}\right)^2; \; 10^{\frac{x}{2}} = \frac{A_1}{A_2}; \quad x = 2 \lg \frac{A_1}{A_2} \text{ B} \quad \text{oder}$$

$$10^{0,1\frac{x}{2}} = \frac{A_1}{A_2}; \quad x = 20 \lg \frac{A_1}{A_2} \text{ dB}. \tag{2}$$

Die Anwendung des Zehnerlogarithmus bringt den Vorteil, daß sich ganzzahlige Werte für das logarithmierte Größenverhältnis ergeben, wenn dieses gleich einer ganzzahligen Zehnerpotenz ist.

Aus der Tafel auf S. 216 für die den Dezibel-Angaben entsprechenden Verhältniszahlen — eine Orientierung gibt Bild 1 (S. 15) — lassen sich, da dem Dezibel die Briggsschen Logarithmen mit der Basis 10 zugrunde liegen, auch die Verhältniszahlen für mehr als 20 oder 10 dB leicht ermitteln. Die angegebenen Verhältniszahlen verschieben sich periodisch um einen Zehnerfaktor bei Spannungsverhältnissen nach je 20 dB (10:1 entspricht 20 dB) und bei Leistungsverhältnissen nach je 10 dB ($\sqrt{10:1}$). Es entspricht also z.B. der Wert 24 dB (= 20 dB + 4 dB) einem Spannungsverhältnis von $U_1/U_2 = 10 \cdot 1{,}5849 = 15{,}849$; 67 dB (= $3 \cdot 20$ dB + 7 dB) ergeben ein Spannungsverhältnis von $U_1/U_2 = 10 \cdot 10 \cdot 10 \cdot 2{,}2387 = 2238{,}7$. Die entsprechenden Leistungsverhältnisse P_1/P_2 sind für 24 dB (= $2 \cdot 10$ dB + 4 dB) gleich $10 \cdot 10 \cdot 2{,}5119 = 251{,}19$; für 67 dB (= $6 \cdot 10$ dB + 7 dB) gleich $10^6 \cdot 5{,}0119 = 5\,011\,900$.

Die Praktiker merken sich gern einige Zahlen, z.B. daß 3 dB dem Spannungs- oder Stromverhältnis $\sqrt{2:1}$, 6 dB also dem Verhältnis 2:1 entsprechen; für 10 dB gilt ein Spannungs- oder Stromverhältnis $\sqrt{10:1}$, für 20 dB also 10:1. Für Leistungsverhältnisse ergeben sich Quadratwerte bei gleichen Dezibel-Angaben.

Für die Kehrwerte ist ebenfalls eine Tafel aufgenommen (S. 217).

Bei Dezibelwerten findet man in der Literatur häufig:

dBm Damit soll eindeutig und auf kürzeste Weise ausgesagt werden, daß es sich um Leistungspegel, bezogen auf 1 mW (S. 33), handelt. 0 dBm entspricht also 10^{-3} W, +10 dBm ≙ 10^{-2} W, −10 dBm ≙ 10^{-4} W usw.;

dB0 die Null an dB gefügt bedeutet: der z.B. für den absoluten Geräuschpegel angegebene Wert gilt am relativen Pegel 0;

dBp das p weist darauf hin, daß der Dezibelwert mit dem Geräuschspannungsmesser bestimmt worden ist (pondéré = bewertet);

es ist in der Praxis auch üblich, gegebenenfalls mehrere solcher Zusatzbuchstaben anzufügen, z.B. dBm0p;

dBr mit r wird auf den relativen Pegel hingewiesen,

dBrnc dBrnc (rn = reference noise, c = Bewertung nach „C-Kurve")
dBa und dBa (a = adjusted, Bewertung nach „F1A-Kurve" inbegriffen) sind in der amerikanischen Literatur anzutreffen entsprechend den von den CCITT-Empfehlungen abweichenden Bewertungskurven (nur historisch begründet).

Solche Kennzeichnungen durch Anhänger statt erläuternde Worte sind von den Autoren zwar bequem zu handhaben, aber für ihre Leser nicht immer zufriedenstellend. In DIN 5493 wird deshalb empfohlen, die jeweils gewählte Bezugsgröße im zugehörigen Formelzeichen, also auf der linken Seite der Ergebnisgleichung, zum Ausdruck zu bringen und bei fertigen Resultaten die Bezugsgröße in Klammern mit Abstand hinter Dezibel oder Neper zu nennen; Beispiel eine Leistung L_p, bezogen auf 1 mW: $L_{\mathrm{p\,re\,1\,mW}} = 100$ dB und 100 dB (re 1 mW).

Bei der *Festlegung des Neper* waren die der Messung zugänglichen Spannungen und Ströme Ausgangspunkt:

$$\mathrm{e}^x = \frac{A_1}{A_2}; \qquad x = \ln \frac{A_1}{A_2}\ \mathrm{Np}; \tag{3}$$

daher gilt für das Leistungsverhältnis

$$\frac{P_1}{P_2} = \left(\frac{A_1}{A_2}\right)^2 = \mathrm{e}^{2x}; \quad x = \frac{1}{2} \ln \frac{P_1}{P_2}\ \mathrm{Np}. \tag{4}$$

Dem natürlichen Logarithmus geben viele deshalb eine Vorzugsstellung, weil die Lösungen der Differentialgleichungen aller linearen Systeme auf Exponentialfunktionen führen.

Die den Neper-Angaben (0,00 bis 5,99 Np in Hundertstel-Schritten und 6,0 bis 20,9 Np in Zehntel-Schritten) entsprechenden Verhältniszahlen sind in der e^x-Tafel auf S. 224, angegeben, grob in Bild 1 ablesbar.

Bild 1
Neper-Dezibel-Umrechnung und zugeordnete Verhältniszahlen für $\frac{A_1}{A_2}$ (Spannungs- und Stromverhältnisse) und $\frac{P_1}{P_2} = \left(\frac{A_1}{A_2}\right)^2$ (Leistungsverhältnisse).

Sehr genau ist:

$$1\ \mathrm{Np} = 8{,}6859\ \mathrm{dB}$$

und

$$1\ \mathrm{dB} = 0{,}11513\ \mathrm{Np};$$

siehe auch Tafeln 5a und 5b, S. 230 und 231

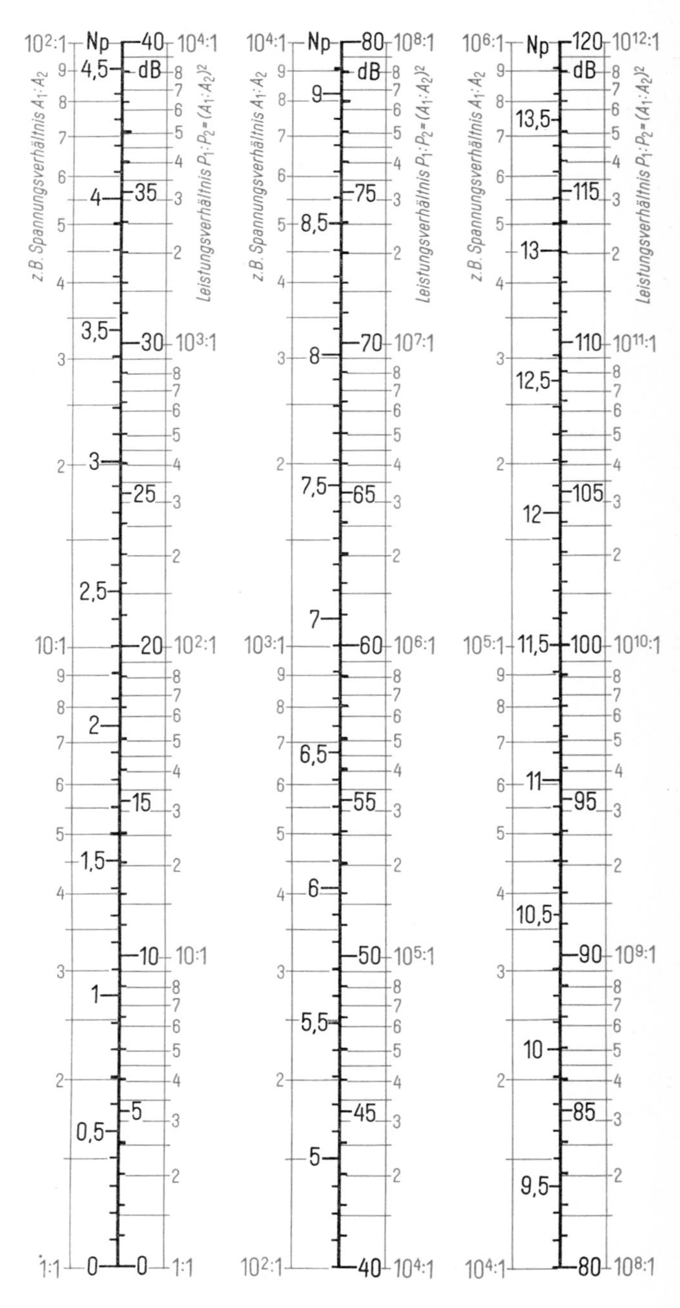

Für $x \leqq 0{,}1$ gilt die Näherung $e^x \approx 1 + x$. Daraus folgt auch, daß z.B. 0,05 Np Meßunsicherheit oder Pegelabweichung gleichbedeutend mit 5% Unsicherheit ist. Es ist gut, wenn man außerdem auswendig weiß, daß 0,7 Np dem Spannungs- oder Stromverhältnis 2:1, daß 1,1 Np dem Verhältnis 3:1 und daß 2,3 Np dem Spannungs- oder Stromverhältnis 10:1 entsprechen. Man kann dann auch schnell überschlagen, daß z.B. zu 3 $(= 0{,}7 + 2{,}3)$ Np ein Spannungs- oder Stromverhältnis 20:1 $(= \frac{2}{1} \cdot \frac{10}{1})$ oder daß zu 4,6 $(= 2{,}3 + 2{,}3)$ Np ein Spannungs- oder Stromverhältnis 100:1 $(= \frac{10}{1} \cdot \frac{10}{1})$ gehören. 0,7 Np entsprechen einem Leistungsverhältnis von $(2:1)^2 = 4:1$ und 2,3 Np einem Leistungsverhältnis von $(10:1)^2 = 100:1$.

Für die Kehrwerte wird auf S. 226 eine e^{-x}-Tafel gebracht.

Neper- und Dezibel-Angaben können bei Einheiten und Größen gleicher Art ineinander umgerechnet werden. Zur groben Umrechnung von Neper-Angaben in Dezibel-Angaben und umgekehrt genügt wiederum Bild 1. Sehr genau ist $1\,\text{dB} = \frac{\ln 10}{20}\,\text{Np} = 0{,}11513\,\text{Np}$; $1\,\text{Np} = \frac{20}{\ln 10}\,\text{dB} = 8{,}6859\,\text{dB}$.

Schließlich sind für Schritte von $\frac{1}{10}$ Neper und von ganzen Dezibel auf den Seiten 230 und 231 ausreichend genaue Werte angegeben.

Zwischen den Einheiten Dezibel und Bis würden die Beziehungen $1\,\text{dB} = \frac{1}{20 \lg 2}\,\text{bis} = 0{,}16611\,\text{bis}$ und $1\,\text{bis} = 20 \lg 2\,\text{dB} = 6{,}020\,\text{dB}$ bestehen, zwischen Neper und Bis die Beziehungen $1\,\text{Np} = \frac{1}{\ln 2}\,\text{bis} = 1{,}4427\,\text{bis}$ und $1\,\text{bis} = \ln 2\,\text{Np} = 0{,}69315\,\text{Np}$.

3. Baud und bit

Baud und bit sind Einheiten der Fernschreib- und Daten-Übertragungstechnik. Zu ihrer Erklärung sei zunächst auf einige wichtige Begriffe dieser Technik kurz eingegangen (s. auch S. 150).

Fernschreib- und Datensender geben die Nachrichten codiert ab. Durch *Codierung* (coding) lassen sich für die zu übertragenden Buchstaben und sonstigen Zeichen einfache Signale finden. Bekannte Code sind das Morsealphabet und das Fernschreiberalphabet. Beim Fernschreiberalphabet (Internationales Telegrafenalphabet Nr. 2) beispielsweise sind alle die Information enthaltenden Signale aus gleich vielen und gleich langen *Signalelementen* (signal elements) aufgebaut; weil es fünf sind, spricht man von einem *fünfstelligen Code* oder Fünf-Schritte-Code. Ein anderes Kenn-

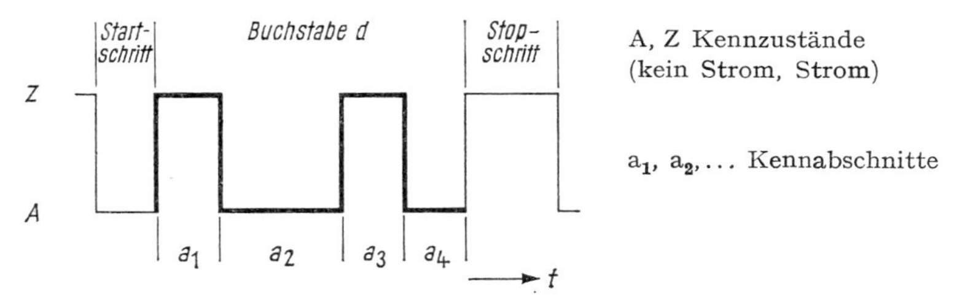

Bild 2 Signal des Buchstaben d nach dem Fernschreiberalphabet, dargestellt in der Form einer Strommodulation

zeichen für einen Code ist die *Anzahl der den Signalelementen zugeordneten Werte* (*Kennzustände* der Signalelemente [significant conditions of signal elements]). Bei zwei Werten — z.B. kein Strom, Strom (A, Z in Bild 2) oder Pluspolarität, Minuspolarität — spricht man von einem *binären Code* (binary code), beim Fernschreiberalphabet dementsprechend von einem fünfstelligen binären Code. Bild 2 zeigt als Beispiel den Buchstaben d dieses Alphabets.

Der *kürzeste Kennabschnitt* (unit intervall) eines Signals (z.B. a_1, a_3, a_4 im Bild 2) bestimmt den *Schritt* (unit intervall) und damit die *Schrittdauer* (duration of a unit interval) T. Den *Kehrwert der Schrittdauer* (reciprocal of duration of a unit intervall) nennt man *Telegrafier-* oder *Schrittgeschwindigkeit* (modulation rate) v_s; diese gibt somit die Anzahl der während einer Zeiteinheit möglichen Schritte an. Es ist weiterhin vereinbart worden, daß sich die Schrittgeschwindigkeit in *Baud* (in bauds) ergibt, wenn man als Zeiteinheit die Sekunde wählt, also:

$$\text{Schrittgeschwindigkeit } v_s \text{ in Baud} = \frac{1}{\text{Schrittdauer in s}} = \frac{\text{Anzahl der Schritte}}{\text{s}} \tag{5}$$

Beispiel: Beträgt die Schrittdauer der zu übertragenden Signale 20 ms (wie beim Fernschreiber), dann ergibt sich die Schrittgeschwindigkeit zu $v_s = \frac{1}{20\text{ ms}} = \frac{50}{\text{s}} = 50$ Baud.

Welche Schrittgeschwindigkeit eine bestimmte Strecke zuläßt, hängt von der Breite des dort übertragbaren Frequenzbandes ab. Die in der Zeit t übertragbare *Nachrichtenmenge* (information volume) J_m errechnet sich zu

$$J_m = \frac{v_s}{\text{Baud}} \cdot \frac{t}{\text{s}} \cdot \text{lb m}. \tag{6}$$

J_m ist also nicht nur proportional der jeweils zulässigen Schrittgeschwindigkeit v_s und der Übertragungszeit t, sondern auch dem Logarithmus zur

Basis 2 der Zahl m, die angibt, mit wieviel Kennzuständen gearbeitet wird. Für *Binärsignale* (binary signals) ist m = 2, also lb m = 1 und damit

$$J_m = v_s \cdot t. \tag{7}$$

Die Nachrichtenmenge J_m ist dimensionslos; aber wie bei den logarithmierten Größenverhältnissen für Pegel, Dämpfung usw. (vgl. S. 31) hat man auch hier eine Quasi-Einheit geschaffen, das *Bit* (Kurzwort aus binary digit). Mit x bit wird die der Nachrichtenmenge äquivalente Anzahl x von Binärentscheidungen angegeben, oder anders gesagt: bit ist die Zähleinheit für Binärsignale.

Vom Bit unterscheidet sich *Byte* dadurch, daß mit Byte eine Gruppe von mehreren Schritten mit einem durch diese Gruppe gegebenen Inhalt bezeichnet wird.

Die auf eine Zeiteinheit bezogene Nachrichtenmenge nennt man *Nachrichtenfluß* (information flow); d. h. auf eine Sekunde bezogen ergibt sich für den Nachrichtenfluß die Einheit *bit/s*. Bei Binärsignalen ist nach Gleichung (7) der Nachrichtenfluß in Bit/Sekunde gleich der Schrittgeschwindigkeit in Baud.

In der Literatur wird der über einen Übertragungsweg mögliche Nachrichtenfluß oft auch mit *Übertragungsgeschwindigkeit* (data signalling rate) bezeichnet; diese darf nicht verwechselt werden mit der *Fortpflanzungsgeschwindigkeit* (propagation speed) der elektrischen Signale längs des Übertragungsweges.

Grundbegriffe

II

A. Grundbegriffe der Meßtechnik

Die Begriffe und Benennungen im Meßwesen werden oftmals in ganz verschiedenem Sinne benutzt, so daß Angaben über Meßgeräte, -verfahren und -ergebnisse leicht mißverstanden werden. Der Ausschuß für Einheiten und Formelgrößen (AEF) im Deutschen Normenausschuß (DNA) hat daher ein Normenblatt über Grundbegriffe der Meßtechnik, DIN 1319, herausgegeben. Im folgenden werden unter Zugrundelegung dieses DIN-Blattes (Ausgabe November 1971, Dezember 1968, Januar 1972) die für den Aufgabenkreis dieses Buches wesentlichen Gesichtspunkte dargelegt.

1. Messen, Prüfen, Eichen, Zählen

Messen ist ein übergeordneter Begriff für eigentliches Messen, für Prüfen für Eichen und für Zählen:

Das eigentliche *Messen* (measuring) besteht in der Feststellung des Meßwertes der Meßgröße mit Hilfe eines Meßgeräts.

Prüfen (checking) setzt einen Erwartungs- oder Sollwert voraus und besteht in der Feststellung, ob dieser Wert innerhalb vorgeschriebener Grenzen eingehalten wird. Gelegentlich sind die zulässigen Grenzen weit, so daß das Prüfgerät nicht besonders genau zu sein braucht. Es ist aber zu vermeiden, das Wort Prüfen von vornherein in dem Sinn eines nur überschläglichen Messens zu verwenden.

Eichen (calibrating) ist der — im allgemeinen einmalige — Vorgang, durch den der Zusammenhang zwischen der Einstellung oder dem Ausschlag eines Meßgeräts und dem dazugehörigen Wert der Meßgröße festgestellt wird. Ist das Gerät genügend beständig, so wird es mit den beim Eichen gemessenen Werten beschriftet, andernfalls muß der Eichvorgang vor jeder neuen Meßreihe wiederholt werden. Vom Eichen im allgemeinen Sinn ist zu unterscheiden das *amtliche Eichen*, das nur vom staatlichen Eichamt oder in dessen Auftrag vorgenommen werden darf.

Zählen (counting) wird in der Meßtechnik mehr und mehr auch beim Messen von Größen angewandt. Zählen ist das Ermitteln einer Anzahl von jeweils gleichartigen Ereignissen, z.B. — beim Frequenzmesser — der Anzahl der Nulldurchgänge in einer vorgegebenen Zeitspanne oder — bei Digitalmeßgeräten — der Anzahl von Quantisierungseinheiten der jeweiligen Meßgröße.

Die *Meßgröße* (quantity under test) ist die zu messende physikalische Größe. Der *Meßwert* (measured value) ist der aus der abgelesenen

Anzeige des Meßgeräts ermittelte Wert; er wird als Produkt aus Zahlenwert und Einheit der Meßgröße angegeben. Ein Meßwert kann bereits das *Meßergebnis* (measurement result) darstellen. Wo dieses erst aus einem Meßwert oder aus mehreren Meßwerten gleicher oder unterschiedlicher Größenart nach einer mathematischen Beziehung ermittelt wird, muß zwischen Meßwert und Meßergebnis unterschieden werden.

Neben Meßgrößen, wie es ein Strom, eine Spannung, eine Frequenz und dgl. sind, gibt es solche, die, wie z.B. die Kapazität eines Kondensators, eine meßbare Eigenschaft eines Körpers (auch einer Probemenge) sind. In diesem Fall heißt der Körper, an dem die Messung vorgenommen wird, *Meßgegenstand, Meßobjekt, Probe* (specimen).

Alle übrigen Zusammensetzungen mit der Silbe „*Meß*" dienen nicht als Bezeichnung einer zu messenden Sache, sondern zur Kennzeichnung von Größen und Gegenständen, die bei der Messung eine besondere Rolle spielen. *Meßfrequenz* (measuring frequency), *Meßspannung* (measuring voltage) sind die zur Messung benötigten und benutzten, nicht die zu messenden Größen; *Meßraum, Meßwiderstand, Meßzuleitungen* (measuring chamber, – resistor, – leads) sind die verwendeten, nicht die zu messenden Gegenstände.

Jedes Meßergebnis ist auch von den Verhältnissen der Umwelt abhängig. Diese beeinflussen nicht nur die Meßgröße selbst, sondern auch die Meßeinrichtung und die messende Person. So sind die Eigenschaften des Meßobjekts im allgemeinen raum- und zeitabhängig, z.B. von der Witterung oder von elektrischen und magnetischen Feldern. Eine bestimmte Abhängigkeit einer Meßgröße von einzelnen Zustandsgrößen der Umwelt wird durch *Beiwerte* (coefficients) gekennzeichnet, z.B. Temperaturbeiwert. Auf die Meßeinrichtung selbst können räumliche Lage, Witterung, Erschütterungen, Beleuchtung usw. einen Einfluß haben. Schließlich beeinflussen Witterung, Wärme, Erschütterungen, falsche Beleuchtung usw. die Auffassung und Stimmung der messenden Person und damit, namentlich bei subjektiven Messungen, das Meßergebnis.

Es gibt *subjektive und objektive Meßgrößen* und *subjektive und objektive Meßverfahren* (subjective and objective measured quantities, subjective and objective measurement methods). Subjektiv sind die Meßgrößen, für die der Mensch unmittelbar einen aufnehmenden Sinn hat, z.B. die Lautstärke. Die Empfindung ist hier von Person zu Person verschieden. Trotzdem können derartige Meßgrößen u.U. objektiv gemessen werden. Man bildet dann zunächst den Mittelwert aus den Empfindungen einer großen Anzahl von Personen und sucht die Gesetze der Sinneswahrnehmung im technischen Gerät so gut wie möglich nachzubilden. Das hat aber eine wirtschaftliche Grenze, weil es weit wichtiger ist, auf genormtem Wege einen festen, allgemeingültigen und verbindlichen Wert zu erhalten als eine strenge Übereinstimmung mit dem subjektiven Empfinden. So sind beispielsweise der Objektive Bezugsdämpfungs-Meßplatz (s. S. 55) und der Geräuschspannungsmesser (s. S. 58 und 139) entstanden. Andererseits können objektive Meßgrößen, wie die Dämpfung einer Leitung, subjektiv gemessen werden, nämlich durch Lautstärkevergleich. Schließlich müssen auch alle unmittelbar anzeigenden Geräte vom Menschen abgelesen werden, wobei ein kleiner Rest subjektiver Einflüsse bleibt. Daraus folgt: Objektiv sind alle Meßverfahren und -geräte, bei denen die von der messenden Person herrührende Unsicherheit in der Feststellung des Meßergebnisses vernachlässigbar klein ist gegenüber der Spielbreite, die man hierin als zulässig erachtet.

2. Fehler, Meßunsicherheit

Durch die unvermeidbare Unvollkommenheit des Meßgeräts und der Normale, auch des Meßgegenstands, durch unzureichende Kenntnis oder Beherrschung der Meßbedingungen, auch durch die Einflüsse der Umwelt und durch zeitliche Veränderungen ist ein Meßergebnis niemals völlig genau; es enthält *Fehler* (errors), und zwar zufällige und systematische Fehler. (Das Meßergebnis stellt also nur eine mehr oder weniger große Annäherung an den gesuchten Wert der Meßgröße dar.)

Zufällige Fehler (random errors) rühren her von nicht bestimmbaren Schwankungen der Meßbedingungen, z.B. der Temperatur, oder von der Unbeständigkeit in den Eigenschaften der Bauteile des Geräts. Die zufälligen Fehler schwanken ungleich nach Betrag und Vorzeichen, sind im einzelnen nicht erfaßbar und machen somit das Meßergebnis *unsicher*. Sie können aber in ihrer Gesamtheit erfaßt und gekennzeichnet werden, dies um so zuverlässiger, je größer die Anzahl der Messungen ist.

Systematische Fehler (systematic errors) dagegen haben Ursachen, die entweder bekannt sind oder doch durch systematisches Forschen aufgedeckt werden könnten. Sie entstehen dadurch, daß der Aufwand für die Genauigkeit aller verwendeten Teile und Einrichtungen in erträglichen Grenzen bleiben muß. Es ist z.B. wirtschaftlicher, ein Normal zu messen und eine Berichtigung anzugeben, als das Normal mit der gleichen Genauigkeit auf seinen Sollwert zu bringen. Bemerkbar werden die systematischen Fehler früher oder später durch ihr bestimmtes Vorzeichen (unbestimmtes Vorzeichen bei den zufälligen Fehlern).

Wiederholt man eine Messung, ohne sonst irgendeine Änderung vorzunehmen, so können die sich ergebenden Meßwerte voneinander abweichen, sie können „streuen". Dabei verteilen sich die Einzelwerte $x_1 \ldots x_i \ldots x_n$ in mathematisch erfaßbarer Form (nach dem Gaußschen Fehlergesetz) um den wahren Wert. Die größte Abweichung $x_{i\,max} - x_{i\,min}$ ist die *Streubreite* (width of spread). Der Durchschnitt oder arithmetische Mittelwert $\bar{x}$ (gesprochen x-quer) aller Einzelwerte

$$\bar{x} = \frac{1}{n} \sum_{i=1}^{i=n} x_i \tag{8}$$

ist um so wahrscheinlicher der richtige Wert, je größer die Anzahl n der Messungen ist. Die Einzelabweichung vom Durchschnitt sei $\delta_i = x_i - \bar{x}$. Die wichtigste Rechengröße für die zufälligen Abweichungen der Einzelwerte von ihrem Mittelwert $\bar{x}$ ist die mittlere quadratische Abweichung, die *Standardabweichung* (standard deviation) s:

$$s = + \sqrt{\frac{1}{n-1} \sum_{i=1}^{i=n} \delta_i^2}\,. \tag{9}$$

Aus dem Gesetz der Fehlerverteilung ergibt sich, daß eine Einzelabweichung von mehr als $3s$ unter 1000 Messungen nur etwa dreimal zu erwarten ist. Dieses bewährte und gebräuchliche Maß liegt im allgemeinen auch der Angabe der *Meßunsicherheit* (measuring inaccuracy) eines Geräts zugrunde, soweit sie von zufälligen Fehlern herrührt. Da zufällige Fehler durch Vielfachmessungen und Durchschnittsbildungen, systematische Fehler durch beharrliches Forschen festgestellt werden können, läßt sich stets ein als richtig anzusehender Wert angeben. Für den Fehler gilt dann allgemein die Gleichung

Fehler (error) = Falsch − Richtig = Istanzeige − Sollanzeige.

Bezogen wird ein Fehler immer auf den richtigen Wert; es gilt daher

$$\textit{relativer Fehler} \text{ (relative error)} = \frac{\text{Falsch} - \text{Richtig}}{\text{Richtig}} = \frac{\text{Istanzeige} - \text{Sollanzeige}}{\text{Sollanzeige}}\,.$$

Der *prozentuale Fehler* (percentage error) ist das Hundertfache des relativen Fehlers.

Ein technisches Meßgerät enthält im allgemeinen neben der Unsicherheit durch zufällige Fehler eine ganze Reihe kleiner systematischer Fehler, deren Berichtigung von zahlreichen, zum Teil schwer meßbaren Einflüssen abhängt, so daß man es vorzieht, sie einfach in Kauf zu nehmen. Man gibt dann die *Fehlergrenzen* (error limits) des Meßgeräts an, innerhalb deren praktisch die Summe aller möglichen Fehler bleibt. Diese Grenzen können ungleichmäßig um Null herum liegen, einseitig (Vorzeichen + oder —) und zweiseitig (±) sein. Bezogen werden sie in der Regel auf Vollausschlag (Endwert). Fehlergrenzen sind mit anderen Worten die vereinbarten oder garantierten, zugelassenen äußersten Abweichungen (nach oben oder unten) von der Sollanzeige.

Die *Meßgenauigkeit* (measurement accuracy) ist der Kehrwert des relativen Fehlers. Der Ausdruck Meßgenauigkeit ist bei quantitativen Angaben zu vermeiden. Man sollte nur die Begriffe Meßunsicherheit und Fehlergrenzen anwenden. Die Meßunsicherheit u wird entweder in der Einheit des Meßergebnisses y in der Form $y \pm u$ oder relativ ausgedrückt, und zwar im Verhältnis zum Meßergebnis als $y\,(1 \pm u/y)$. Es ist auch üblich, die Meßunsicherheit aufgeteilt als absoluten plus relativen Fehler anzugeben, z.B $\pm 0{,}2\,\mu\text{H} \pm 1\,\%$; dies sagt aus, daß die Streubreite $\pm\,(0{,}2\,\mu\text{H} + 1\,\%$ vom Meßwert) beträgt. Die Meßgenauigkeit ist weniger eine Frage des grundsätzlich Möglichen als des wirtschaftlich Sinnvollen. Ist man an die erste, technisch gegebene Grenze gekommen, so steigt der Aufwand mit der Vergrößerung der Genauigkeit. Man darf sich daher nicht wundern, wenn zwei Geräte für den gleichen Zweck mit den bezogenen Fehlern 10^{-2} für das eine und 10^{-3} für das andere Gerät sich im Preise größenordnungsmäßig wie 1:2 verhalten.

3. Weitere meßtechnische Begriffe und Benennungen

Die *Anzeige* (indication) ist bei Analog-Meßgeräten durch den an einer Skale abgelesenen Stand der Marke gegeben, bei Digital-Meßgeräten unmittelbar durch Ziffern. Sie kann als Zahlenwert oder je nach der Beschriftung in Einheiten der Meßgröße, in Skalenteilen, in Längeneinheiten oder in Ziffernschritten angegeben werden.

Ergibt dieselbe Meßgröße bei stetiger und langsamer Annäherung von kleineren Anzeigen zu größeren einen anderen Meßwert als bei ebensolcher Annäherung von größeren Anzeigen zu kleineren, so heißt die Differenz der gefundenen Anzeigen und Meßwerte *Umkehrspanne* (reversal margin).

Eine *Strichskale* (graduated scale) ist die Aufeinanderfolge einer größeren Anzahl von Teilungsmarken auf einem Skalenträger und meist für eine (stetige) *analoge Anzeige* (analog indication) bestimmt.

Eine *Ziffernskale* (digital scale) ist eine Folge von Ziffern auf einem Zifferntråger, wobei meist nur die abzulesende Ziffer sichtbar ist; sie ermöglicht nur eine (unstetige, sprungweise) *digitale Anzeige* (digital indication).

Der *Skalenwert* (scale value) ist gleich der Änderung des Meßwertes, die eine Verschiebung der Marke um einen Teilstrich bewirkt. Der *digitale Meßschritt* (digital measuring step) ist gleich der Änderung des Meßwertes, die einen Ziffernschritt bewirkt. Mit *Ziffernschritt* (digital step) einer Ziffernskale bezeichnet man die Differenz zwischen zwei aufeinanderfolgenden Ziffern der letzten Stelle.

Die *Skalenlänge* (scale length) einer Strichskale ist der längs des Weges der Marke in Längeneinheiten gemessene Abstand zwischen dem Anfangsstrich und dem Endstrich der Skale, bei ebenen, gebogenen Skalen in der Mitte der kleinsten Teilstriche gemessen.

Die *Skalenkonstante* (scale constant) einer Strichskale ist die Größe, mit der der abgelesene Zahlenwert multipliziert werden muß, damit man den Meßwert erhält.

Anzeigebereich (indicating range) wird der Bereich der ablesbaren Meßwerte genannt, während der meist etwas kleinere *Meßbereich* (measurement range) den Bereich umfaßt, in dem die angegebene Meßunsicherheit gilt. Mit *Unterdrückungsbereich* (suppressed range) eines Meßgeräts wird der Bereich bezeichnet, oberhalb dessen das Meßgerät erst anzuzeigen beginnt und seine Anzeige abgelesen werden kann.

Die *Empfindlichkeit* (sensitivity) eines Meßgeräts ist das Verhältnis einer zu beobachtenden Anzeigenänderung (ΔL oder ΔZ) zu der sie verursachenden, hinreichend kleinen Änderung der Meßgröße (ΔM). Sie beträgt bei Strichskalen $\Delta L : \Delta M$, hat also immer die Dimension Länge: Meßgröße; bei Ziffernskalen beträgt sie $\Delta Z : \Delta M$. Fälschlicherweise werden mitunter der Skalenwert, der Ziffernschritt oder der Endwert des empfindlichsten Bereiches oder der Kehrwert der Empfindlichkeit als Empfindlichkeit bezeichnet. Schon diese Vieldeutigkeit zeigt, wie notwendig es war, den Begriff der Empfindlichkeit einheitlich festzulegen. Diese ist immer und ganz allgemein das Verhältnis der Wirkung zur Ursache. Der *Ablenkfaktor* (deflection coefficient) ist der Kehrwert der Empfindlichkeit.

Bei einer längs der Skale nicht gleichbleibenden Empfindlichkeit wird zwischen *Anfangs-* und *Endempfindlichkeit* (initial and full-scale sensitivity) unterschieden, oder es wird die Anzeige angegeben, für die sie gelten soll. *Gesamtempfindlichkeit* (overall sensitivity) ist die Empfindlichkeit einer aus mehreren Gliedern bestehenden Meßanordnung.

Ein Meßgerät, das den gesuchten Wert der Meßgröße unmittelbar angibt, ist ein „...*messer*“ (...meter), z.B. Spannungsmesser, Pegelmesser. „...*zeiger*“ (...indicators) sind Geräte, die nur die Eigenschaften eines Indikators haben, z.B. Spannungszeiger.

Meßeinrichtungen (measuring facilities) sind alle Meßgeräte, bei denen der Meßwert erst durch eingrenzende Meßhandlungen ermittelt wird. Kann eine Meßeinrichtung durch andere unmißverständliche Ausdrücke gleichzeitig kürzer und näher gekennzeichnet werden, so treten diese dafür ein, z.B. Frequenz-Meßbrücke, Meßkoffer, Meßplatz, Meßgestell, Pegelschreiber, Pegelbildgerät.

Meßzeug (measurement gear) ist der umfassende Begriff, denn er umschließt außer dem eigentlichen Meßgerät alle Hilfsgeräte und alles zum Messen benötigte Zubehör. Unter *Maßverkörperungen* (working standards) versteht hierbei DIN 1319 Meßzeug, das bestimmte einzelne Werte einer Meßgröße verkörpert, also Widerstandsnormale, Kapazitätsnormale usw.; sie sind dadurch gekennzeichnet, daß sie keine während der Messung gegeneinander zu bewegende Teile haben.

B. Grundbegriffe der Übertragungstechnik

1. Symmetrie und Widerstände eines Vierpols (Zweitors)

Symmetrie eines Vierpols (Zweitors)

Zur Kennzeichnung der Vierpole oder Zweitore (two-ports) sind auch hinsichtlich ihrer richtungsabhängigen Eigenschaften Begriffe eingeführt worden; die wichtigsten seien hier erklärt:

Allgemein gelten für den linearen Vierpol mit den Bezeichnungen des Bildes 3 die Kettengleichungen:

$$U_1 = s_2 \left(\frac{1}{s_1} U_2 \cosh g_w + I_2 Z_w \sinh g_w \right) \tag{10}$$

$$I_1 = s_2 \left(\frac{U_2}{Z_w} \sinh g_w + s_1 I_2 \cosh g_w \right); \tag{11}$$

hierin ist Z_w der Wellenwiderstand des Vierpols, $g_w = a_w + j b_w$ das Komplexe Wellendämpfungsmaß mit a_w als Wellendämpfungsmaß und b_w als Wellendämpfungswinkel (s. S. 37), s_1 ein Koeffizient, gebildet aus der Wurzel vom Verhältnis der Leerlaufimpedanz der Ausgangsseite zu der der Eingangsseite, also $s_1 = \sqrt{\frac{Z_{22}}{Z_{11}}}$, und s_2 die Wurzel aus dem Verhältnis der Kopplungsimpedanzen (auch Leerlaufkernimpedanzen genannt), also $s_2 = \sqrt{\frac{Z_{12}}{Z_{21}}}$. Hierin ist mit dem symmetrischen Pfeilsystem nach Bild 4 und 5 (Richtungswechsel von I_2 im Vergleich zum technischen Pfeilsystem nach Bild 3):

$$Z_{11} = \left(\frac{U_1}{I_1}\right),\ I_2 = 0; \quad Z_{21} = \left(\frac{U_2}{I_1}\right),\ I_2 = 0;$$

$$Z_{22} = \left(\frac{U_2}{I_2}\right),\ I_1 = 0; \quad Z_{12} = \left(\frac{U_1}{I_2}\right),\ I_1 = 0.$$

Es gilt ferner: $\cosh g_w = \sqrt{\frac{Z_{11} \cdot Z_{22}}{Z_{21} \cdot Z_{12}}}$ und $\sinh g_w = \sqrt{\frac{Z_{11} \cdot Z_{22}}{Z_{21} \cdot Z_{12}} - 1}$, außerdem $Z_w = \sqrt{Z_{11} \cdot Z_{22} - Z_{21} \cdot Z_{12}}$.

Ein Vierpol nach Bild 4 ist *widerstands-* oder *torsymmetrisch* (impedance balanced), wenn seine Eingangswiderstände bei A und B bei jeweils gleichem Abschluß von B und A einander gleich sind. Das ist erfüllt bei Gleichheit der Leerlaufimpedanzen $Z_{11} = Z_{22}$, d.h. $s_1 = 1$. Dementsprechend ist ein Vierpol nach Bild 5 *widerstandsunsymmetrisch* (impedance unbalanced), wenn die Bedingung $s_1 = 1$ nicht erfüllt ist.

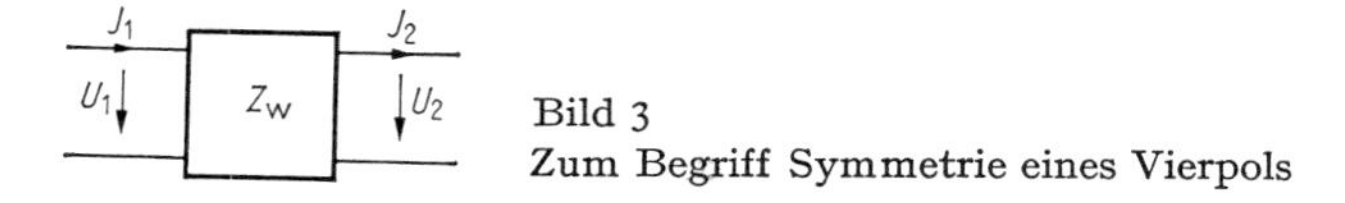

Bild 3
Zum Begriff Symmetrie eines Vierpols

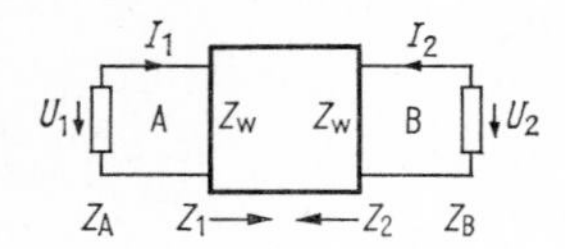

Bild 4 Widerstandssymmetrischer Vierpol; bei $Z_A = Z_B$ ist $Z_1 = Z_2$

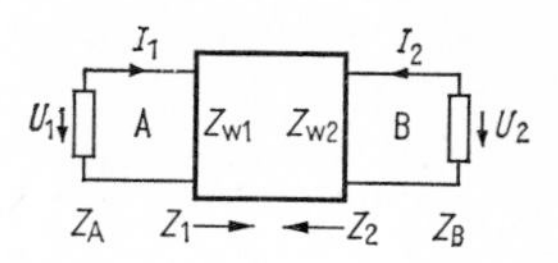

Bild 5 Widerstandsunsymmetrischer Vierpol; bei $Z_A = Z_B$ ist $Z_1 \neq Z_2$

Ein Vierpol ist *übertragungs- oder kopplungssymmetrisch* (transmission-line balanced or line-coupling balanced), wenn der Betriebsübertragungsfaktor bei beliebigen Generator- und Abschlußwiderständen unter gleichen Betriebsbedingungen nicht von der Betriebsrichtung abhängt. Das ist der Fall, wenn die Kopplungsimpedanzen Z_{21} und Z_{12} der beiden Richtungen gleich und unabhängig von der Betriebsrichtung sind, also $Z_{21} = Z_{12}$; $s_2 = 1$. Vierpole mit passiven Elementen (Gyratoren ausgenommen) sind immer übertragungssymmetrisch. Ein Beispiel für einen übertragungssymmetrischen Vierpol mit aktiven Elementen ist der Zweidrahtverstärker, der bei entsprechender Polung zum Gyrator wird.

Ein Vierpol ist *symmetrisch* hinsichtlich seines Betriebsdämpfungsmaßes (s. S. 38), wenn nur das Vorzeichen des Übertragungsfaktors von der Betriebsrichtung abhängig ist. Die Kopplungsimpedanzen sind untereinander gleich, haben aber entgegengesetztes Vorzeichen, also $Z_{12} = -Z_{21}$; $s_2 = -1$. Man spricht hier auch von *Leistungssymmetrie*, weil der Betrag des Betriebsdämpfungsmaßes a_B als das logarithmierte Verhältnis von aufgenommener zu abgegebener Leistung definiert ist.

Ein Vierpol, bei dem alle Eigenschaften unabhängig von der Betriebsrichtung sind, ist *übertragungs- und widerstandssymmetrisch*; man spricht auch von *Längssymmetrie*. Die Kopplungs- (oder Leerlaufkern-)impedanzen Z_{12}, Z_{21} und die Leerlaufimpedanzen Z_{11}, Z_{22} sind untereinander gleich, also $Z_{11} = Z_{22}$; $Z_{12} = Z_{21}$.

Passive Klemmenpaare a/b sind gegen Erde symmetrisch, wenn die Komplexen Leitwerte gegen Erde einander gleich sind, also $Y_{a/E} = Y_{b/E}$ (Erdunsymmetrie s. S. 53). Sie sind es praktisch auch dann noch, wenn die Differenz $Y_{a/E} - Y_{b/E}$ vernachlässigbar ist gegenüber dem Leitwert $Y_{a/b}$, der betriebsmäßig am Klemmenpaar a/b wirkt.

Widerstände eines Vierpols (Zweitors)

Neben dem Komplexen Wellendämpfungsmaß g_w ist der *Wellenwiderstand* (characteristic impedance) des Vierpols eine besonders charakteristische Größe. Seine Kenntnis ist z.B. zur reflexionsfreien Anpassung von Vierpolen notwendig. Eingangswellenwiderstand Z_{w1} und Aus-

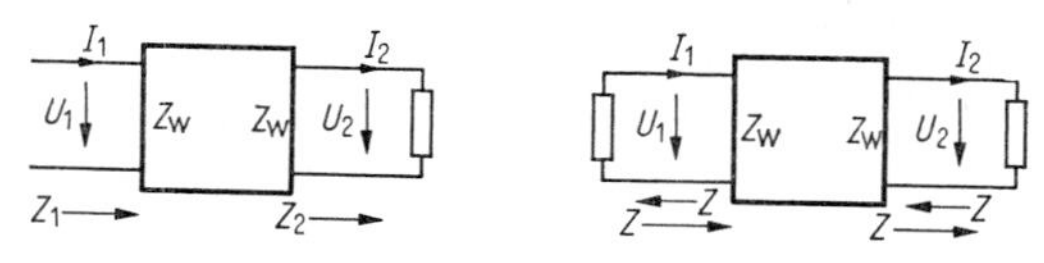

Bild 6a, b Eingangswiderstände eines Vierpols

gangswellenwiderstand Z_{w2} können voneinander abweichen; sie ergeben sich zu: $Z_{w1} = \sqrt{Z_{1K} \cdot Z_{1L}}$ und $Z_{w2} = \sqrt{Z_{2K} \cdot Z_{2L}}$. Der Wellenwiderstand ist also das geometrische Mittel aus *Leerlauf-* (Z_L) und *Kurzschlußwiderstand* (Z_K). Der mittlere Wellenwiderstand ergibt sich zu: $Z_{wm} = \sqrt{Z_{w1} \cdot Z_{w2}}$.

Für den übertragungs- und widerstandssymmetrischen Vierpol folgen aus den Gleichungen (10) und (11) die Beziehungen:

$$U_1 = U_2 \cosh g_w + I_2 Z_w \sinh g_w \tag{12}$$

$$I_1 = \frac{U_2}{Z_w} \sinh g_w + I_2 \cosh g_w. \tag{13}$$

Führt man in Gleichung (12) für $I_2 = \frac{U_2}{Z_2}$ und in Gleichung (13) für $U_2 = I_2 Z_2$ ein (vgl. Bild 6a), so folgt für den *Eingangswiderstand* Z_1 bei Abschluß mit Z_2

$$Z_1 = \frac{U_1}{I_1} = Z_2 \frac{\cosh g_w + \frac{Z_w}{Z_2} \sinh g_w}{\cosh g_w + \frac{Z_2}{Z_w} \sinh g_w} = Z_w \frac{Z_2 + Z_w \tanh g_w}{Z_w + Z_2 \tanh g_w}. \tag{14}$$

Der Eingangswiderstand Z_1 hängt also von den Eigenschaften des Vierpols und vom Abschlußwiderstand Z_2 ab. Es ist leicht vorstellbar, daß bei großem Dämpfungsmaß a_w der Widerstand Z_2 nur gering auf Z_1 zurückwirkt. Nach Gleichung (14) ist bei $\tanh |g_w| \approx 1$, also $a_w > 20$ dB, $Z_1 \approx Z_w$. Der Eingangswiderstand wird dann nur noch von den Eigenschaften des Vierpols bestimmt. Einen Vierpol nennt man elektrisch lang, wenn $a_w \geqq 20$ dB ist oder/und $b_w \geqq \pi/2$, elektrisch kurz, wenn $a_w \ll 20$ dB ist oder/und $b_w \ll \pi/2$. Bei kurzgeschlossenem Ausgang, also $Z_2 = 0$, geht Gleichung (14) über in die einfache Beziehung

$$Z_{1K} = Z_w \operatorname{tangh} g_w. \tag{15a}$$

Sind bei $Z_2 = 0$ aber $a_w \to 0$ und $b_w = \pi/2$, so strebt $Z_{1K} \to \infty$; dies gilt z.B. für die kurzgeschlossene verlustlose $\lambda/4$-Leitung. Bei Leerlauf des Ausgangs ($Z_2 = \infty$) gilt

$$Z_{1L} = Z_w \frac{1}{\tanh g_w}; \tag{15b}$$

wieder mit $a_w \to 0$ und $b_w = \pi/2$ strebt $Z_{1L} \to 0$.

Weiterhin ist bei einer Leitung mit $a_w \to 0$ das Komplexe Wellendämpfungsmaß $g_w = j b_w$; mit $\tanh j b_w = j \tan b_w$ und mit $b_w = \pi/2$ geht Gleichung (14) in die Transformationsgleichung des verlustlosen Vierpols über. Der Eingangswiderstand wird

$$Z_1 = \frac{Z_w^2}{Z_2}. \tag{16}$$

Widerstände Z_2 können also auf andere Werte Z_1 transformiert werden.

Bei homogenen Leitungen ist der Wellenwiderstand Z_w durch die auf die Längeneinheit bezogenen Leitungskonstanten C', G', L', R' und die Frequenz, aber nicht durch die Leitungslänge bestimmt. Es gilt (mit $\omega = 2\pi f$)

$$Z_w = \sqrt{\frac{R' + j\omega L'}{G' + j\omega C'}}. \tag{17}$$

Ihr bezogenes Komplexes Wellendämpfungsmaß g'_w (s. auch S. 37) ist ebenfalls nur durch die Konstanten und die Frequenz gegeben:

$$g'_w = a'_w + j b'_w = \sqrt{(R' + j\omega L')(G' + j\omega C')}. \tag{18}$$

Bei dickdrähtigen Freileitungen ($d \geqq 3$ mm) und $f > 1$ kHz ist $Z_w \approx 600\ \Omega$. Der Wellenwiderstand symmetrischer Kabel liegt je nach Ausführung und bei Frequenzen $f > 10$ kHz zwischen 120 bis 190 Ω; für $f < 1$ kHz gilt $Z_w \to \sqrt{\frac{R'}{j\omega C'}}$, für $f > 100$ kHz gilt $Z_w \to \sqrt{\frac{L'}{C'}}$.

Anpassung von Widerständen

Bei der Zusammenschaltung von Leitungen mit voneinander abweichenden Widerständen entstehen Stoßstellen, die die Gleichmäßigkeit der Übertragung beeinflussen (s. S. 40). In der Nachrichten-Übertragungstechnik ist bei der Zusammenschaltung der einzelnen Übertragungsglieder die *Anpassung* (matching condition) ihrer Widerstände von ausschlaggebender Bedeutung, d.h. an jedem Verknüpfungspunkt muß der Wellenwiderstand des jeweiligen Übertragungsgliedes mit dem Wellenwiderstand des folgenden Gliedes weitgehend übereinstimmen. Nur unter dieser Bedingung läßt sich ein Übertragungssystem realisieren. Führt man in Gleichung (12) entsprechend dem Anpassungsfall $Z_2 = Z_w$ für $I_2 = \frac{U_2}{Z_w}$ und in Gleichung (13) für $U_2 = I_2 Z_w$ ein, so ergibt sich:

$$U_1 = U_2\, e^{g_w} = I_2 Z_w\, e^{g_w} \qquad \text{und} \qquad I_1 = I_2\, e^{g_w}.$$

Aus $\frac{U_1}{I_1} = Z_1 = \frac{I_2 Z_w\, e^{g_w}}{I_2\, e^{g_w}}$ folgt – unabhängig vom Komplexen Dämpfungsmaß g_w – für den Eingangswiderstand $Z_1 = Z = Z_w$ (Bild 6b).

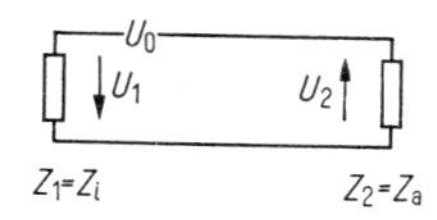

Bild 7a Leistungsanpassung;
$Z_i = Z_a$

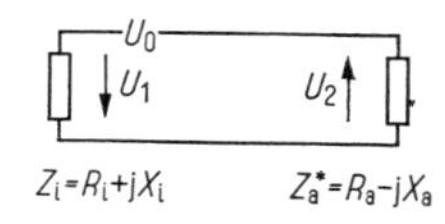

Bild 7b Wirkleistungsanpassung;
$R_i = R_a$ und $X = 0$ oder $Z_i = Z_a^*$

Ein besonderer Fall der Anpassung ist die *Leistungsanpassung* (power match). Sie hat zum Ziel, von einer gegebenen Quelle mit der Spannung U_0 und dem Widerstand Z_i die maximale Leistung an den Verbraucher mit dem Widerstand Z_2 abzugeben (Bild 7a).

Die einer Quelle maximal entnehmbare Leistung beträgt $\frac{U_0^2}{4Z_i}$. Diese wird von einem Verbraucher aufgenommen, wenn $Z_i = R_i + jX_i = Z_a = R_a + jX_a$ ist. Größte Wirkleistung (Bild 7b) wird abgegeben für $R_i = R_a$ und $j(X_i + X_a) = 0$; diese Bedingung ist erfüllt, wenn jeder Imaginärteil für sich Null ist oder wenn beim konjugiert-komplexen Fall $Z_i = Z_a^*$. Die Beträge sind einander gleich, nur die Vorzeichen der Blindanteile sind verschieden. Diese *Wirkleistungsanpassung* (true power match) gilt in der Regel jeweils nur bei einer Frequenz; sie hat damit in der Übertragungstechnik keine Bedeutung.

Auch ein Vierpol kann als Leistungsquelle (sein Ausgang) oder Leistungssenke (sein Eingang) angesehen werden.

Der Scheinwiderstand eines Zweipols (oder Vierpols) läßt sich reell und frequenzunabhängig machen, wenn er durch eine Reihenschaltung von R und L oder R und C darstellbar ist. Schaltet man z.B. zu $R + j\omega L$ einen Widerstand $R + \frac{1}{j\omega C}$ mit der Bedingung $C = \frac{L}{R^2}$ parallel, so ergibt sich ein frequenzunabhängiger Widerstand gleich R.

2. Pegel

Zur Darstellung der Leistungs-, Spannungs- und Stromverhältnisse längs eines Übertragungssystems wird der Begriff *Pegel* (level) gebraucht. *Pegel nach DIN 5493* (Aug. 1972) soll ein logarithmiertes Größenverhältnis genannt werden, wenn dieses — wie in Gleichung (21) und (22) — das Verhältnis zweier Energiegrößen oder zweier Feldgrößen gleicher Einheit und die Nennergröße eine festgelegte Bezugsgröße ist. In den CCITT-Empfehlungen heißt der so definierte Pegel *absoluter Pegel* (absolute level) im Unterschied zum *relativen Pegel* (relative level) nach Gleichung (19) und (20); Pegel ist beim CCITT Oberbegriff.

Der (absolute) Pegel ist also immer auf einen bestimmten Wert der gleichen Größe — Leistung oder Spannung — bezogen. Bei der Fernsehbildübertragung gilt als Bezugsgröße die Spitze-zu-Spitze-Spannung $U_{ss} = 0{,}7$ V des Bildaustastsignals am Video-Durchschaltepunkt (gemessen an dessen Widerstand von 75 Ω), in Gemeinschaftsantennenanlagen die Leistung, die 1 μV an 75 Ω entspricht (s. S. 199), in der Fernsprechtechnik die Leistung 1 mW oder die Spannung von 0,7746 V an 600 Ω (≙ 1 mW).

Der relative Pegel ist in der Übertragungstechnik von besonderer Bedeutung. Im allgemeinen werden in einem Übertragungssystem die Signal- und Geräuschpegel so beschrieben, daß man sie auf einen bestimmten Punkt bezogen angibt. Diesem Bezugspunkt wird der relative Pegel Null zugeordnet. Der relative Pegel an irgend einem anderen Punkt im Übertragungssystem entspricht dann der Verstärkung oder Dämpfung zwischen diesem Punkt und dem Bezugspunkt. Bezugspunkt ist z.B. bei der Fernseh-Bild- und -Tonübertragung der Übergabepunkt zwischen den Studioeinrichtungen und dem Beginn der posteigenen Übertragungsleitung, bei der Fernsprechübertragung der Anfang der Fernleitung, der in Systemen mit Handvermittlung durch die Fernamtsklinke gegeben war, in Netzen mit Selbstwahl aber nicht mehr zugänglich ist. Im internationalen Fernsprechnetz wurde vom CCITT als Bezugspunkt hypothetisch der Punkt am sendenden Ende der Vierdrahtleitung festgelegt, dessen Pegel um 3,5 dB größer ist als der Pegel am sogenannten „virtuellen Durchschaltepunkt". Mit anderen Worten: Der relative Pegel am „virtuellen Durchschaltepunkt" beträgt —3,5 dBr (Erklärung dBr s. S. 14).

Sind P_x und U_x Leistung und Spannung an der Meßstelle, P_A und U_A Leistung und Spannung am Bezugspunkt des Systems, so ergibt sich an der Meßstelle

der *relative Leistungspegel* (relative power level)

$$n_{rel} = 10 \lg \left| \frac{P_x}{P_A} \right| \text{dB} = \frac{1}{2} \ln \left| \frac{P_x}{P_A} \right| \text{Np}, \tag{19}$$

der *relative Spannungspegel* (relative voltage level)

$$n_{U\,rel} = 20 \lg \left| \frac{U_x}{U_A} \right| \text{dB} = \ln \left| \frac{U_x}{U_A} \right| \text{Np}. \tag{20}$$

Der relative Pegel kann auch als *Pegeldifferenz* (level difference) bezeichnet werden. Beispielsweise errechnet sich die Pegeldifferenz $n_x - n_A$ zwischen dem (absoluten) Pegel n_x an irgendeiner Stelle x und dem (absoluten) Pegel n_A am Bezugspunkt nach Gleichung (21) zu $n_x - n_A =$

$10\,\lg\left|\frac{P_x}{P_1}\right|\,\mathrm{dB} - 10\,\lg\left|\frac{P_A}{P_1}\right|\,\mathrm{dB} = 10\,\lg\left|\frac{P_x}{P_A}\right|\,\mathrm{dB} = n_{rel}$. DIN 5493 sagt: Das logarithmierte Größenverhältnis entspricht einer Pegeldifferenz, wenn Zähler- und Nennergröße beliebige Energie- oder Feldgrößen gleicher Einheit sind. Der Ausdruck Pegeldifferenz soll gebraucht werden, wenn es sich nur um die Kennzeichnung eines jeweiligen Zustands handelt.

Bedeuten P_1 und U_1 genormte Bezugsgrößen, so gilt:

(absoluter) Leistungspegel (absolute power level)

$$n = 10\,\lg\left|\frac{P_x}{P_1}\right|\,\mathrm{dB} = \frac{1}{2}\ln\left|\frac{P_x}{P_1}\right|\,\mathrm{Np}, \tag{21}$$

(absoluter) Spannungspegel (absolute voltage level)

$$n_U = 20\,\lg\left|\frac{U_x}{U_1}\right|\,\mathrm{dB} = \ln\left|\frac{U_x}{U_1}\right|\,\mathrm{Np}. \tag{22}$$

In der Fernsprechtechnik sind als Bezugsgrößen festgelegt:

$$P_1 = 1\ \mathrm{mW},\ U_1 = \sqrt{1\ \mathrm{mW}\cdot 600\ \Omega} = 0{,}7746\ \mathrm{V}.$$

(U_1 ergibt sich aus $P_1 = U_1^2/Z$ mit $Z = 600\ \Omega$, $\sphericalangle 0°$, d.h. U_1 entspricht der Spannung an einem 600-Ω-Widerstand, in dem eine Leistung von 1 mW verbraucht wird.)

Mit diesen Normwerten gehen die Gleichungen (21) und (22) über in:

(absoluter) Leistungspegel

$$n = 10\,\lg\frac{|P_x|}{1\ \mathrm{mW}}\,\mathrm{dB} = \frac{1}{2}\ln\frac{|P_x|}{1\ \mathrm{mW}}\,\mathrm{Np}, \tag{23}$$

(absoluter) Spannungspegel

$$n_U = 20\,\lg\frac{|U_x|}{0{,}7746\ \mathrm{V}}\,\mathrm{dB} = \ln\frac{|U_x|}{0{,}7746\ \mathrm{V}}\,\mathrm{Np}. \tag{24}$$

Zur kurzen und eindeutigen Kennzeichnung des auf 1 mW bezogenen Leistungspegels hat sich weitgehend eingeführt, statt dB die Bezeichnung dBm zu wählen (vgl. S. 14).

Wird der Spannungspegel n_U mit einem hochohmigen Empfänger an Zwischenpunkten der Leitung gemessen, so daß der Abschluß durch den Wellenwiderstand der Leitung (Z_2) gegeben ist, dann berechnet sich der Leistungspegel am Meßpunkt aus der dort beobachteten Spannung $|U_x|$ zu

$$n = 10\,\lg\frac{|P_x|}{1\ \mathrm{mW}}\,\mathrm{dB} = 10\,\lg\frac{|U_x^2|\cdot 600\ \Omega}{|Z_2|\cdot 0{,}7746^2\cdot \mathrm{V}^2}\,\mathrm{dB}$$

$$= 20\,\lg\frac{|U_x|}{0{,}7746\ \mathrm{V}}\,\mathrm{dB} - 10\,\lg\frac{|Z_2|}{600\ \Omega}\,\mathrm{dB} = n_U - \Delta \tag{25a}$$

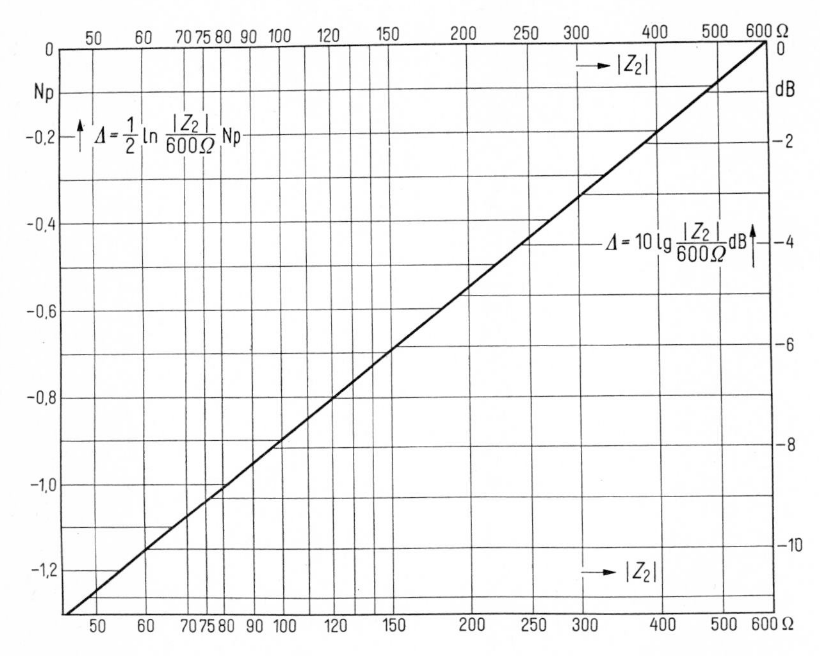

Bild 8a Ermittlung des Leistungspegels n aus dem Spannungspegel n_U entsprechend der Gleichung $n = n_U - \Delta$; für Z_2-Werte $\leqq 600\ \Omega$

Tafel 1a
Genaue Werte der Korrekturgröße Δ für gebräuchliche Z_2-Werte, und zwar für den Bereich 5 bis 600 Ω

$\frac{Z_2}{\Omega}$	$\frac{\Delta}{\text{dB}} = 10 \lg \frac{\lvert Z_2 \rvert}{600\ \Omega}$	$\frac{\Delta}{\text{Np}} = \frac{1}{2} \ln \frac{\lvert Z_2 \rvert}{600\ \Omega}$
5	− 20,792	− 2,3937
6,5	− 19,652	− 2,2626
13	− 16,642	− 1,9160
26	− 13,632	− 1,5694
50	− 10,792	− 1,2425
60	− 10,000	− 1,1513
65	− 9,652	− 1,1113
75	− 9,031	− 1,0397
124	− 6,847	− 0,7883
135	− 6,478	− 0,7458
140	− 6,320	− 0,7276
150	− 6,021	− 0,6932
240	− 3,979	− 0,4581
300	− 3,010	− 0,3466
450	− 1,249	− 0,1438
600	0,000	0,0000

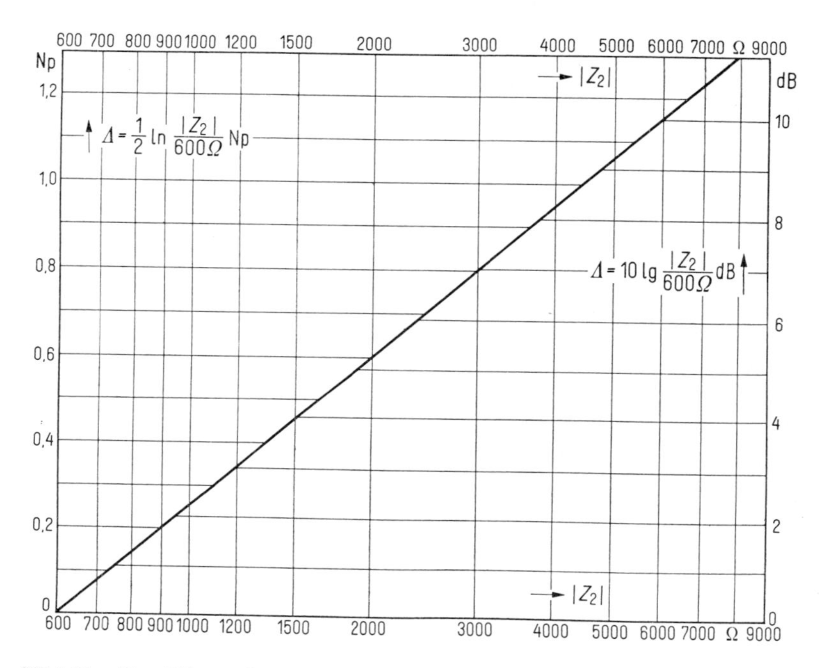

Bild 8b Ermittlung des Leistungspegels n aus dem Spannungspegel n_U entsprechend $n = n_U - \Delta$; für Z_2-Werte $\geqq 600\ \Omega$

$\frac{Z_2}{\Omega}$	$\frac{\Delta}{\text{dB}} = 10 \lg \frac{\lvert Z_2 \rvert}{600\ \Omega}$	$\frac{\Delta}{\text{Np}} = \frac{1}{2} \ln \frac{\lvert Z_2 \rvert}{600\ \Omega}$
600	0,000	0,0000
650	+ 0,347	+ 0,0400
700	+ 0,669	+ 0,0771
735	+ 0,881	+ 0,1015
800	+ 1,249	+ 0,1438
900	+ 1,761	+ 0,2027
1 000	+ 2,218	+ 0,2524
1 200	+ 3,010	+ 0,3466
2400	+ 6,021	+ 0,6932
3000	+ 6,990	+ 0,8047
6000	+ 10,000	+ 1,1513
9000	+ 11,761	+ 1,3540
12000	+ 13,010	+ 1,4979
24000	+ 16,021	+ 1,8444

Tafel 1b
Genaue Werte der Korrekturgröße Δ für gebräuchliche Z_2-Werte, und zwar für den Bereich 600 bis 24 000 Ω

oder

$$n = \frac{1}{2} \ln \frac{|P_x|}{1\,\mathrm{mW}}\,\mathrm{Np} = \frac{1}{2} \ln \frac{|U_x^2| \cdot 600\,\Omega}{|Z_2| \cdot 0{,}7746^2 \cdot \mathrm{V}^2}\,\mathrm{Np}$$

$$= \ln \frac{|U_x|}{0{,}7746\,\mathrm{V}}\,\mathrm{Np} - \frac{1}{2} \ln \frac{|Z_2|}{600\,\Omega}\,\mathrm{Np} \; = n_U - \Delta\,. \qquad (25\,\mathrm{b})$$

Der (absolute) Leistungspegel unterscheidet sich also vom (absoluten) Spannungspegel an der gleichen Meßstelle lediglich durch die Korrekturgröße $\Delta = 10 \lg \frac{|Z_2|}{600\,\Omega}$ dB oder $\Delta = \frac{1}{2} \ln \frac{|Z_2|}{600\,\Omega}$ Np, die durch die Abweichung von $|Z_2|$ gegen 600 Ω bedingt ist.

Zum Vergleich des Spannungspegels mit dem Leistungspegel bei beliebigem Z_2 dienen die Bilder 8a, b (S. 34 und 35), die den Unterschied zwischen den Gleichungen (24) und (25) in Abhängigkeit von $|Z_2|$ darstellen. Genauere Werte der Korrekturgröße Δ für gebräuchliche Widerstandswerte nennen die den Bildern 8a, b zugeordneten Tafeln 1a, b.

Wie die Gleichungen (24) und (25) ferner zeigen, wird beim Abschließen des Vierpols mit 600 Ω der Leistungspegel n gleich dem Wert des Spannungspegels n_U. Speist man den Vierpol aus einem *Normalgenerator* (standard generator), d.h. aus einer Meßstromquelle mit der EMK 2 · 0,7746 V und einem reellen inneren Widerstand von 600 Ω, so wird der Spannungspegel auch mit *Meßpegel* (test level) bezeichnet.

Alle Angaben über Pegel, relative Pegel sowie Meßpegel beziehen sich immer auf die Übertragung von Meßströmen.

Das *Pegeldiagramm* (level diagram) zeigt den Verlauf des relativen Leistungspegels längs der Verbindung $A-B$ (Bild 9); bei Tonleitungen ist es üblich, den relativen Spannungspegel aufzutragen.

Die *Pegelkurve* (level curve), wie sie z.B. der Pegelschreiber oder ein Meßautomat selbsttätig aufzeichnet oder das Pegelbildgerät auf einer Elektronenstrahlröhre sichtbar macht, zeigt die Frequenzabhängigkeit des absoluten Pegels an der Meßstelle (Bild 10), also die Dämpfungsverzerrungen des gemessenen Vierpols (s. auch S. 61).

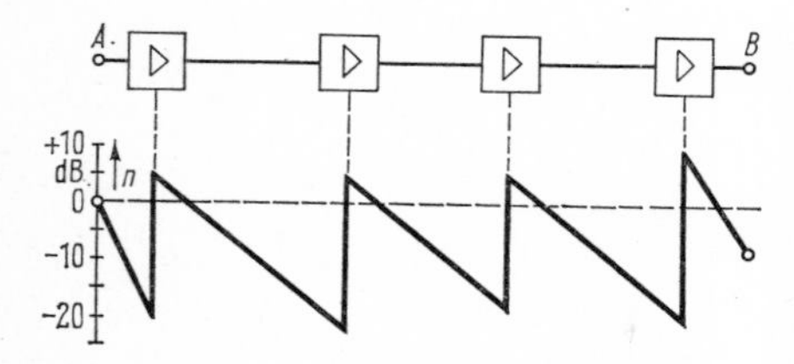

Bild 9 Beispiel für ein Pegeldiagramm

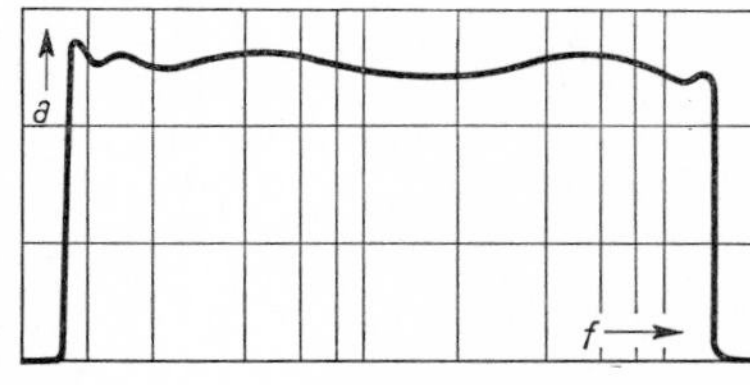

Bild 10 Beispiel für eine Pegelkurve

3. Wellen-, Betriebs-, Rest- und Einfügungsdämpfung

Das *Komplexe Wellendämpfungsmaß* g_w (image transfer constant) des übertragungssymmetrischen Vierpols ist das halbe logarithmierte Verhältnis der Eingangsleistung $P_1 = U_1 \cdot I_1$ zur Ausgangsleistung $P_2 = U_2 \cdot I_2$ bei Abschluß mit dem Wellenwiderstand Z_{w2} des Vierpols (Bild 11):

$$\begin{aligned} g_w = a_w + \mathrm{j}\, b_w &= 10 \lg \frac{U_1 \cdot I_1}{U_2 \cdot I_2} \,\mathrm{dB} = \frac{1}{2} \ln \frac{U_1 \cdot I_1}{U_2 \cdot I_2} \,\mathrm{Np} \\ &= 20 \lg \frac{U_1}{U_2} \sqrt{\frac{Z_{w2}}{Z_{w1}}} \,\mathrm{dB} = 20 \lg \frac{I_1}{I_2} \sqrt{\frac{Z_{w1}}{Z_{w2}}} \,\mathrm{dB} \\ &= \ln \frac{U_1}{U_2} \sqrt{\frac{Z_{w2}}{Z_{w1}}} \,\mathrm{Np} = \ln \frac{I_1}{I_2} \sqrt{\frac{Z_{w1}}{Z_{w2}}} \,\mathrm{Np}; \end{aligned} \tag{26}$$

$$a_w = 10 \lg \left| \frac{U_1 \cdot I_1}{U_2 \cdot I_2} \right| \mathrm{dB} = \frac{1}{2} \ln \left| \frac{U_1 \cdot I_1}{U_2 \cdot I_2} \right| \mathrm{Np}. \tag{27}$$

a_w ist das *Wellendämpfungsmaß* (image attenuation constant), b_w der Wellendämpfungswinkel, kurz *Wellenwinkel* (image phase constant) in rad, früher *Wellenphasenmaß* genannt.

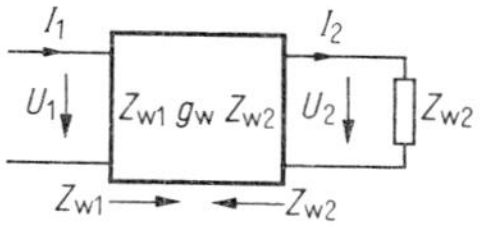

Bild 11
Zum Begriff Komplexes Wellendämpfungsmaß g_w

Beim *widerstandssymmetrischen Vierpol* (symmetrical quadripole), also bei $Z_w = Z_{w1} = Z_{w2}$; ergibt sich:

$$\begin{aligned} g_w = a_w + \mathrm{j}\, b_w &= 10 \lg \frac{U_1 \cdot I_1}{U_2 \cdot I_2} \,\mathrm{dB} = 20 \lg \frac{U_1}{U_2} \,\mathrm{dB} = 20 \lg \frac{I_1}{I_2} \,\mathrm{dB} \\ &= \frac{1}{2} \ln \frac{U_1 \cdot I_1}{U_2 \cdot I_2} \,\mathrm{Np} = \ln \frac{U_1}{U_2} \,\mathrm{Np} = \ln \frac{I_1}{I_2} \,\mathrm{Np}. \end{aligned} \tag{28}$$

Das Komplexe Wellendämpfungsmaß ist nur durch die Eigenschaften des Vierpols und die Frequenz bestimmt.

Komplexer Wellendämpfungsfaktor D_w (complex image attenuation factor) heißt das nicht logarithmierte Verhältnis in Gleichung (26):

$$D_w = |D_w| \cdot \mathrm{e}^{\mathrm{j} b_w} = \left| \frac{U_1}{U_2} \sqrt{\frac{Z_{w_2}}{Z_{w_1}}} \right| \cdot \mathrm{e}^{\mathrm{j} b_w}, \tag{29a}$$

$$\text{bei } Z_{w1} = Z_{w2} \text{ gilt: } D_w = |D_w| \cdot \mathrm{e}^{\mathrm{j} b_w} = \left| \frac{U_1}{U_2} \right| \cdot \mathrm{e}^{\mathrm{j} b_w}. \tag{29b}$$

Der *Komplexe Wellenübertragungsfaktor* A_w (complex image gain factor) ist der Kehrwert von D_w, also das Verhältnis von Ausgangsleistung $P_2 = U_2 \cdot J_2$ zu Eingangsleistung $P_1 = U_1 \cdot J_1$.

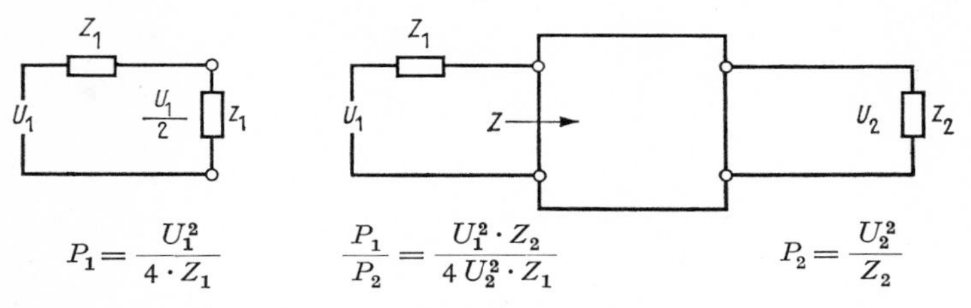

Bild 12 Zum Begriff Betriebsdämpfungsmaß

Die Voraussetzung der vollkommenen Anpassung ist in der Praxis nur selten erfüllt. Um für unvollkommen angepaßte Vierpole ein bequemes Maß ihrer Dämpfung unter Betriebsverhältnissen zu haben, hat man analog zu g_w den Begriff *Komplexes Betriebsdämpfungsmaß* $g_B = a_B + j\, b_B$ geprägt. a_B ist das *Betriebsdämpfungsmaß* (composite loss), b_B der *Betriebsdämpfungswinkel* (composite phase constant). Bei der Übertragung von Sprache und Musik über Frequenzmultiplexsysteme interessiert vorwiegend das Betriebsdämpfungsmaß a_B: Liegt am Eingang des betrachteten Vierpols (Bild 12) mit einem betriebsmäßigen Wellenwiderstand Z ein Generator mit dem inneren Widerstand Z_1, so ist das Betriebsdämpfungsmaß a_B in Dezibel bestimmt durch den zehnfachen Briggsschen Logarithmus vom Verhältnis der Leistung $|P_1|$, die der Generator an einen Widerstand Z_1 abgeben würde, zu der Leistung $|P_2|$, die er über den Vierpol an dessen Abschlußwiderstand Z_2 abgibt, also:

$$\begin{aligned} a_B &= 20 \lg \left| \frac{U_1}{2 U_2} \right| \mathrm{dB} + 10 \lg \left| \frac{Z_2}{Z_1} \right| \mathrm{dB} \\ &= \ln \left| \frac{U_1}{2 U_2} \right| \mathrm{Np} + \frac{1}{2} \ln \left| \frac{Z_2}{Z_1} \right| \mathrm{Np}. \end{aligned} \tag{30a}$$

Wie die Gleichung (30a) zeigt, hängt das Betriebsdämpfungsmaß zunächsteinmal vom Verhältnis der Leerlauf-Sendespannung U_1 zur Spannung U_2 am Ende des Vierpols ab. Lineare, d.h. amplitudenunabhängige Vierpole vorausgesetzt, ist dieses Verhältnis unabhängig von der Leerlauf-Sendespannung. Das Betriebsdämpfungsmaß des Vierpols hängt aber von seinen Abschlüssen Z_1 und Z_2 ab, so daß es an sich beliebig viele Betriebsdämpfungsmaße des Vierpols gibt. Das Betriebsdämpfungsmaß kann also für den unmittelbaren Vergleich zweier Vierpole nur dann herangezogen werden, wenn in beiden Fällen gleiche Abschlußwiderstände gewählt wurden. Wählt man den Verbraucherwiderstand Z_2 gleich dem Generator-Innenwiderstand Z_1, so gilt:

$$a_B = 20 \lg \left| \frac{U_1}{2 U_2} \right| \mathrm{dB} = \ln \left| \frac{U_1}{2 U_2} \right| \mathrm{Np}. \tag{30b}$$

Bei Zeitmultiplexsystemen ebenso wie bei der Übertragung von Pulssignalen interessiert außer dem Betriebsdämpfungsmaß a_B der Betriebsdämpfungswinkel b_B oder — bei Übertragungsstrecken — die Gruppenlaufzeit τ_G (diese s. S. 61). Der Betriebsdämpfungswinkel b_B ist gegeben als der Winkel- oder Phasenversatz zwischen den Spannungen U_1 und U_2 im Verhältnis zur Periodendauer T einer Schwingung des Meßsignals; es gilt also

$$b_B = \frac{\Delta t}{T} \cdot 360° \quad \text{oder} \quad b_B = \frac{\Delta t}{T} \cdot 2\pi \text{ rad.} \tag{31}$$

Der *Betriebsdämpfungsfaktor* D_B (composite attenuation factor) ist analog zu a_B das nicht logarithmierte Verhältnis der Größen in Gleichung (30a).

Das *Komplexe Betriebsübertragungsmaß* oder *Komplexe Betriebsverstärkungsmaß* $-g_B$ des Vierpols ist das logarithmierte Verhältnis der Ausgangsleistung $P_2 = U_2 \cdot I_2$ zur Eingangsleistung $P_1 = \frac{U_1}{2} \cdot I_1$; es gilt:

$$\begin{aligned} -g_B = -a_B - j\,b_w &= 20 \lg \frac{2U_2}{U_1} \text{ dB} + 10 \lg \frac{Z_1}{Z_2} \text{ dB} \\ &= \ln \frac{2U_2}{U_1} \text{ Np} + \frac{1}{2} \ln \frac{Z_1}{Z_2} \text{ Np.} \end{aligned} \tag{32}$$

Darin ist $-a_B$ das *Betriebsübertragungsmaß* (composite gain) und $-b_B$ der *Betriebsübertragungswinkel*. Das nicht logarithmierte Verhältnis der Größen ist der *Komplexe Betriebsübertragungsfaktor* A_B (composite gain factor).

Als *Restdämpfungsmaß* (overall equivalent or net loss) bezeichnet man das gemessene Betriebsdämpfungsmaß einer vollständigen Übertragungsstrecke einschließlich Verstärker, wobei der Generator- und der Abschlußwiderstand $Z_1 = Z_2 = 600\,\Omega$, $\sphericalangle = 0$ ist (s. Normalgenerator S. 36).

Das gemessene *Betriebsdämpfungsmaß einer Kette* von nicht vollkommen angepaßten Vierpolen ist nicht ohne weiteres gleich der Summe der Einzelwerte der Vierpole (vgl. Stoßdämpfung S. 41).

Durch Einfügen eines Vierpols zwischen einen Generator mit dem Widerstand Z_1 und einen Empfänger mit dem Widerstand Z_2 tritt ein Einfügungsverlust auf. Das *Komplexe Einfügungsdämpfungsmaß* $g_e = a_e + j\,b_e$ ergibt sich aus dem Logarithmus des Verhältnisses der Leistung P_{21}, die der Empfänger ohne den Vierpol, zur Leistung P_{22}, die er mit dem zwischengeschalteten Vierpol aufnehmen würde:

$$\begin{aligned} g_e = a_e + j\,b_{eB} &= 10 \lg \frac{P_{21}}{P_{22}} \text{ dB} = 20 \lg \frac{U_{21}}{U_{22}} \text{ dB} \\ &= \frac{1}{2} \ln \frac{P_{21}}{P_{22}} \text{ Np} = \ln \frac{U_{21}}{U_{22}} \text{ Np.} \end{aligned} \tag{33}$$

Das negative Komplexe Einfügungsdämpfungsmaß wird *Komplexes Einfügungsverstärkungsmaß* genannt.

4. Anpassungsdämpfungen

Ist eine Leitung nicht genau mit ihrem Wellenwiderstand abgeschlossen oder werden zwei Leitungen mit unterschiedlichen Wellenwiderständen miteinander verbunden, so wird an dieser *Stoßstelle* (impedance discontinuity) durch die *Fehlanpassung* (mismatch) der Wellenverlauf der Spannungen und Ströme gestört. Es entsteht durch *Reflexion* (reflection) eine zurücklaufende Welle, die am Leitungsanfang eine echo-ähnliche Störwirkung hervorrufen kann. Eine solche ergibt sich auch durch die inneren Ungleichmäßigkeiten der Leitungen.

Für die verschiedenen Fälle sind die Begriffe Komplexes Betriebsreflexions- oder Komplexes Anpassungsdämpfungsmaß und Komplexes Rückfluß- oder Komplexes Echodämpfungsmaß üblich.

Bei der Verknüpfung eines Generators (U_0, Z_1) mit einem Empfänger (Z_2) kann man sich an einer Schnittstelle S eine Überlagerung der ankommenden Welle und der reflektierten Welle vorstellen (Bild 13).

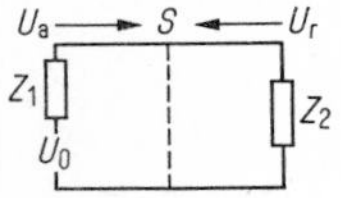

Bild 13
Zum Begriff Betriebsreflexionsdämpfungsmaß

Ist U_r die Spannung der reflektierten und U_a die Spannung der ankommenden Welle, so gilt für das *Komplexe Betriebsreflexionsdämpfungsmaß* (complex composite return loss) oder *Komplexe Anpassungsdämpfungsmaß* (complex balance return loss)

$$\begin{aligned} g_{\mathrm{rB}} = a_{\mathrm{rB}} + \mathrm{j}\, b_{\mathrm{rB}} &= 20 \lg \frac{U_\mathrm{a}}{U_\mathrm{r}} \,\mathrm{dB} = 20 \lg \frac{Z_2 + Z_1}{Z_2 - Z_1} \,\mathrm{dB} \\ &= \ln \frac{U_\mathrm{a}}{U_\mathrm{r}} \,\mathrm{Np} = \ln \frac{Z_2 + Z_1}{Z_2 - Z_1} \,\mathrm{Np}\,. \end{aligned} \tag{34}$$

Das *Betriebsreflexionsdämpfungsmaß* (return loss) oder *Anpassungsdämpfungsmaß* (matching loss) — früher *Fehlerdämpfungsmaß* (return loss) genannt — ist der Realteil von Gleichung (34):

$$a_{\mathrm{rB}} = 20 \lg \left| \frac{Z_2 + Z_1}{Z_2 - Z_1} \right| \mathrm{dB} = \ln \left| \frac{Z_2 + Z_1}{Z_2 - Z_1} \right| \mathrm{Np}. \tag{35}$$

Für den *Betriebsreflexionsfaktor* (return current coefficient or reflection coefficient) gilt

$$|r_\mathrm{B}| = \left| \frac{Z_2 - Z_1}{Z_2 + Z_1} \right|. \tag{36}$$

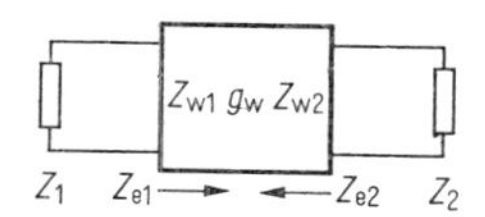

Bild 14
Zu den Begriffen Wellenreflexions- und Echofaktor

Ist zwischen die Widerstände Z_1 und Z_2 ein übertragungs- und widerstandsunsymmetrischer Vierpol mit den Wellenwiderständen Z_{w1} und Z_{w2} (Bild 14) geschaltet, so sind für diesen Fall Wellenreflexionsfaktoren und Echofaktoren bezogen auf die Anschlußpunkte definiert, und zwar gilt für die *Komplexen Wellenreflexionsfaktoren* (complex image return current coefficients):

$$r_{w1} = \frac{Z_1 - Z_{w1}}{Z_1 + Z_{w1}}; \qquad r_{w2} = \frac{Z_2 - Z_{w2}}{Z_2 + Z_{w2}} \tag{37}$$

und für die *Komplexen Echofaktoren* (complex return current coefficients), wenn Z_{e1} und Z_{e2} die Eingangswiderstände der beiden Seiten sind:

$$r_{E1} = \frac{Z_{e1} - Z_{w1}}{Z_{e1} + Z_{w1}}; \quad r_{E2} = \frac{Z_{e2} - Z_{w2}}{Z_{e2} + Z_{w2}}. \tag{38}$$

Die jeweils zugehörigen *Komplexen Wellenreflexionsdämpfungsmaße* (complex image return losses) und *Komplexen Echo-* oder *Rückflußdämpfungsmaße* (structural or active balance return losses) sind in Dezibel der 20fache Briggssche Logarithmus, in Neper der natürliche Logarithmus der reziproken Werte von r_{w1}, r_{w2}, r_{E1} und r_{E2}.

Mit g_w als Komplexes Wellendämpfungsmaß des Vierpols gilt nach dem Fehlersatz für die Verknüpfung zwischen den Komplexen Wellenreflexionsfaktoren und den Komplexen Echofaktoren:

$$r_{E1} = r_{w2} \cdot e^{-2g_w}; \qquad r_{E2} = r_{w1} \cdot e^{-2g_w}. \tag{39}$$

Die durch fehlerhafte Anpassung im Zuge einer Übertragungsstrecke auftretenden Stoßstellen geben Anlaß zu *Stoßdämpfungen* (reflection loss). Hier wird die Leistung, die eine angepaßte Leitung mit dem Wellenwiderstand Z_1 aufnehmen würde, zu der Leistung, die die nicht angepaßte Leitung mit dem Wellenwiderstand Z_2 aufnimmt, in Beziehung zueinander gesetzt. Für eine Stoßstelle zwischen zwei Widerständen Z_1 und Z_2 gilt der *Komplexe Reflexionsfaktor* (complex return current coefficient)

$$r = \frac{Z_2 - Z_1}{Z_2 + Z_1}. \tag{40}$$

Bei einem unsymmetrischen Vierpol (Bild 14), der an beiden Seiten fehlangepaßt ist (z.B. Z_1 statt Z_{w1} und Z_2 statt Z_{w2}), entstehen die *Komplexen Stoßdämpfungsmaße* (complex reflection loss):

$$g_{s1} = a_{s1} + j\,b_{s1} = 20 \lg \frac{Z_1 + Z_{w1}}{2\sqrt{Z_1 \cdot Z_{w1}}} \,\text{dB}$$
$$= \ln \frac{Z_1 + Z_{w1}}{2\sqrt{Z_1 \cdot Z_{w1}}} \,\text{Np},$$
$$g_{s2} = a_{s2} + j\,b_{s2} = 20 \lg \frac{Z_2 + Z_{w2}}{2\sqrt{Z_2 \cdot Z_{w2}}} \,\text{dB}$$
$$= \ln \frac{Z_2 + Z_{w2}}{2\sqrt{Z_2 \cdot Z_{w2}}} \,\text{Np}. \tag{41}$$

Der jeweilige Realteil, das *Stoßdämpfungsmaß* (reflection loss), ermittelt sich also aus dem Verhältnis vom Betrag des arithmetischen Mittels der zusammenstoßenden Wellenwiderstände zu dem Betrag ihres geometrischen Mittels. Daraus folgt, daß mangelhafte Anpassung nach Betrag und Phase noch keine nennenswerte Stoßdämpfung ergibt. Größere komplexe Stoßdämpfungsmaße sind aber wegen der Reflexionen in der Regel nicht zulässig. Zum Beispiel folgen durch Wechselwirkung zwischen zwei oder mehreren Stoßstellen Mehrfachreflexionen, die einen dem Hauptsignal nacheilenden Mitfluß ergeben. Bei Übertragungsstrecken für Fernsehsignale ist das besonders unerwünscht, da nacheilende Signale zu Bildstörungen führen (Geister). Ein weiteres Beispiel ist reflektiertes Nahnebensprechen, das durch Fehlanpassungen auftritt. Bei einem FM-System führen Mehrfachreflexionen zu Laufzeitverzerrungen und damit zu Geräusch.

Ein Maß für die Wechselwirkung zwischen den Reflexionsstellen des auf beiden Seiten fehlangepaßten Vierpols ist das *Komplexe Wechselwirkungsdämpfungsmaß* g_{ww} (complex interaction loss). Sind r_{w1} und r_{w2} die Komplexen Wellenreflexionsfaktoren und ist g_w das Komplexe Wellendämpfungsmaß des Vierpols, so gilt

$$g_{ww} = 20 \lg (1 - r_{w1} \cdot r_{w2} \cdot e^{-2g_w}) \,\text{dB}$$
$$= \ln (1 - r_{w1} \cdot r_{w2} \cdot e^{-2g_w}) \,\text{Np}. \tag{42}$$

Die Summe der vier komplexen Dämpfungsmaße ergibt das Komplexe Betriebsdämpfungsmaß (S. 38):

$$g_B = g_w + g_{s1} + g_{s2} + g_{ww}. \tag{43}$$

In Zweidraht-Fernsprechverbindungen werden die vierdrähtigen Eingänge und Ausgänge der Verstärker über Gabelschaltungen mit den Leitungen verknüpft, ebenso beim Übergang von Zweidraht- auf Vierdrahtleitungen. Bei idealen Gabeln beträgt das *Gabel-Durchgangsdämpfungsmaß* (transmission loss of terminating set) 3 dB = 0,35 Np.

Eine besondere Bedeutung hat das *Gabel-Sperrdämpfungsmaß* (suppression loss of terminating set) $a_s = a_r + 6\,\text{dB} = a_r + 0{,}7\,\text{Np}$. Es ist ein Maß für die Sicherheit gegen Selbsterregung einer Verbindung. Der Widerstand Z_N der Nachbildung kann praktisch nur in begrenztem Maße auf den Widerstand Z der Leitung angepaßt werden. Die Genauigkeit der erreichten Anpassung ist durch das Anpassungsdämpfungsmaß a_{rB} gekennzeichnet (S. 40). Im allgemeinen ist a_{rB} stark frequenzabhängig. Man kennzeichnet dann die Güte der Nachbildung durch den Kleinstwert von a_{rB} innerhalb des Übertragungsbereichs von z.B. 300 bis 3400 Hz. Der Abgleich der Nachbildung wird im Wobbelverfahren mit Hilfe eines Pegelbildgeräts (s. S. 171) sehr vereinfacht.

In der Hochfrequenztechnik läßt sich das Anpassungsdämpfungsmaß auch aus der Spannungsverteilung längs einer mit Z_2 abgeschlossenen koaxialen oder Hohlleiter-Meßleitung (Z_1) durch Bestimmen der Spannungen U_{max} und U_{min} ermitteln. Neben dem Komplexen Reflexionsfaktor r und seinem Betrag $|r|$ sind die Begriffe *Welligkeitsfaktor s* (voltage standing wave ratio, *VSWR*), kurz *Welligkeit*, und *Anpassungsfaktor m* üblich; es gilt:

$$|r| = \frac{U_{max} - U_{min}}{U_{max} + U_{min}} = \left|\frac{Z_1 - Z_2}{Z_1 + Z_2}\right|; \qquad (44)$$

$$s = \frac{U_{max}}{U_{min}}; \qquad m = \frac{1}{s} = \frac{U_{min}}{U_{max}}. \qquad (45)\ (46)$$

Der Zusammenhang zwischen dem Betrag $|r|$ des Reflexionsfaktors und s sowie m ist folgender:

$$|r| = \frac{s-1}{s+1}; \qquad s = \frac{1+|r|}{1-|r|}; \qquad (47)\ (48)$$

$$|r| = \frac{1-m}{1+m}; \qquad m = \frac{1-|r|}{1+|r|}. \qquad (49)\ (50)$$

5. Betriebsstreumatrix (Verteilungsmatrix)

Zur Beschreibung des betriebsmäßigen Verhaltens von Vierpolen (Zweitoren) bedient man sich oft — vorwiegend bei hohen Frequenzen — der *Streumatrix* (scattering matrix). Anstatt das elektrische Zusammenwirken zwischen einem Sender und einem Empfänger mit Strömen und Spannungen zu beschreiben, kann man z.B. Strom-, Spannungs- oder Leistungswellen wählen, wie das bei homogenen Leitungen und im Mikrowellengebiet auch üblich ist. Für die Welle sei die gebräuchliche

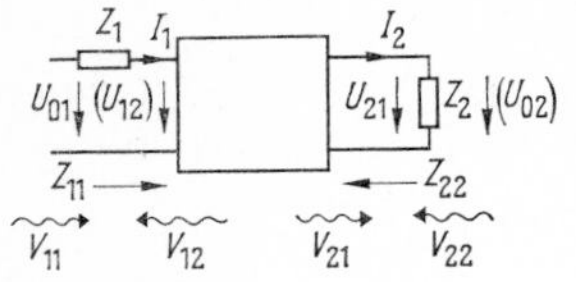

Bild 15 Zur Definition der Streumatrix

Größe $V=\sqrt{P}=\sqrt{UI}=U/\sqrt{Z}$ angewendet. Der Begriff der Welle gilt bei elektrisch kurzen Vierpolen nur formal, da Wellen im üblichen Sinne nicht existent sind. Dadurch ist aber in keiner Weise die Anwendung der nachfolgenden Beziehungen eingeengt. Um den Begriff der Streu matrix bei allen Übertragungsmitteln einschließlich der Hohlleiter an wenden zu können, sei mit Bild 15 ein Ersatzvierpol definiert, in den Wellen V_{11}, V_{22} einströmen und Wellen V_{21} und V_{12} ausströmen.
Für diesen Vierpol gelten die Beziehungen:

$$V_{12}=S_{11}\cdot V_{11}+S_{12}\cdot V_{22}, \tag{51}$$

$$V_{21}=S_{21}\cdot V_{11}+S_{22}\cdot V_{22} \tag{52}$$

mit der Streumatrix

$$(S)=\begin{pmatrix} S_{11} & S_{12} \\ S_{21} & S_{22} \end{pmatrix}. \tag{53}$$

Hierin sind

$$S_{11}=\frac{V_{12}}{V_{11}}=\frac{Z_{11}-Z_1}{Z_1+Z_{11}}=r_{B\,11}, \tag{54}$$

$$S_{22}=\frac{V_{22}}{V_{21}}=\frac{Z_{22}-Z_2}{Z_2+Z_{22}}=r_{B\,22} \tag{55}$$

die *Komplexen Betriebsreflexionsfaktoren* (s. auch S. 40) der Eingangs- und Ausgangsseite und

$$S_{21}=\frac{V_{21}}{V_{11}}=\frac{2\,U_{21}}{U_{01}}\sqrt{\frac{Z_1}{Z_2}}=A_{B\,21}, \tag{56}$$

$$S_{12}=\frac{V_{12}}{V_{22}}=\frac{2\,U_{12}}{U_{02}}\sqrt{\frac{Z_2}{Z_1}}=A_{B\,12} \tag{57}$$

die *Komplexen Betriebsübertragungsfaktoren* (s. auch S. 39), die bei übertragungssymmetrischen Vierpolen einander gleich sind.
Mit Gleichung (54) bis (57) kann man für die Streumatrix schreiben

$$(S)=\begin{pmatrix} r_{B\,11} & A_{B\,12} \\ A_{B\,21} & r_{B\,22} \end{pmatrix}. \tag{58}$$

Die Elemente der Streumatrix können mit Reflexions- und Dämpfungsmeßeinrichtungen im gesamten Frequenzbereich nach Betrag und Winkel bestimmt werden.

6. Nebensprechdämpfungen, Kopplungen

Nebensprechen (crosstalk) ist der Sammelbegriff für die gegenseitige elektrische Beeinflussung von Nachrichtenleitungen. Im einzelnen wird zwischen *Nahnebensprechen* (near-end crosstalk) und *Fernnebensprechen* (far-end crosstalk) unterschieden (Bild 16a, b), je nachdem ob die Stromquelle der störenden Leitung und die Meßstelle der gestörten Leitung am gleichen Ende oder an entgegengesetzten Enden liegen. Die gegenseitige Beeinflussung von zwei Stammleitungen oder von zwei Phantomkreisen wird näher mit *Übersprechen* (side-to-side crosstalk) bezeichnet im Gegensatz zum *Mitsprechen* (side-to-phantom crosstalk) bei der gegenseitigen Beeinflussung von Phantomkreis und Stammleitung des gleichen Verseilelements.

Als Maß für die gegenseitige Beeinflussung gilt das *Nebensprechdämpfungsmaß* (crosstalk attenuation) oder *Kopplungsdämpfungsmaß* (crosstalk coupling ratio). Es ist das Betriebsdämpfungsmaß zwischen zwei definierten Punkten zweier gekoppelter Kreise mit bestimmten Abschlußwiderständen. Daher gelten mit den Bezeichnungen der Bilder 16a und 16b die Beziehungen:

für das *Nahnebensprech-Dämpfungsmaß* (near-end crosstalk attenuation)

$$
\begin{aligned}
a_\mathrm{n} &= 10\lg\left|\frac{P_{1\mathrm{n}}}{P_{2\mathrm{n}}}\right|\mathrm{dB} = 20\lg\left|\frac{U_{1\mathrm{n}}}{U_{2\mathrm{n}}}\right|\mathrm{dB} + 10\lg\left|\frac{Z_2}{Z_1}\right|\mathrm{dB} \\
&= \frac{1}{2}\ln\left|\frac{P_{1\mathrm{n}}}{P_{2\mathrm{n}}}\right|\mathrm{Np} = \ln\left|\frac{U_{1\mathrm{n}}}{U_{2\mathrm{n}}}\right|\mathrm{Np} + \frac{1}{2}\ln\left|\frac{Z_2}{Z_1}\right|\mathrm{Np},
\end{aligned}
\tag{59}
$$

für das *Fernnebensprech-Dämpfungsmaß* (far-end crosstalk attenuation)

$$
\begin{aligned}
a_\mathrm{f} &= 10\lg\left|\frac{P_{1\mathrm{n}}}{P_{2\mathrm{f}}}\right|\mathrm{dB} = 20\lg\left|\frac{U_{1\mathrm{n}}}{U_{2\mathrm{f}}}\right|\mathrm{dB} + 10\lg\left|\frac{Z_2}{Z_1}\right|\mathrm{dB} \\
&= \frac{1}{2}\ln\left|\frac{P_{1\mathrm{n}}}{P_{2\mathrm{f}}}\right|\mathrm{Np} = \ln\left|\frac{U_{1\mathrm{n}}}{U_{2\mathrm{f}}}\right|\mathrm{Np} + \frac{1}{2}\ln\left|\frac{Z_2}{Z_1}\right|\mathrm{Np}.
\end{aligned}
\tag{60}
$$

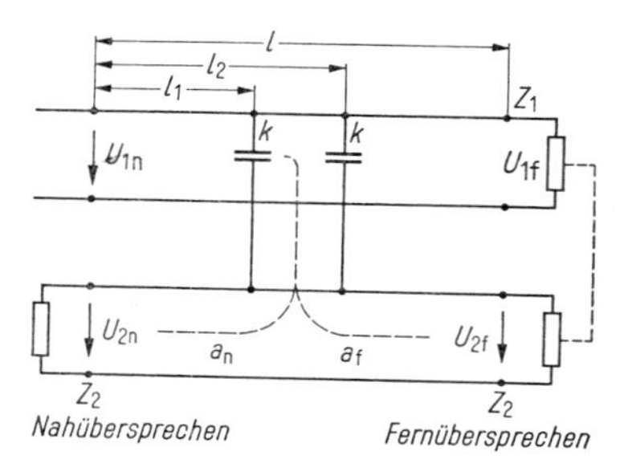

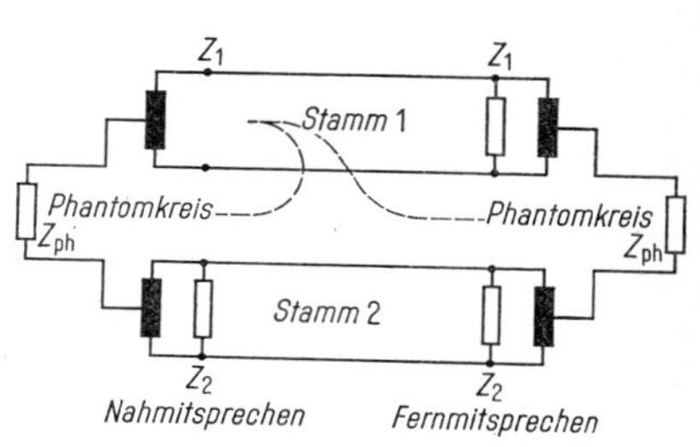

Bild 16a, b Zu den Begriffen Nahnebensprechen, Fernnebensprechen

Bei gleichen Wellenwiderständen $Z_1 = Z_2$ ergibt sich das Nebensprechdämpfungsmaß unmittelbar aus dem logarithmierten Verhältnis zweier Spannungen. Wählt man zum Messen einen Pegelsender mit dem Sendepegel n_S und für den Empfangspegel n_E einen Pegelmesser, beide in dBm oder Npm geeicht, so folgt unabhängig von Z_1 und Z_2 das Nebensprechdämpfungsmaß unmittelbar als Differenz der beiden Pegel zu: a_n oder $a_f = n_S - n_E$.

Neben der Geheimhaltung der Gespräche, die durch Mindestwerte für die Nebensprechdämpfungsmaße a_n und a_f gewährleistet wird, müssen die Nebensprechspannungen im gestörten Kreis auch hinsichtlich Störwirkung und Belästigung unter einen bestimmten Wert gehalten werden. Diese Störwirkung ist abhängig vom Verhältnis der Nutzleistung P_1 zur Störleistung P_2 des betrachteten Sprechkreises und definiert als der *Grundwert a_0 des Nebensprechdämpfungsmaßes* (signal to crosstalk ratio). Es gilt

$$a_0 = 10 \lg \left| \frac{P_1}{P_2} \right| \text{dB} \qquad a_0 = \frac{1}{2} \ln \left| \frac{P_1}{P_2} \right| \text{Np}. \tag{61}$$

P_1 ist abhängig vom Sendepegel und der Leitungsdämpfung des gestörten Kreises, P_2 vom Sendepegel, der Leitungsdämpfung des störenden Kreises und der Nebensprechdämpfung zwischen den beiden Kreisen an der betrachteten Stelle.

Der Grundwert a_0 hat vorwiegend Bedeutung für Verbindungen mit Verstärkern; er wird in der Regel als Planungsgrundwert für die Anfangs- und Endpunkte eines Verstärkerfeldes festgelegt. Sind

n_1 der relative Pegel am Anfang des störenden Kreises des Verstärkerfeldes,

n_2 der relative Pegel am Ende des gestörten Kreises des Verstärkerfeldes,

a_n und a_f die entsprechenden Nebensprechdämpfungsmaße,

dann gilt für ihre Verknüpfung mit dem Grundwert a_0

$$a_0 = a_n - (n_1 - n_2) \quad \text{und} \quad a_0 = a_f - (n_1 - n_2). \tag{62}$$

Um bei gegebenem Planungsgrundwert a_0 und gegebenem Verstärkerfeldabschnitten mit gleichem Pegeldiagramm bei der Dämpfung a_L des Verstärkerfeldes die Nebensprechanforderungen sicherzustellen, muß für die gemessenen Nebensprechdämpfungsmaße dieser Abschnitte gelten:

$$a_n \geqq a_0 + a_L; \qquad a_f \geqq a_0 + a_L. \tag{63}$$

Der ausnutzbare Frequenzbereich symmetrischer Kabelstrecken ist in erster Linie durch die erreichbare Nebensprechfreiheit (Geheimhaltung, Belästigung) gegeben. Nebensprechen tritt dadurch auf, daß die Leitungskreise längs ihrer langen Parallelführung über kapazitive und induktive *Kopplungen* (couplings) miteinander verknüpft sind. Innerhalb eines Verseilelements sind sie vorwiegend durch geringe Geometriefehler des symmetrischen Aufbaus verursacht. Zwischen den Kreisen der benachbarten und überbenachbarten Verseilelemente sind zwar schon durch den größeren Abstand kleinere Kopplungen wahrscheinlich, aber erst sinnvoll ausgewählte Drallkombinationen und große Gleichmäßigkeit der Fertigung geben die Voraussetzungen für hohe Kopplungsfreiheit. Über größere Längen und bei deren Zusammenschaltung zur Strecke summieren sich aber die periodischen und statistisch verteilten Kopplungen nach statistischen Gesetzen doch so, daß in der Regel noch Ausgleichsmaßnahmen auf der Strecke notwendig werden.

Weil Kopplungen vorwiegend auf Geometriefehlern beruhen, besteht bei gleichen Leitungen ohne Zwischenschirm weitgehend ein festes Verhältnis von *induktiver* zu *kapazitiver Kopplung*: $\frac{m}{k} = Z_w^2 = \frac{L}{C}$ für $f \to \infty$.

Für das gekoppelte elektrisch kurze System kann man Ersatzbilder (Bild 17 und 18) aufstellen. k sei als Gegenkapazität definiert als das Verhältnis des Kurzschlußblindstroms im Kreis 2 zur Spannung im Kreis 1, dividiert durch ω. Die induktive Kopplung m ist die Gegeninduktivität zwischen den beiden Kreisen und gegeben als Verhältnis von Leerlaufblindspannung im Kreis 2 zum Kurzschlußstrom im Kreis 1, dividiert durch ω. Setzt man $U_{2k} = U_{2m}$, so folgt $k \cdot Z_2 = \frac{m}{Z_1}$, also, wie vorausgehend angegeben, $\frac{m}{k} = Z_w^2$ bei $Z_w = Z_1 = Z_2$.

Bei einem festen Verhältnis $\frac{m}{k} = Z_w^2$ läßt sich durch Erhöhung von Z_w durch Pupinisierung auf z.B. $Z_{wP} = 10\,Z_w$ die Wirkung von m um den Faktor 10^{-2} gegenüber k ändern. Bei hohem Z_w braucht man daher meistens nur noch k in bezug auf das Nebensprechen zu beachten. Zwischen Kopplungs- und Ausgleichsort muß praktisch $b \leqq 0{,}1$ rad sein; deshalb ist ein Nahnebensprechausgleich in der Regel nur innerhalb

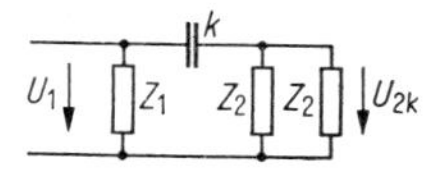

Bild 17 Zur Definition: Kapazitive Kopplung k (Gegenkapazität)

Bild 18 Zur Definition: Induktive Kopplung m (Gegeninduktivität)

$$U_{2k} = \frac{1}{2} U_1 \cdot Z_2 \, j\omega k; \quad (\omega k \cdot |Z_2| \ll 1) \qquad U_{2m} = \frac{1}{2} \frac{U_1}{Z_1} j\omega m; \quad (\omega m \ll |Z_1|) \qquad (64) \; (65)$$

$$a_n = 20 \lg \frac{2}{\omega k \sqrt{Z_1 \cdot Z_2}} \text{ dB} \qquad a_n = 20 \lg \frac{2\sqrt{Z_1 \cdot Z_2}}{\omega m} \text{ dB} \qquad (66) \; (67)$$

Tafel 2. Bezeichnungen für die Nebensprechdämpfungsmaße und Kopplungen

Vorgang innerhalb eines Vierers V	Zeichen	Dämpfungsmaß	Kopplung
Übersprechen Stamm 1 auf Stamm 2	1/2	a_1	k_1
Mitsprechen Stamm 1 auf Phantomkreis	1/Ph	a_2	k_2
Mitsprechen Stamm 2 auf Phantomkreis	2/Ph	a_3	k_3
Erdunsymmetrie des Stammes 1	E/1	–	e_1
Erdunsymmetrie des Stammes 2	E/2	–	e_2
Erdunsymmetrie des Phantomkreises	E/Ph	–	e_3
Vorgang zwischen Nachbarvierern I und II			
Übersprechen von			
Phantomkreis I auf Phantomkreis II	I/II	a_4	k_4
Stamm 1 des Vierers I auf Phantomkreis II	I_1/II	a_5	k_5
Stamm 2 des Vierers I auf Phantomkreis II	I_2/II	a_6	k_6
Phantomkreis I auf Stamm 1 des Vierers II	I/II_1	a_7	k_7
Phantomkreis I auf Stamm 2 des Vierers II	I/II_2	a_8	k_8
Stamm 1 des Vierers I auf Stamm 1 des Vierers II	I_1/II_1	a_9	k_9
Stamm 1 des Vierers I auf Stamm 2 des Vierers II	I_1/II_2	a_{10}	k_{10}
Stamm 2 des Vierers I auf Stamm 1 des Vierers II	I_2/II_1	a_{11}	k_{11}
Stamm 2 des Vierers I auf Stamm 2 des Vierers II	I_2/II_2	a_{12}	k_{12}

des Spulenfeldes möglich. Beim Ausgleich der Nebensprechkopplungen wird aber auch die Energieverteilung der Mikrofonsprache, der Empfindlichkeitsgang von Ohr und Telefon (C-Kurve, S. 58) und das Dämpfungsmaß a_w berücksichtigt. Daher können in Abhängigkeit von der Frequenz und von a_w zwischen Betrachtungsort und Kopplungsort kleinere Dämpfungsmaße a_n zugelassen werden. Aus diesen Gründen kann man auch von der obigen Regel abweichen und den Dämpfungswinkel anwachsen lassen nach $b \leqq \pi$, wenn sich Kopplungen etwa gleichen Wertes und gleichem Vorzeichen bei tiefer Frequenz dadurch bei höheren Frequenzen kompensieren. Mit Gleichung (76), S. 50, wird erläutert, daß ein Ausgleich weit entfernter k_n-Kopplungen wegen zunehmendem Dämpfungsmaß a_w nicht nötig ist. Beim Ausgleich kann man sich allein auf die Reduzierung von k_f-Kopplungen beschränken. Wegen der Verknüpfung von a_n mit a_w werden die Anforderungen an die zulässigen Kopplungen zur Verstärkerfeldmitte stufenmäßig verringert, damit sich der Ausgleichsaufwand auf das gerade notwendige Maß beschränken läßt.

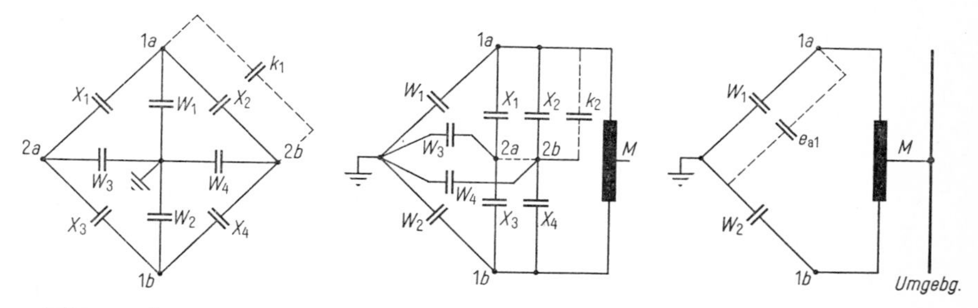

Bild 19 Übersprechkopplung k_1 $(k_4 \ldots, k_{12})$

Bild 20 Mitsprechkopplung k_2 (k_3)

Bild 21 Außenerdkopplung e_{a1} $(e_{a2}; e_{a3})$

Zwischen den Kreisen des Vierers und des Nachbarvierers bestehen die in der Tafel 2 aufgeführten Kopplungs- und Nebensprechbeziehungen. $a_{1\ldots12}$ bedeuten Nahnebensprechdämpfungsmaße. Fernnebensprechdämpfungsmaße werden durch Index f gekennzeichnet, z. B. Fernübersprechen von Phantomkreis I auf Stamm 2 des Vierers II mit a_{f8}, Dämpfungen oder Kopplungen zwischen Nachbarvierern in verschiedenen Lagen (Sternvierer) durch einen zusätzlichen Stern, z. B. k_8^*, Nebensprechdämpfungen bei vertauschten Leitungen durch einen Strich, also z. B. a_1' als Übersprechdämpfungsmaß von Stamm 2 auf Stamm 1.

Den Definitionen für $k_{1\ldots12}$, $e_{1\ldots3}$ und $e_{a1\ldots3}$ seien die Bilder 19, 20 und 21 zugrundegelegt. Mit ihnen ergibt sich:

$$k_1 = X_1 - X_2 - X_3 + X_4, \tag{68}$$

$$k_2 = X_1 + X_2 - X_3 - X_4 + \frac{e_1}{2}, \tag{69}$$

$$k_3 = X_1 - X_2 + X_3 - X_4 + \frac{e_2}{2}, \tag{70}$$

$$e_1, e_{a1} = W_1 - W_2, \tag{71}$$

$$e_2, e_{a2} = W_3 - W_4, \tag{72}$$

$$e_3, e_{a3} = W_1 + W_2 - W_3 - W_4. \tag{73}$$

Für $k_{4\ldots12}$ gelten entsprechende Bezeichnungen. Bei k_4 sind 16 Seitenkapazitäten X, je acht bei $k_{5\ldots8}$ und je vier bei $k_{9\ldots12}$ beteiligt.

Bei $e_{1\ldots3}$ sind $W_{1\ldots4}$ die Summe aller Kapazitäten gegen Erde und geerdeter Umgebung, bei $e_{a1\ldots3}$ nur Kapazitäten zum Mantel und z. B. zum geerdeten Schirm. Aderwiderstandsdifferenzen ΔR verursachen vorwiegend Mitsprechen.

Kapazitäten zu anderen Vierern sind in den Bildern 19, 20 und 21 weggelassen, ferner die von 1 a→2 a und von 1 b→2 b. Sie sind nur in besonderen Fällen zu berücksichtigen. Für die durch sie gegebenen indirekten Kopplungen setzt man oft die Beziehungen: $\frac{k_2 \cdot k_3}{4X + W} + \frac{e_1 \cdot e_2}{4W} = k_{1\mathrm{i}}$; $\frac{e_1 \cdot e_3}{8W} = k_{2\mathrm{i}}$; $\frac{e_2 \cdot e_3}{8W} = k_{3\mathrm{i}}$ mit $4X = \sum X_{1\ldots4}$ und $4W = \sum W_{1\ldots4}$.

Die Gegenkapazität k in Bild 17 ist nicht identisch mit den Kopplungen $k_1, \ldots, k_{12}$ nach Bild 19 und 20. Wandelt man die Übersprech- und Mitsprechkopplungen dieser Bilder in Kopplungen für das Ersatzbild 17 um, so gilt

$$a_{\mathrm{n\,Ü}} = 20\,\lg \left| \frac{8}{\omega \cdot k_{1,4\ldots12} \sqrt{Z_1 Z_2}} \right| \mathrm{dB}, \tag{74}$$

$$a_{\mathrm{n\,M}} = 20\,\lg \left| \frac{4}{\omega \cdot k_{2,3} \sqrt{Z_1 Z_{\mathrm{Ph}}}} \right| \mathrm{dB} \quad \text{mit } Z_{\mathrm{Ph}} = Z_2. \tag{75}$$

Die Wirkungen der Kopplungen k und m sind in bezug auf das Nah- und Fernnebensprechen verschieden: zum nahen Ende addieren, zum fernen Ende subtrahieren sie sich. Sie heben sich beim Fernnebensprechen um so mehr auf, je mehr $Z_{\mathrm{w}} = \sqrt{\frac{R' + \mathrm{j}\omega L'}{G' + \mathrm{j}\omega C'}} \to \sqrt{\frac{L'}{C'}}$ strebt. Für die Nahnebensprechspannung $U_{2\mathrm{n}}$ gilt, wie beim Richtungskoppler auf S. 167 ausgeführt, und wieder mit $\omega \cdot l(k' \cdot Z_2 + m'/Z_1) \ll 1$:

$$U_{2\mathrm{n}} = \frac{1}{2} U_{1\mathrm{n}} \frac{\mathrm{j}\omega}{g'_{\mathrm{w}1} + g'_{\mathrm{w}2}} \left(k' Z_{\mathrm{w}2} + \frac{m'}{Z_{\mathrm{w}1}} \right) \left(1 - \mathrm{e}^{-(g'_{\mathrm{w}1} + g'_{\mathrm{w}2}) \cdot l}\right). \tag{76}$$

k' entspricht der Gegenkapazität k in Bild 17, und damit gilt der vorstehende Zusammenhang auch mit k_1 in Bild 19. k' und m' sind auch hier Kopplungsbeläge, die Gesamtkopplung ist wieder $\sim l$. Da bei hohen Frequenzen g'_1 und $g'_2 \sim \omega$ sind, ergibt sich aus Gleichung (76), daß bei einem Wellendämpfungsmaß $(a'_{\mathrm{w}1} + a'_{\mathrm{w}2}) \cdot l > 20$ dB das Nebensprechen nicht mehr abnimmt; es strebt einem Endwert $a_{\mathrm{n\,min}}$ zu, da weit entfernte Kopplungen wegen des zunehmenden Wellendämpfungsmaßes in ihrem Einfluß ausscheiden. Der Endwert für $a_{\mathrm{n\,min}}$ ist gegeben durch die Werte von k', m', $Z_{\mathrm{w}1}$ und $Z_{\mathrm{w}2}$. Das komplexe Dämpfungsmaß $a_{\mathrm{n}} + \mathrm{j}\,b_{\mathrm{n}} = a_{\mathrm{n}} \mathrm{e}^{\mathrm{j}\,b_{\mathrm{n}}}$ beschreibt eine Ortskurve nach Bild 22a.

Zur Betrachtung der Fernnebensprechspannung $U_{2\mathrm{f}}$ müssen die Spannungen der Teilelemente $\left(k' \cdot Z_{\mathrm{w}2} - \frac{m'}{Z_{\mathrm{w}1}}\right)$ vom nahen zum fernen Ende summiert werden. Mit Gleichung (147), S.168, ergibt die Summierung für die Spannung $U_{2\mathrm{f}}$ in Abhängigkeit der Spannung $U_{1\mathrm{f}}$

$$U_{2\mathrm{f}} = \frac{1}{2} U_{1\mathrm{f}} \frac{\mathrm{j}\omega}{g'_{\mathrm{w}1} - g'_{\mathrm{w}2}} \left(k' Z_{\mathrm{w}2} - \frac{m'}{Z_{\mathrm{w}1}} \right) \left(1 - \mathrm{e}^{-(g'_{\mathrm{w}1} - g'_{\mathrm{w}2}) \cdot l}\right). \tag{77}$$

In Gleichung (76) ist die Summe der Komplexen Dämpfungsmaße wirksam, in Gleichung (77) ihre Differenz. Das heißt, daß unter der Annahme frequenzunabhängiger Kopplungen als Winkeländerung hier nur $(b_1 - b_2) \sim \omega$ gilt im Gegensatz zum Nahnebensprechen mit $(b_1 + b_2) \sim \omega$.

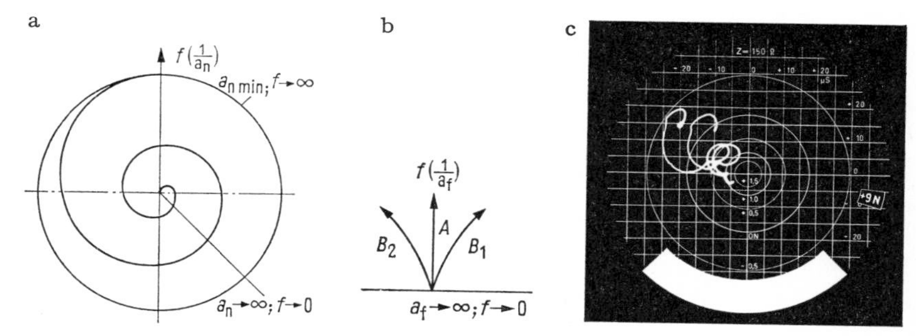

Bild 22a, b, c Ortskurven für Nah- und Fernnebensprech-Dämpfungsmaße; a theoretische Form für Nahnebensprechen; b theoretische Form für Fernnebensprechen; c mit Ortskurvenschreiber gezeichnetes Fernnebensprechen nach dem Ausgleich

Auch bei gleichartigen Leitungen ist $g_{w1} = g_{w2}$, $Z_{w1} = Z_{w2}$ und $Z_w = \sqrt{L/C}$ nicht ganz erfüllt; es ergibt sich also keine vollkommene Auslöschung der Kopplungswirkungen. Die Folge ist, daß die Restkopplungen durch komplexe Kopplungen ausgeglichen werden müssen und dies in vielen Fällen innerhalb des Streckenabschnitts. Ferner tritt eine Differenz zwischen den Spannungen U_{1f} und U_{2f} am fernen Ende auf, wenn störende und gestörte Leitung ihre Rollen vertauschen; in der Praxis bekannt als Tauscheffekt (vgl. Bild 22b).

Die Summation der Kopplungswirkungen über die Länge l ist aus Gleichung (77) nicht unmittelbar erkennbar. Mit $g_{w1} = g_{w2} = g_w$; $Z_{w1} = Z_{w2} = Z_w$ ergibt die Summation der Teilspannungen nach Gleichung (147), S. 168

$$U_{2f} = \frac{1}{2} U_{1f} \, j\omega \left(k' Z_w - \frac{m'}{Z_w} \right) l. \tag{78}$$

Aus dieser Gleichung ist einfacher erkennbar, daß zwischen gleichartigen Leitungen bei $k' Z_w \neq \frac{m'}{Z_w}$ das Fernnebensprechen proportional der Frequenz und der Länge zunimmt; es strebt keinem Endwert zu.

Bei den symmetrischen Kabeln für den TF-Frequenzbereich bis 550 kHz sind nur sehr kleine Kopplungen zulässig, da das Nebensprechen mit der Frequenz ansteigt. Kopplungen im Bereich einer Länge l_1 können im Bereich einer Länge l_2 nur kompensiert werden, wenn $l_1 - l_2 = \Delta l$ elektrisch kurz ist. Bei einem TF-Kabel mit $v = 220$ m/µs ist $2b' \cdot \Delta l = \pi/4$ bei 550 kHz und $\Delta l = 50$ m gegeben; d. h., daß bei so hohen Frequenzen ein Nahnebensprechausgleich auf der Strecke durch Kreuzung der viel längeren Fabrikationslängen oder durch Einbau eines Kopplungsgliedes nicht möglich ist. Es müssen daher für jede

Richtung getrennte Kabel verlegt werden, oder die Leitungen für die beiden Gesprächsrichtungen müssen durch besondere Schirme getrennt sein, es sei denn, man wählt unterschiedliche Frequenzlagen.

Das Nahnebensprechen a_n braucht in solchen Fällen nicht mehr beachtet zu werden, sondern nur noch das Fernnebensprechen. Hier gilt ja nach Gleichung (78) der Vorteil, daß sich die Wirkungen der Kopplungen k und m subtrahieren und Restkopplungen in dem einen Längenabschnitt durch Restkopplungen im benachbarten Abschnitt kompensiert werden können, da zwischen ihnen nur die Differenz der Komplexen Wellendämpfungsmaße wirksam sind.

Je mehr die direkten Kopplungen zwischen den Leitungskreisen 1 und 2 verkleinert werden, um so mehr tritt indirektes Nebensprechen durch reflektiertes Nahnebensprechen und über dritte Kreise (Erdkreis, Nachbarkreis) hervor. Reflektiertes Nahnebensprechen wird durch Gleichmäßigkeit der Wellenwiderstände und Anpassung an den Leitungsenden vermieden. Über einen dritten Kreis (3) wird auf den gestörten Kreis 2 doppeltes Nahneben- und doppeltes Fernnebensprechen übertragen. Da die Spannungen im Kreis 3 als Folge von Kopplungen zu Kreis 1 proportional der Frequenz sind und ebenfalls die von Kreis 3 nach 2, nimmt der Einfluß der Kopplungen über dritte Kreise mit dem Quadrat der Frequenz zu.

Die Summe aller Fernnebensprechkopplungen wächst nach statistischen Gesetzen mit $\sqrt{l}$. Der Ausgleich wird erheblich erleichert durch Aufnahme der Ortskurve mit einem Kopplungsschreiber (vgl. Bild 22c).

7. Unsymmetriedämpfung

Nachrichtenübertragungssysteme müssen auch so aufgebaut sein, daß sie innerhalb ihres Übertragungsbandes möglichst keine Störungen aufnehmen. Bei Systemen für koaxiale Kabel ergeben sich hierfür durch die Verlagerung der Nutzsignale in einen oberhalb der Störsignale liegenden Frequenzbereich günstigere Bedingungen. Außerdem wird z.B. durch isolierte Führung des Außenleiters der Einfluß von Störströmen tiefer Frequenzen — vorwiegend von Energieversorgungsleitungen herrührend — stark herabgesetzt; nach höheren Frequenzen nimmt die Schirmwirkung zu. Man kann sich also bei Koaxialsystemen den Verhältnissen optimal anpassen.

Bei symmetrischen Systemen verbietet oft die Wirtschaftlichkeit, in höhere Frequenzlagen auszuweichen. Die Störbeeinflussung bei diesen

Systemen wächst umgekehrt proportional ihrer elektrischen Symmetrie, die mit der geometrischen Symmetrie gegenüber dem Störer verknüpft ist. Als (sekundäre) Störquelle ist in der Regel die im Kabelmantel als Folge von Induktionswirkungen und Längsströmen erzeugte Längsspannung anzusehen; daher muß auf hohe elektrische Symmetrie gegenüber der Umgebung, dem Kabelmantel und den Erdschirmen in allen Teilen des Übertragungssystems geachtet werden. In den Pflichtenheften wird hierbei z.B. gesprochen von *Erdkopplungen*, von *Erd-, Schaltungs-, Leitungs-, Widerstands-* und *Kapazitäts-Unsymmetrie* oder auch von ihrem Kehrwert, der *Symmetrie*.

Der Grad der Abweichung eines symmetrisch gegen seine Umgebung aufgebauten Übertragungsgliedes von der idealen elektrischen Symmetrie ist definiert durch den Begriff *Unsymmetrie-Dämpfungsmaß* a_u (measure of common-mode suppression) oder *Symmetriemaß* a_s (measure of symmetry) als der Logarithmus vom Betrag des Verhältnisses der Spannung U_1 des störenden Kreises zur Spannung U_2 des gestörten Kreises (Bild 23):

$$a_u = 20 \lg \left| \frac{U_1}{U_2} \right| \text{dB} = 20 \lg \left| \frac{I_1 \cdot Z_1}{I_2 \cdot Z_2} \right| \text{dB}. \qquad (79)$$

Das Unsymmetrie-Dämpfungsmaß a_u ist also nicht als das logarithmierte Verhältnis der Leistung $P_1 = U_1^2/Z_1$ des störenden Kreises zur Leistung $P_2 = U_2^2/Z_2$ des gestörten Kreises definiert, wie das in der Übertragungstechnik in der Regel der Fall ist. Um Meßwerte miteinander vergleichen zu können, gehört daher zur Angabe von a_u auch die Kenntnis der Bedingungen, unter denen gemessen wurde, d.h. eine genormte Meßschaltung mit festgelegten Widerständen Z_1 und Z_2, die den Wellenwiderständen des störenden und gestörten Kreises entsprechen. Denn die Spannung U_2 kann sich aus Komponenten zusammensetzen, die proportional $1/Z_1$ oder/und Z_2 sind. Es gilt mit Bild 24 als Ersatzschaltbild für einen unsymmetrischen Vierpol nach Bild 23 (Dämpfung $a \to 0$): $U_2 = U_1\left(Y_K Z_2 + \frac{Z_K}{Z_1}\right)$, worin Y_K den Kopplungsleitwert und Z_K den Kopplungswiderstand des Ersatzschaltbildes darstellen.

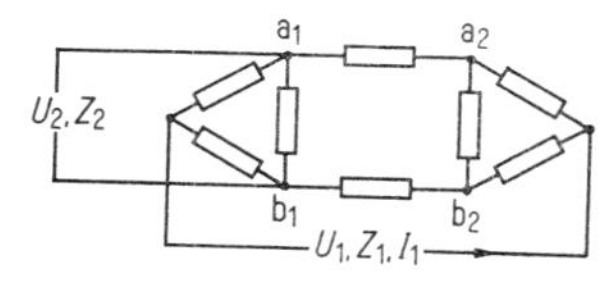

Bild 23 Zum Begriff Unsymmetrie-Dämpfungsmaß

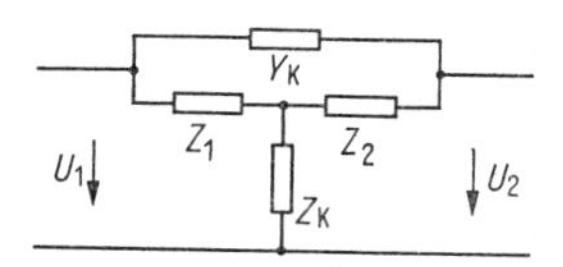

Bild 24 Zur Abhängigkeit von a_u von Z_1 und Z_2; $|Y_K \cdot Z_2| \ll 1$; $|Z_K/Z_1| \ll 1$

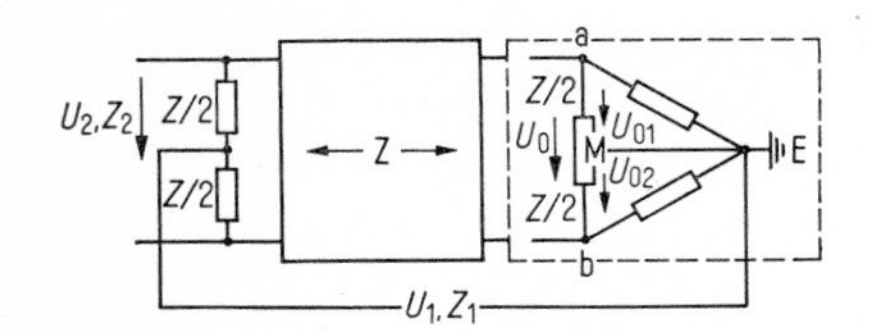

Bild 25 Zum Begriff Dreipolsymmetrie, bezogen auf Z; Messen des Unsymmetrie-Dämpfungsmaßes a_u

Damit erscheint es sinnvoll, die *Symmetrie eines Dreipols* (Zweipol mit Erdableitungen) nicht nur durch die Abweichung seiner oft großen Widerstände gegen seinen Mittelpunkt E (Erde) zu definieren, sondern auch durch die absoluten Werte. Das ist der Fall, wenn man die Wirkung einer Unsymmetrie eines Dreipols nach Bild 25 mit seinen drei Widerständen zwischen den Punkten a, E, b mit einem Widerstand zwischen a und b so ergänzt, daß der Eingangswiderstand zwischen a und b gleich dem betriebsmäßigen Wellenwiderstand Z des Systems wird, und wenn man die Mitte M von Z a/b mit E verbindet. Damit folgt dann für die auf Z bezogene Symmetrie s_z des Dreipols

$$U_{01} - U_{02} = \frac{1}{s_Z} U_0 = U_0 \left| \frac{Z_{a/EM}}{Z_{a/EM} + Z_{b/EM}} - \frac{Z_{b/EM}}{Z_{a/EM} + Z_{b/EM}} \right|$$

$$s_Z = \left| \frac{Z_{a/EM} + Z_{b/EM}}{Z_{a/EM} - Z_{b/EM}} \right| . \tag{80}$$

Die Gleichung (80) gilt entsprechend auch für Leitwerte:

$$Y_{a/b} = \frac{1}{Z_{a/b}} = \frac{1}{Z}; \qquad Y_{a/EM} \approx Y_{b/EM} \approx 2\,Y_{a/b}.$$

Wird dieser so ergänzte Dreipol mit $Z_{a/EM} \approx Z_{b/EM} \approx Z/2$ mit zwei gleichen Widerständen $Z/2$ zu einer Brücke mit vier gleichen Widerständen ergänzt, so folgt für das in dieser Schaltung gemessene Unsymmetrie-Dämpfungsmaß

$$\begin{aligned} a_u &= 20 \lg \left| \frac{U_1}{U_2} \right| \mathrm{dB} = 20 \lg 2 \left| \frac{Y_{a/EM} + Y_{b/EM}}{Y_{a/EM} - Y_{b/EM}} \right| \mathrm{dB} \\ &= 20 \lg 2 \left| \frac{Z_{a/EM} + Z_{b/EM}}{Z_{a/EM} - Z_{b/EM}} \right| \mathrm{dB} = 20 \lg 2 s_Z \,\mathrm{dB}. \end{aligned} \tag{81}$$

Setzt man entsprechend der Voraussetzung $Y_{a/EM} + Y_{b/EM} = 4/Z$ oder $Z_{a/EM} + Z_{b/EM} = Z$, und führt man den Kopplungsleitwert $Y_K = Y_{a/EM} - Y_{b/EM}$ ein, so gilt auch

$$a_u = 20 \lg \left| \frac{U_1}{U_2} \right| \mathrm{dB} = 20 \lg 2 \left| \frac{4}{Y_K \cdot Z} \right| \mathrm{dB}. \tag{82}$$

8. Bezugsdämpfungen

Das *Bezugsdämpfungsmaß*, im folgenden kurz als *Bezugsdämpfung* (reference equivalent) bezeichnet, beschreibt mit nur einem Dämpfungswert durch einen Vergleich mit einem Bezugssystem die verschiedenartigen Dämpfungen, mit denen die Teile einer vollständigen Fernsprechverbindung, wie z.B. Mikrofon und Telefon, die Lautheit der übertragenen Sprache beeinflussen. Das Bezugssystem ist ein in Genf, im Laboratorium des CCITT aufgestellter *Fernsprech-Ureichkreis* (the master telephone transmission reference system), das NOSFER[1]). Er besteht aus je einem verzerrungsarmen Sende- und Empfangsteil mit festgelegtem elektro-akustischem Übertragungsmaß, einem Pegelmesser zur Kontrolle des Sprachpegels sowie Umschalteeinrichtungen und einstellbaren Dämpfungsgliedern. Beim Vergleich stellt man die Dämpfungsglieder im Eichkreis so ein, daß bei kontrolliertem konstantem Sprachpegel an den akustischen Eingängen des Eichkreises und des Meßobjektes und abwechselndem Abhören über beide Wege die gesprochenen Prüfsätze gleich laut empfangen werden. Als positive oder negative Bezugsdämpfung gilt dann der Dämpfungswert in Dezibel oder Neper, um den man die Dämpfung im Eichkreis vergrößern oder verkleinern muß. Positive Bezugsdämpfung gibt an, daß das betreffende System Sprache weniger laut überträgt als das entsprechende des Ureichkreises. Neben der Bezugsdämpfung von Fernsprechverbindungen mißt man meistens die Bezugsdämpfung von Teilnehmeranschluß-Systemen in Sende- und Empfangsrichtung. Entsprechend definiert man ein *Sendebezugsdämpfungsmaß* (transmitting reference equivalent) und ein *Empfangsbezugsdämpfungsmaß* (receiving reference equivalent). Damit Bezugsdämpfungs-Messungen an einem beliebigen Ort vorgenommen werden können, wurden einfacher aufgebaute, am Ureichkreis geeichte *Arbeitseichkreise* (working standards) geschaffen.

Die Bezugsdämpfungs-Messungen an einem Eichkreis sind sehr zeitraubend und mit allen Nachteilen einer subjektiven Messung behaftet. Nur durch häufiges Wiederholen jeder Messung unter Beteiligung zahlreicher Personen läßt sich eine hinreichende Genauigkeit erzielen. Diese Nachteile werden durch den *Objektiven Bezugsdämpfungs-Meßplatz* (Objective Reference Equivalent Measuring Equipment) nach K. Braun vermieden, bei dem man die Bezugsdämpfung an einem Meßinstrument unmittelbar abliest. Er besteht aus einem Wobbelsender mit logarithmischem Frequenzablauf, einem künstlichen Ohr, einem künstlichen Mund und einem Pegelmesser. Die Lautstärkeempfindung einer am NOSFER abhörenden Person wird objektiv nachgeahmt.

---

[1]) Nouveau système fondamental pour la determination des équivalents de référence

9. Übertragungsfaktor von Mikrofon, Telefon, Lautsprecher

Der *Übertragungsfaktor* B_E *eines Mikrofons* als Schallempfänger (acousto-electric index of a microphone) wird in $\frac{V \cdot m^2}{N}$ angegeben[1])

als das Verhältnis der erzeugten Ausgangsspannung zu dem an seiner Membran angreifenden Schalldruck (*Druckübertragungsfaktor*, pressure sensitivity)

oder als das Verhältnis der erzeugten Ausgangsspannung zu dem Schalldruck einer ungestörten ebenen Welle, in die das Mikrofon eingebracht wird (*Feldübertragungsfaktor*, field sensitivity).

Der *Übertragungsfaktor* B_S *eines Telefons* als Schallsender (electro-acoustic index of a telephone receiver) wird in $\frac{N}{V \cdot m^2}$ angegeben

als das Verhältnis des unter definierter akustischer Belastung (z.B. Abschluß mit einem künstlichen Ohr) erzeugten Schalldruckes zu der angelegten Klemmenspannung.

Der *Übertragungsfaktor* B_S *eines Lautsprechers* (electroacoustic index of a loudspeaker) wird ebenfalls in $\frac{N}{V \cdot m^2}$ angegeben

als das Verhältnis des in einem bestimmten Abstand (z.B. 1 m) erzeugten Schalldruckes zur angelegten Klemmenspannung.

Der Meßabstand ist jeweils anzugeben, sofern er von 1 m abweicht.

Außer für Mikrofone oder Telefone und Lautsprecher kann der Übertragungsfaktor für jeden Teil einer elektroakustischen Übertragungsanlage angegeben werden. Zum Beispiel läßt sich das Verhältnis der Spannung an den Leitungsklemmen eines Fernsprechers zum Schalldruck angeben; dieses Verhältnis nennt man *Sendeübertragungsfaktor* (acoustoelectric index) des Fernsprechers. Gemessen wird meist bei Abschluß der Fernsprecherschaltung mit 600 Ω, $\sphericalangle = 0$.

Entsprechend ist der *Empfangsübertragungsfaktor* (electroacoustic index) eines Fernsprechers das Verhältnis des am Telefon erzeugten Schalldruckes zu der Klemmenspannung am Eingang der Fernsprecherschaltung.

Schließlich kann man noch den *Gesamtübertragungsfaktor* (overall transmission index) einer Übertragungsanlage, gerechnet vom Mikrofon über die dazwischenliegenden Schaltelemente, Leitungsverstärker usw. bis zum Telefon oder Lautsprecher, angeben als das Verhältnis des am Ende erzeugten Schalldrucks zu dem auf das Mikrofon gegebenen Schalldruck.

---

[1]) früher: $\frac{V}{\mu bar}$ oder $\frac{mV}{\mu bar}$; es ist $\frac{N}{m^2} = \frac{Newton}{m^2} = 10\ \mu bar = 10\ \frac{dyn}{cm^2}$

Zu beachten ist, daß die hier definierten Übertragungsfaktoren verschiedene Maßeinheiten haben. Man mißt:

Sendeübertragungsfaktoren in $\frac{\mathrm{V \cdot m^2}}{\mathrm{N}}$,
Leitungs-, Schaltungs-, Verstärkerübertragungsfaktoren in $\frac{\mathrm{V}}{\mathrm{V}}$,
Empfangsübertragungsfaktoren in $\frac{\mathrm{N}}{\mathrm{V \cdot m^2}}$ und
Gesamtübertragungsfaktoren in $\frac{\mathrm{N}}{\mathrm{m^2}} : \frac{\mathrm{N}}{\mathrm{m^2}}$.

Damit hinsichtlich ihrer Empfindlichkeit mehrere Sender (oder Empfänger) auch dann miteinander verglichen werden können, wenn sie sich in ihren Widerständen voneinander unterscheiden, ist der *Leistungsübertragungsfaktor E* (früher *Wandlerempfindlichkeit*, transducer sensitivity, genannt) eingeführt worden; er ist für das Mikrofon:

$$E_{\mathrm{E}} = \frac{B_{\mathrm{E}}}{\sqrt{Z}} \text{ in } \frac{\mathrm{V \cdot m^2}}{\mathrm{N}\sqrt{\Omega}} \text{ oder } \frac{\mathrm{m^2} \cdot \sqrt{\mathrm{W}}}{\mathrm{N}} \tag{83}$$

und für das Telefon oder den Lautsprecher:

$$E_{\mathrm{S}} = B_{\mathrm{S}}\sqrt{Z} \text{ in } \frac{\mathrm{N}\sqrt{\Omega}}{\mathrm{V \cdot m^2}} \text{ oder } \frac{\mathrm{N}}{\mathrm{m^2} \cdot \sqrt{\mathrm{W}}}, \tag{84}$$

wobei Z beim Mikrofon der Nennabschlußwiderstand, beim Lautsprecher der Nennscheinwiderstand ist.

10. Fremd- und Geräuschspannungen

Die in einem Übertragungssystem durch fremde Stromquellen hervorgerufenen Spannungen bezeichnet man allgemein als *Störspannungen* (noise voltages). Ihre Summenspannung heißt *Fremdspannung* (unweighted noise voltage). Notwendigerweise muß man bei ihrer Messung die Art der Amplitudenbewertung und die Frequenzbandbreite festlegen; in der Regel mißt man den Effektivwert im Nutzfrequenzband.

Beim Abhören der Fremdspannung mit einem Telefon entsteht ein subjektiver Störeindruck. Dieser hängt nicht nur vom Betrag der Fremdspannung, sondern auch von der Verteilung der Frequenzen ab, weil die Empfindung des menschlichen Ohres und der Übertragungsfaktor des Telefons frequenzabhängig sind. Die entsprechend frequenzbewertete Spannung nennt man *Geräuschspannung* (psophometric voltage or weighted noise voltage). Die vom CCITT empfohlene Bewertung wird häufig durch den Buchstaben p (= pondéré) gekennzeichnet, den man an die Einheit anhängt (s. S. 14).

In der amerikanischen Literatur findet man für die Fernsprechübertragung auch andere Geräuschmaße und von den CCITT-Empfehlungen abweichende Bewertungskurven und Bezugsfrequenzen, so z.B.

dBrnc rn = reference noise; c = Bewertung nach „C-Kurve“; ein 1000-Hz-Sinuston mit der Leistung 1 pW (≙ −90 dBm) ergibt eine Anzeige von 0 dBrnc.

dBa a = adjusted; Bewertung nach „F1A-Kurve“; ein 1000-Hz-Sinuston mit der Leistung von 3,16 pW (≙ −85 dBm) ergibt eine Anzeige von 0 dBa.

Zum objektiven Messen der Geräuschspannung schaltet man vor das Anzeigegerät, das ihre einzelnen Komponenten effektiv summiert, ein Filter, dessen Übertragungsmaß den internationalen Empfehlungen entspricht. CCITT hat für Fernsprechkanäle 800 Hz als Bezugsfrequenz gewählt, für Tonrundfunkkanäle 1000 Hz; d.h. für einen reinen Ton von 800 oder 1000 Hz ist die Geräuschspannung gleich der Fremdspannung. Neben dem Effektivwert ist nach DIN 45405 auch ein Quasispitzenwert gebräuchlich; dieser stimmt bei impulsartigen Spannungen besser mit dem subjektiven Störeindruck überein als der Effektivwert.

Geräuschspannungsmesser (Psophometer) – insbesondere solche zum Messen von Impulsgeräuschen – müssen einen ausreichend großen *Überlastfaktor* aufweisen. Bei der Datenübertragung ist nicht nur die Geräuschspannung, also die psophometrisch bewertete Fremdspannung, sondern die Anzahl von Störimpulsen, die eine bestimmte Amplitudenschwelle überschreiten, von Bedeutung. Man ermittelt sie mit einem *Störimpulszähler für Datenübertragung* nach Empfehlungen des CCITT (vgl. S. 153).

Ein anderer wichtiger Begriff bei jeder Signalübertragung ist das *Signal-Geräusch-Verhältnis*: Da die Signalleistung zeitlich nicht ausreichend konstant ist – sie schwankt z.B. bei einer Fernsprechübertragung mit der Lautstärke des Sprechers, bei einer Fernsehübertragung mit dem Bildinhalt –, vergleicht man die Geräuschleistung mit einer Bezugs-Signalleistung oder die Geräuschspannung mit einer Bezugs-Signalspannung. Das logarithmierte Signal-Geräusch-Verhältnis nennt man *Signal-Geräusch-Abstand* (signal-to-noise ratio):

$$\begin{aligned} s_G &= 10 \lg \frac{P_S}{P_G} \,\mathrm{dB} = \frac{1}{2} \ln \frac{P_S}{P_G} \,\mathrm{Np} \\ &= 20 \lg \frac{U_S}{U_G} \,\mathrm{dB} = \ln \frac{U_S}{U_G} \,\mathrm{Np}. \end{aligned} \tag{85}$$

P_S ist die Bezugs-Signalleistung, P_G die Geräuschleistung, U_S die Bezugs-Signalspannung und U_G der Effektivwert der Geräuschspannung am Meßpunkt.

Die Bezugs-Signalleistung bei Fernsprechübertragungen ist 1 mW (am Bezugspunkt mit dem relativen Pegel 0), die Bezugs-Signalspannung bei Fernsehbildübertragungen die Spitze-zu-Spitze-Spannung $U_{SS} = 0{,}7\,V$ des Bild-Austast-Signals (BA-Signals) am Video-Durchschaltepunkt.

Die *Störspannung in der Starkstromleitung* (weighted noise voltage of a power line) ist diejenige 800-Hz-Sinusspannung, die, an Stelle der Betriebsspannung in einer Starkstromleitung wirkend, in einer benachbarten Fernsprechleitung die gleichen Störungen erzeugen würde wie die wirkliche Betriebsspannung mit allen ihren Oberwellen. Das Verhältnis der Störspannung zur Betriebsspannung wird mit *Fernsprechformfaktor der Spannung* (telephone interference factor of the voltage) bezeichnet.

11. Hochfrequente Störspannungen

Die Beeinträchtigung der Übertragungsqualität von Nachrichtenverbindungen durch hochfrequente Störspannungen ist insbesondere durch Geräte gegeben, die hochfrequente Spannungen erzeugen, wie HF-Therapiegeräte und HF-Schweißgeräte, und durch Geräte, die ungewollt hochfrequente Störspannungen abgeben, wie Haushaltsgeräte und die Zündanlagen der Autos. Zur meßtechnischen Erfassung der Störwirkung ist eine besondere *Funkstörmeßtechnik* entwickelt worden; ihre hauptsächlichen Begriffe (Meßverfahren s. S. 204) seien kurz erläutert:

Funkstörungen (radio interferences) z. B. verursacht durch:
die sinusförmigen Arbeitsspannungen der HF-Therapie- und HF-Schweißgeräte, die Schaltknacke von Schaltern und Relais, die Pulse beliebiger Form und Folgefrequenz, wie sie bei sich ständig wiederholenden Schaltvorgängen entstehen.

Funkentstörung (radio interference suppression): die Schwächung der Störungen durch Minderung der Funkstörspannung, der Störfeldstärke oder der Störleistung sowie der Dauer und Häufigkeit der Störungen auf einen vorgegebenen Grenzwert.

Funkstörgrad (radio interference level): die zugelassene frequenzabhängige Grenze für Funkstörungen; er gilt für die Störspannung, die Störfeldstärke oder die Störleistung. Man unterscheidet dabei:

G Grobstörgrad bei Geräten auf einem Industriegelände;
N Normalstörgrad für Geräte und Anlagen in Wohngebieten;
K Kleinststörgrad für Geräte in unmittelbarer Nähe von Nachrichtengeräten;
0 Funkstörgrad Null bei nichtstörenden Geräten.

Fernentstörung (long-range interference suppression): die Herabsetzung der Störfeldstärke der Zündanlage eines Verbrennungsmotors zum Schutz des Funkempfangs in der weiteren Umgebung des Motors.

Funkstörspannung (radio noise voltage): die mit einem datenmäßig festgelegten Störmeßgerät und einer vorgegebenen Meßanordnung bewertet gemessene Spannung (Vorschriften CISPR-Publ. I—IV; VDE 0876 und VDE 0877). Gemessen wird meist die unsymmetrische Störspannung, nur bei streng symmetrisch aufgebauten Nachrichtensystemen die symmetrische Störspannung. Pegelangaben in der Regel in Dezibel. Beziehung zwischen Dezibel und Mikrovolt (s. auch S. 223):

im Bereich	10 bis 150 kHz	0 dB $\triangleq$ 1 μV an 50 Ω
	0,15 bis 30 MHz	0 dB $\triangleq$ 1 μV an 150 Ω
	30 bis 1000 MHz	0 dB $\triangleq$ 1 μV an 60 Ω.

Funkstörfeldstärke (radio noise field strength): die mit einem Störmeßempfänger in einem vorgegebenen Meßaufbau bewertet gemessene Feldstärke.

Funkstörleistung (radio interference power): die mit einer vorschriftsmäßigen Meßanordnung und einem Störmeßempfänger bewertet gemessene Leistung; gebräuchliche Einheit ist das Pikowatt.

Dauerstörung (duration interference): eine Funkstörung, die am Anzeigeinstrument eines Störmeßempfängers einen Ausschlag mit einer Dauer größer 400 ms hervorruft.

Knackstörung (click interference): eine Funkstörung, die am Anzeigeinstrument eines Störmeßempfängers einen einmaligen kurzen Ausschlag mit der Dauer kleiner 200 ms hervorruft.

Knackrate (number of clicks in a given time): die Anzahl der auf eine vorgegebene Zeit bezogenen Knackstörungen, z. B. die Anzahl der Knackstörungen je Minute. Aus der Knackrate ist ein höherer zulässiger Grenzwert für die Funkstörspannung ableitbar.

Funkstörmeßempfänger: ein selektiver HF-Empfänger, dessen Daten durch Vorschriften festgelegt sind (vgl. Bild 99, S. 205).

Bewertung einer Störung (pulse response of an interference): die Umwandlung ihres elektrischen Wertes in eine Anzeige, die der Störwirkung entspricht.

Netznachbildung (artificial mains network): ein Netzwerk, das Installationsnetze in ihrem durchschnittlichen Wellenwiderstand nachbildet. Mit ihr wird jede von der Störquelle abgehende Leitung gegen Masse (V-Netznachbildung) oder gegen eine zweite Leitung und Masse (Delta-Netznachbildung) hochfrequenzmäßig abgeschlossen.

12. Verzerrungen von Analogsignalen

Die Güte einer Übertragung ist nicht nur gegeben durch das Signal-Geräusch-Verhältnis, sondern auch durch eine Reihe von Verzerrungen der Nachricht, diese hervorgerufen durch die unvollkommenen Übertragungseigenschaften des Systems.

Lineare Verzerrungen (linear distortion or frequency response) sind vorhanden, wenn der Übertragungsfaktor $A(f) = |A(f)| \cdot e^{-jb(f)}$, das Verhältnis von Ausgangs- zu Eingangsgröße, von der Frequenz abhängt. Man unterscheidet dabei Dämpfungs- und Phasenverzerrungen.

Dämpfungsverzerrungen (attenuation distortion) treten auf, wenn der Betrag $|A|$ des Übertragungsfaktors frequenzabhängig ist. Sie werden mit Pegel- und Dämpfungs-Meßplätzen gemessen. Dämpfungsverzerrungen kann man durch Entzerrungsglieder mit spiegelbildlichem Frequenzgang des Dämpfungsmaßes ausgleichen.

Phasenverzerrungen (phase distortion) ergeben sich, wenn der Quotient aus Phasenwinkel b und Kreisfrequenz ω der zu übertragenden Schwingungen nicht konstant ist; man bezeichnet diesen Quotienten als *Phasenlaufzeit* (phase delay)

$$\tau_p = \frac{b(\omega)}{\omega} . \tag{86}$$

Der Messung zugänglicher und für die Ermittlung kleiner Phasenverzerrungen – insbesondere bei Streckenmessungen – geeigneter ist die *Gruppenlaufzeit* (envelope delay)

$$\tau_g = \frac{d b(\omega)}{d\omega} ; \tag{87}$$

sie ist der Differentialquotient der Phasenlaufzeit. Ihr Name ist gegeben durch die Zeitspanne, die ein Höchstwert der Hüllkurve einer Gruppe von zwei Sinuswellen der benachbarten Kreisfrequenzen ω und $\omega + d\omega$ braucht, um das Übertragungssystem zu durchlaufen. Aus der Gruppenlaufzeit kann durch Integration – bis auf eine unbestimmte Konstante – die Phase gewonnen werden. Da bei der meist trägerfrequenten Übertragung in der Regel *Laufzeitverzerrungen* (delay distortion) nur innerhalb mehr oder weniger breiter Frequenzbänder interessieren, genügt die Messung der Gruppenlaufzeit, um festzustellen, wie groß die Phasenverzerrung ist. Phasenverzerrungen lassen sich ebenso wie Dämpfungsverzerrungen durch Entzerrer (meist Echoentzerrer) ausgleichen. Beim Entzerren benutzt man Meßgeräte, die im Wobbelverfahren einen raschen Ausgleich ermöglichen. Für die Messung der Gruppenlaufzeit ist das Verfahren nach Nyquist das gebräuchlichste (vgl. S. 134).

Laufzeitverzerrungen haben beim Fernsprechen nur geringen Einfluß auf die Verständlichkeit der Nachricht. Von großer Bedeutung dagegen sind sie da, wo Veränderungen der Signalform den Nachrichteninhalt verfälschen, z.B. bei der Daten- und Fernsehbildübertragung.

Neben den Dämpfungs- und Phasenverzerrungen abhängig von der Frequenz interessiert mitunter auch die Dämpfungs- und Phasenänderung abhängig vom Arbeitspunkt aktiver Vierpole im Übertragungssystem. Die Begriffe *Differentielle Verstärkung* (differential gain) und *Differentielle Phase* (differential phase) sind Beispiele hierfür aus der Farbfernsehtechnik; sie kennzeichnen die Differenz des Verstärkungsmaßes oder des Phasenmaßes in einem Vierpol an zwei verschiedenen Stellen der Aussteuerungskennlinie bei der Farbträgerfrequenz.

Nichtlineare Verzerrungen (nonlinear distortion) sind vorhanden, wenn Ausgangs- und Eingangs-Signal nicht proportional sind. Von den Fällen abgesehen, in denen nichtlineare Kennlinien zur Erzielung eines gewünschten Effekts benutzt werden (z.B. als Kompander, Funktionswandler u.a.), sind sie in Übertragungssystemen unerwünscht; denn durch die gekrümmte Kennlinie entstehen bei der Übertragung einer einzelnen Sinusschwingung der Kreisfrequenz ω_1 höhere Teilschwingungen (Oberschwingungen) mit den Kreisfrequenzen $2\omega_1, 3\omega_1, \ldots$. Bei der Übertragung mehrerer Sinusschwingungen mit den Frequenzen $\omega_1, \omega_2, \ldots, \omega_n$ entstehen neben den Oberschwingungen auch alle sogenannten Kombinationsschwingungen mit den Frequenzen $\omega_k = m_1 \cdot \omega_1 \pm m_2 \cdot \omega_2, \ldots, \pm m_n \cdot \omega_n$, wobei $m_1, m_2, \ldots, m_n$ beliebige ganze positive Zahlen sind. Kombinationsschwingungen — im wesentlichen die von zweiter und dritter Ordnung — stören in der Praxis mitunter mehr als Oberschwingungen.

Der *Klirrfaktor k* (distortion factor or harmonic content) kennzeichnet die Nichtlinearität eines Übertragungsgliedes für *eine* Schwingung. Er wird gebildet durch das Verhältnis des Effektivwerts der Oberschwingungen zum Effektivwert von Grund- plus Oberschwingungen.

$$k = \sqrt{\frac{A_2^2 + A_3^2 + \cdots}{A_1^2 + A_2^2 + A_3^2 + \cdots}}. \qquad (88)$$

Es ist auch üblich, den Klirrfaktor für jede Teilschwingung einzeln anzugeben; man bezeichnet ihn als Klirrfaktor n-ter Ordnung. Zum Beispiel ist der Klirrfaktor dritter Ordnung, also der durch die Teilschwingung dritter Ordnung (zweite Oberschwingung) gegebene Klirrfaktor, bestimmt durch die Gleichung

$$k_3 = \frac{A_3}{\sqrt{A_1^2 + A_2^2 + A_3^2 + \cdots}}. \qquad (89)$$

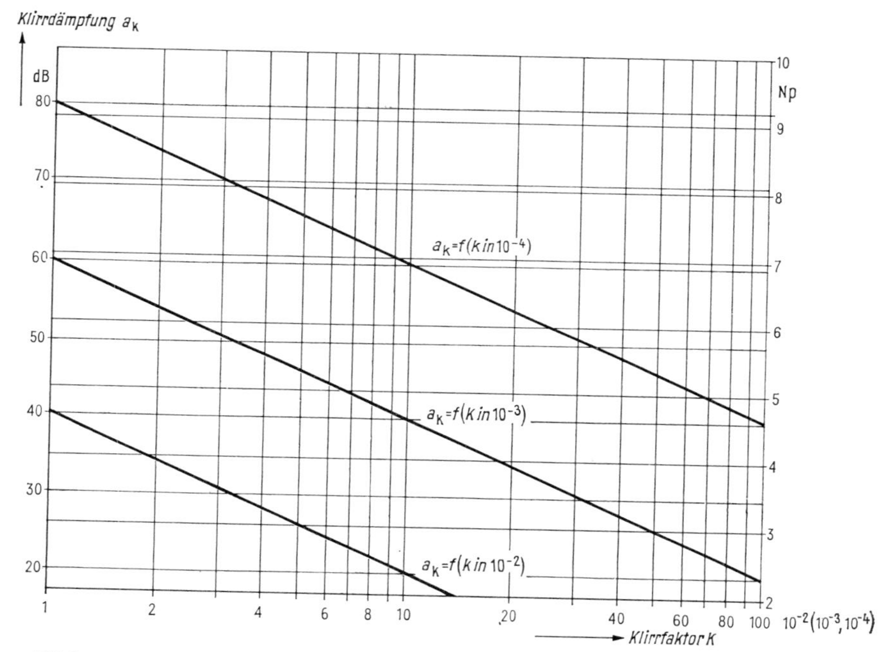

Bild 26 Zusammenhang zwischen dem Klirrfaktor k und dem Klirrdämpfungsmaß a_k in Dezibel und Neper

Bei kleinen Klirrfaktoren (bis zu einigen Prozent) würde sich kein nennenswerter Fehler ergeben, wenn man als Nenner in den Gleichungen (88) und (89) den Effektivwert nur der Grundschwingung A_1 einsetzt.

An Stelle des Klirrfaktors wird auch der Ausdruck *Klirrdämpfungsmaß* oder kurz *Klirrdämpfung* (distortion attenuation) verwendet; es ist

$$a_k = 20 \lg \frac{1}{k} \text{ dB} \quad \text{oder} \quad a_k = \ln \frac{1}{k} \text{ Np}. \tag{90}$$

An den Kurven in Bild 26 kann der Wert des Klirrdämpfungsmaßes a_k in Dezibel oder Neper für die in Prozenten oder in Promille gemessenen Klirrfaktoren abgelesen werden.

Der *Differenztonfaktor*[1]) (intermodulation factor) kennzeichnet die Nichtlinearität eines Vierpols bei zwei Schwingungen. Zu seiner Messung werden zwei Sinusspannungen *unterschiedlicher* Frequenz (f_1, f_2), aber *gleicher* Amplitude ($U_{f1} = U_{f2}$) auf den Vierpol gegeben und am Ausgang die effektiven Spannungen der Differenzschwingungen gemessen *(Zweitonverfahren)*.

[1]) Ausdruck stammt aus der Elektroakustik (...ton...).

Für den Differenztonfaktor zweiter Ordnung d_2 (unsymmetrische Kurvenform) eines Vierpols gilt:

$$d_2 = \frac{U_{f_2 - f_1}}{U_a \sqrt{2}}, \tag{91}$$

wobei $U_{f_2-f_1}$ der Effektivwert des Differenztones $f_2 - f_1$ und U_a der Effektivwert des gesamten Spannungsgemisches am Ausgang des Vierpols ist. ($U_a \cdot \sqrt{2}$ entspricht bei kleinen Verzerrungen der Summe der Effektivwerte der beiden am Meßobjektausgang gemessenen Sinusspannungen.)

Bei frequenzunabhängiger quadratischer Kennlinie besteht zwischen dem Klirrfaktor k_2 und dem Differenztonfaktor d_2 eine einfache Beziehung, und zwar ist unter der Voraussetzung gleicher Spitzenaussteuerung (die Klirramplitude sei dabei vernachlässigbar klein gegen die Nutzamplitude):

$$d_2 = \frac{k_2}{2}. \tag{92}$$

Für den Differenztonfaktor dritter Ordnung d_3 (symmetrische Kurvenform) gilt:

$$d_3 = \frac{U_{2f_2 - f_1} + U_{2f_1 - f_2}}{U_a \sqrt{2}}, \tag{93}$$

wobei $U_{2f_2 - f_1}$ und $U_{2f_1 - f_2}$ die Effektivwerte der Differenztöne mit den Frequenzen $2f_2 - f_1$ und $2f_1 - f_2$ sind und U_a der Effektivwert des gesamten Gemisches am Ausgang des Vierpols ist.

Unter der Voraussetzung, daß die Amplituden der beiden Teilschwingungen $U_{2f_2 - f_1}$ und $U_{2f_1 - f_2}$ gleich groß sind, vereinfacht sich die Messung von d_3, indem man nur eine der Teilschwingungen mißt und ihren doppelten Wert auf U_a bezieht.

Bei frequenzunabhängiger kubischer Kennlinie und gleicher Spitzenaussteuerung ist (die Klirramplitude sei wiederum vernachlässigbar klein gegen die Nutzamplitude):

$$d_3 = \frac{3}{4} k_3. \tag{94}$$

Mit dem Differenztonfaktor läßt sich die Nichtlinearität eines Übertragungssystems auch für den oberen Teil des übertragbaren Frequenzbandes beurteilen; der Klirrfaktor gibt dort kein richtiges Bild, weil bei dessen Messung die außerhalb des Übertragungsbereiches liegenden Oberschwingungen unterdrückt werden.

Für den Bereich der Elektroakustik gibt es noch ein anderes Zweitonverfahren zum Bestimmen der nichtlinearen Verzerrungen eines Vierpols:

das *Intermodulationsverfahren* (intermodulation method); es ist im Normblatt DIN 45403, Blatt 4 festgelegt. Hiernach gibt man ein Signal niedriger Frequenz f_1, *großer* Amplitude U_1 und ein Signal relativ hoher Frequenz f_2, *kleiner* Amplitude U_2 auf den Eingang des Vierpols und mißt die Effektivwerte $U_{f_2 - q f_1}$ und $U_{f_2 + q f_1}$ der am Ausgang neu auftretenden Verzerrungsprodukte mit den unteren Seitenfrequenzen $f_2 - q f_1$ und den oberen Seitenfrequenzen $f_2 + q f_1$. Der Faktor q kennzeichnet den Abstand, den die Seitenfrequenzen gegenüber f_2 haben $(1 \cdot f_1,\ 2 \cdot f_1, \ldots, q \cdot f_1)$.

Der *Intermodulationsfaktor* (intermodulation factor) ist

$$m = \frac{\sqrt{\sum_{q=1}^{q_h} [U_{f_2 - q f_1} + U_{f_2 + q f_1}]^2}}{U_{f_2}}. \tag{95}$$

Der Abstandsfaktor q_h kennzeichnet das äußerste noch gemessene Seitenfrequenzpaar. U_{f_2} ist der Effektivwert des Signals mit der Frequenz f_2 am Ausgang des Vierpols.

Beim Messen von nichtlinearen Verzerrungen in Antennenverstärkern für Ton- und Fernseh-Rundfunkempfang benutzt man auch den Begriff *Intermodulationsabstand IMA* (signal-to-intermodulation ratio). *IMA* wird nach dem Zwei-Meßsender-Verfahren (s. S. 202) ermittelt zu:

$$IMA = n - n_I \tag{96}$$

mit n als RF-Kanalpegel und n_I als Intermodulationspegel, beide in Dezibel. Dabei ist in Gleichung (96) das größere der beiden entstehenden Intermodulationsprodukte n_I einzusetzen.

Bei Zweiseitenband-Übertragungen mit Träger entsteht durch drei Schwingungen an kubischen Kennlinien *Kreuzmodulation* (cross modulation): ein nichtmodulierter schwacher Nutzträger übernimmt auf diesem Weg die Modulation eines kräftigen Störers. Der *Kreuzmodulationsfaktor* $\varkappa$ (cross modulation factor) ist das Verhältnis von Modulationsgrad m' des gestörten Trägers zum Modulationsgrad m des störenden Trägers:

$$\text{Kreuzmodulationsfaktor } \varkappa = \frac{m'}{m}. \tag{97}$$

Bei frequenzunabhängiger kubischer Kennlinie und gleicher Spitzenaussteuerung (die Klirramplitude sei vernachlässigbar klein gegen die Nutzamplitude) besteht zwischen Klirrfaktor k_3 und Kreuzmodulationsfaktor $\varkappa$ die Beziehung:

$$\varkappa = \frac{12}{(1 + m)^2} \cdot k_3. \tag{98}$$

Aus Gleichung (94) und (98) ergibt sich:

$$d_3 : k_3 : \varkappa_{(m=1)} = 3:4:12. \tag{99}$$

Von praktischer Bedeutung ist die Kreuzmodulation hauptsächlich bei Kurzwellenempfängern und Frequenzumsetzern. In DIN 45004 (Sept. 1971) ist als Kenngröße der *Kreuzmodulationsabstand* (signal-to-cross modulation ratio) angegeben (s. S. 202, Bild 97).

Nichtlineare Verzerrungen in Vielkanalsystemen, insbesondere in Richtfunksystemen, lassen sich am besten mit dem *Rauschklirr-Meßverfahren* (noise-in-slot technique) beurteilen (Bild 27). Das Ergebnis kommt dem praktischen Fall um so näher, je mehr Kanäle das System hat. An Stelle einer oder zweier Sinusschwingungen wird als Meßspannung eine Rauschspannung gewählt, die eine im Nutzfrequenzbereich des Übertragungssystems konstante Energiedichte hat (weißes Rauschen). Bandbegrenzungsfilter bilden eine Rauschbandbreite entsprechend der Frequenzbandbreite des Systems. Im Rauschband werden mittels Bandsperren schmale Lücken (Meßkanäle) ausgespart. Am Systemausgang mißt man mit einem selektiven Empfänger die in diesen Lücken jeweils vorhandene Geräuschleistung. Sie setzt sich zusammen aus einem belegungsunabhängigen und einem belegungsabhängigen Anteil. In FDM/FM-Systemen sind belegungsunabhängig das thermische Empfängergeräusch sowie das Grundgeräusch in den Modems und RF-Geräten; belegungsabhängig ist das *Intermodulationsgeräusch*, das durch Nichtlinearitäten in den Modems und RF-Geräten, aber auch durch Mitfluß in den Antennenleitungen und durch Mehrwegeausbreitung entsteht.

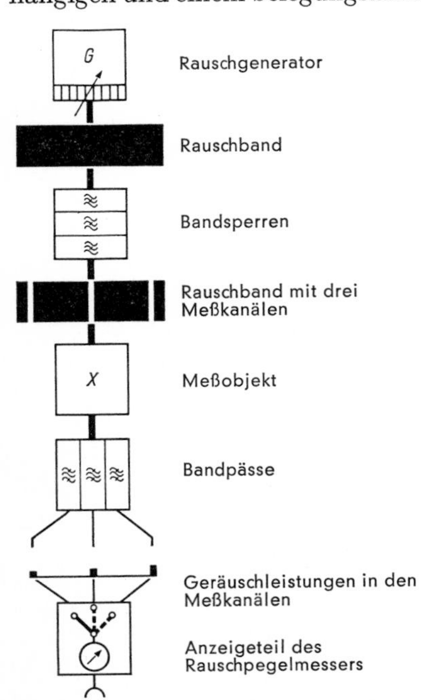

Bild 27 Zum Rauschklirr-Meßverfahren

Die Anforderungen an die Linearität eines Systems wachsen mit zunehmender Übertragungskapazität (Bandbreite). Mit einer Preemphasis wird gleichmäßige Verteilung des gesamten Geräusches im Basisbandbereich angestrebt. In oberen und mittleren Kanälen erhält man durch Laufzeitentzerrung und Wahl der Systemparameter (Leistung, Hub, Rauschzahl) etwa gleiche Anteile für belegungsabhängiges und belegungsunabhängiges Geräusch. Das durch nichtlineare Phasenkennlinien der ZF-Verstärker und ZF-Filter im RF-Weg hervorgerufene Geräusch ist in diesen Kanälen größer als das durch nichtlineare Kennlinien der Modems verursachte, und das dämpfungsabhängige Empfängergeräusch überwiegt die Grundgeräuschanteile. In den unteren Kanälen fehlt praktisch das Empfängergeräusch, so daß sich Reserven für die anderen Anteile ergeben, die in den einzelnen Systemen unterschiedlich genutzt werden. Bei der Rauschklirrmessung bildet man deshalb meistens drei Meßkanäle (vgl. Bild 27): einen unteren, einen mittleren und einen oberen. Gemessen wird in jedem dieser Kanäle die Summe aller Geräuschleistungen; das Empfängergeräusch kann im Prüffeld durch Wahl einer geringen künstlichen Funkfelddämpfung sehr klein gehalten werden. Durch Abschalten des Rauschgenerators ergibt sich unmittelbar der belegungsunabhängige Geräuschanteil.

Die Tatsache, daß man das Grundgeräusch und insbesondere das Intermodulationsgeräusch in Vielkanalsystemen nur durch Messung genau ermitteln kann, führte zu einer Reihe von Begriffen und Definitionen. Diese ermöglichen es, die gewonnenen Meßergebnisse allgemein und international zu vergleichen.

Nominelle mittlere Leistung (nominal average power): die über viele Fernsprechkanäle in der Hauptverkehrsstunde gemittelte Leistung, die bei einem Aktivitätsfaktor von 0,25 in einem Kanal in einer Richtung auftritt; sie beträgt 32 μW am relativen Pegel 0 (—15 dBm0).

Konventionelle Belastung (conventionel load): die mittlere Leistung von weißem Rauschen, das die Frequenzmultiplex-Belegung nachbildet. Für Kanalzahlen $N \geqq 240$ ist sie gleich der N-fachen nominellen mittleren Leistung; für $N < 240$ liegt sie darüber, sie beträgt -1 dBm0 $+ 4 \lg N$ dB.

Äquivalente Spitzenleistung (equivalent peak power): die Leistung einer Sinusschwingung, deren Amplitude einen Wert hat, der von der Spannung der konventionellen Belastung nur in 10^{-8} der Zeit überschritten wird. Nach ihr bemißt man die Aussteuerung von Verstärkern.

Bei der bereits skizzierten Rauschklirrmessung wird das System konventionell belastet (vgl. Tafeln 3a, 3b, S. 68). Rauschbandbreiten, Meßkanallagen und Filtercharakteristiken sind in der CCIR-Empfehlung 399-1 genau festgelegt. Es werden zwei Meßverfahren unterschieden, die als Ergebnis auch zwei verschiedene Begriffe liefern, nämlich:

1. das *Geräuschleistungsverhältnis* $P_R : P_G$ (noise power ratio *NPR*, expressed in dB),
2. den *Signal-Geräusch-Abstand* s_G (s. S. 58).

Tafeln 3a und 3b Zahlenwerte für die Nachbildung von Frequenzmultiplex-Signalen durch weißes Rauschen (vgl. auch CCITT-Empfehlung G 222)

a) für N ≦ 240 Kanäle

Kanalzahl N	12	24	36	48	60	120	
Nominelle mittlere Leistung	32 μW ≙ −15 dBm0 je Kanal						
Pegel der konventionellen Belastung −1 dBm0 + 4 lg N dB	3,3	4,5	5,2	5,7	6,1	7,3	dBm0
Pegel der äquivalenten Spitzenleistung	19	19,5	20	20,5	20,8	21,2	dBm0

b) für N ≧ 240 Kanäle

Kanalzahl N	240	300	600	960	1800	2700	
Nominelle mittlere Leistung	32 μW ≙ −15 dBm0 je Kanal						
Pegel der konventionellen Belastung −15 dBm0 + 10 lg N dB	8,8	9,8	12,8	14,8	17,5	19,3	dBm0
Pegel der äquivalenten Spitzenleistung	22,4	23	25	27	30	32	dBm0

Bei der Ermittlung des Geräuschleistungsverhältnisses mißt man in einem Meßkanal unbestimmter Breite die unbewertete Geräuschleistung P_G und die auf diese Meßfrequenzbandbreite entfallende mittlere Leistung der konventionellen Rauschbelastung P_R. Der Betrag von $P_R : P_G$ wird meist in Dezibel angegeben.

Um den Signal-Geräusch-Abstand s_G zu ermitteln, setzt man die am Meßpunkt in einem 3,1 kHz breiten Sprechkanal (bewertet) gemessene Geräuschleistung zur Signal-Bezugsleistung am Meßpunkt (1 mW am relativen Pegel 0) ins Verhältnis. Der Signal-Geräusch-Abstand s_G entspricht also numerisch (abgesehen vom Vorzeichen) dem Geräuschleistungspegel am relativen Pegel 0 und läßt sich bei einer dem relativen Pegel der Meßstelle angepaßten Empfindlichkeit des Meßempfängers unmittelbar an diesem ablesen, ebenso die Geräuschleistung in Pikowatt.

Tafel 4 Umrechnung von NPR in s_G

Sprechkanalzahl	60	120	300	600	960	1800	2700
$s_G - NPR$	15,29	17,2	18,71	18,83	18,86	19,02	19,08 dB

Für die *Umrechnung von NPR-Werten in s_G-Werte gilt:*

$$\frac{s_G}{\text{dB}} - \frac{NPR}{\text{dB}} = -\frac{K}{\text{dB}} + 10 \lg \frac{B}{B_0} + 2{,}5 \qquad (100)$$

$$K = 10 \lg \frac{\text{Leistung der konventionellen Belastung}}{\text{Signal-Bezugsleistung}} \text{dB}$$

B Bandbreite der konventionellen Belastung in Kilohertz

B_0 Sprechkanalbreite (3,1 kHz)

2,5 Frequenzbewertung der Rauschleistung im Sprechkanal in Dezibel.

Zahlenbeispiel:

120-Kanalsystem, $B = (552 - 60)$ kHz, $NPR = 0$ dB

$s_G - 0\,\text{dB} = (-7{,}3 + 22 + 2{,}5)\,\text{dB} = 17{,}2\,\text{dB}$

Die Tafel 4 gibt für übliche Kanalzahlen die Umrechnungswerte an.

13. Rauschen

Der Empfang sehr kleiner Signale ist begrenzt durch die Rauschleistung im jeweiligen Übertragungssystem; Entsprechendes gilt für die Empfindlichkeit eines Meßempfängers.

Die Rauschleistung eines Empfängers setzt sich zusammen aus dem Rauschen der Widerstände, Röhren oder Transistoren und Modulatoren in den Eingangsstufen; sie ist proportional der Bandbreite $B = \Delta f$. Zur Definition stellt man sich vor, daß die gesamte Rauschleistung in einem Widerstand mit einer angenommenen Temperatur am Eingang des Empfängers entsteht.

Um das Rauschen beurteilen zu können, wird eine Bezugsgröße benötigt. Ausgangspunkt hierfür ist die Rauschleistung P_{WR} eines Widerstands, und zwar gilt

$$P_{WR} = \frac{4 \cdot h \cdot f \cdot B}{e^{h \cdot f / k \cdot T} - 1} \approx 4k \cdot T \cdot B \qquad (101)$$

mit $\frac{h \cdot f}{k \cdot T} \ll 1$ und der Näherung $e^{h \cdot f / k \cdot T} \approx 1 + \frac{h \cdot f}{k \cdot T}$. $k = 1{,}38 \cdot 10^{-23}\,\text{W} \cdot \text{s/K}$ ist die Boltzmannsche Konstante, T in K die absolute Temperatur des Widerstands und $h = 6{,}55 \cdot 10^{-34}\,\text{W} \cdot \text{s}^2$ das Plancksche Wirkungsquantum. Die Näherung $P_{WR} \approx 4 \cdot k \cdot T \cdot B$ ist selbst bei hohen Frequenzen und tiefen Temperaturen zulässig; z. B. ist bei $f = 20$ GHz und $T = 10$ K der Quotient $\frac{h \cdot f}{k \cdot T} = 0{,}1$. Es ist ferner zu beachten, daß ein an den Empfängereingang angepaßter Widerstand nur ein Viertel seiner Rauschleistung abgibt, also nach Gleichung (101)

$$P_{WRA} = 1\, k \cdot T \cdot B. \tag{102}$$

Diese *Rauschleistung* bei $t = 17°$ C $\triangleq T_0 = 290$ K gilt als *Bezugsgröße*.

Ein Signal in Reihe zum Rauschsignal ist ebenfalls nur mit einem Viertel seiner Leistung am angepaßten Widerstand wirksam. Das heißt: Wenn der Empfänger einschließlich seines Eingangswiderstands rauschfrei wäre, bliebe das Verhältnis Rausch- zu Signalleistung erhalten; dies gilt auch bei Fehlanpassung. Aber die Rauschfreiheit des Empfängers ist in der Regel nicht gegeben: zur Rauschleistung in Reihe zum Signal tritt die Rauschleistung des Empfängers. Diese Leistung gibt man als das Vielfache F der Bezugsleistung an. Die *Rauschleistung eines beliebigen Empfängers* ist hiernach

$$P_{RE} = \mathrm{F} \cdot k \cdot T \cdot B\,; \tag{103}$$

F wird die *Rauschzahl* genannt; das *Rauschmaß* ist

$$a_F = 10 \lg \mathrm{F}\ \mathrm{dB}; \qquad a_F = \frac{1}{2} \ln \mathrm{F}\ \mathrm{Np}. \tag{104}$$

Hat z.B. ein Empfänger außer dem Rauschen seines Eingangswiderstands keine weiteren Rauschleistungen, so ist bei Anpassung das minimal mögliche Rauschmaß $a_F = 3$ dB $= 0{,}35$ Np. Mit Überanpassung z.B. kann man sich dem Idealfall $a_F \to 0$ nähern. In der Regel muß man vom Rauschen im Anpassungsfall und von weiteren Rauschquellen des Empfängers ausgehen, d. h., a_F ist > 3 dB.

Zum Messen des Rauschmaßes beliebiger Empfänger unbekannter Empfindlichkeit, Bandbreite und Summierung der Teilamplituden im Anzeigekreis dienen Rauschgeneratoren mit einer vielfachen Bezugsleistung P_{WRA}. Der Rauschgenerator speist den Empfänger über eine angepaßte Eichleitung, am Ausgang des Empfängers liegt ein Effektivwert-Anzeigekreis – wenn nötig mit Vorverstärker. Zuerst wird die Eichleitungsdämpfung so hoch eingestellt, daß der angezeigte Ausschlag nur durch die Rauschleistung P_{RE} des Empfängers gegeben ist. Dann wird die Eichleitung so eingeregelt, daß der Effektivwert der Gesamtspannung um 3 dB oder 0,35 Np zunimmt (Leistungsgleichheit). Ist a_E das an der Eichleitung eingeregelte Dämpfungsmaß und ist a_{RE} die errechnete Dämpfung, die die Leistung des Rauschgenerators auf die Bezugsleistung P_{WRA} bringen würde, dann ist das Rauschmaß des Empfängers $a_F = a_{RE} - a_E$.

Als *Rauschnormal* verwendet man im Frequenzgebiet bis 100 MHz einen ohmschen Widerstand, dessen Rauschleistung breitbandig so verstärkt wird, daß am Ausgang das gewünschte Vielfache der Rauschleistung des Widerstands zur Verfügung steht. Im Frequenzgebiet bis etwa 1 GHz wendet man spezielle Rauschdioden mit Wolframkathode und in noch höheren Frequenzgebieten Gasentladungsröhren an, die mit Koaxial- oder Hohlleitern elektrisch gekoppelt sind. Für Messungen an parametrischen Verstärkern (Mikrowellenbereich, Rauschtemperatur < 50 K) werden als Rauschnormal z. B. in Hohlleiter eingebaute Widerstände benutzt (s. nächste Seite).

Bei Empfängern mit bekannter Empfindlichkeit, Bandbreite und mit Effektivwertsummierung kann das Rauschmaß berechnet werden, wenn sich ohne Eingangssignal bei einem Eingangswiderstand R, einer Bandbreite B und z.B. höchster Empfindlichkeit ein meßbarer Ausschlag n_{RE} ergibt. Bei $t = 17°\,\mathrm{C} \triangleq T_0 = 290\,\mathrm{K}$ und der Bandbreite $B' = 1$ Hz ist der auf $P_0 = 1$ mW bezogene Leistungspegel $n_{0\,\mathrm{R}}$ der Bezugsleistung $1\,kT \cdot B$:

$$n_{0\,\mathrm{R}} = 10 \lg \frac{1\,kT_0 \cdot B'}{P_0}\,\mathrm{dBm} = 10 \lg \frac{\dfrac{4 \cdot 10^{-21}}{\mathrm{W}}}{\dfrac{10^{-3}}{\mathrm{W}}}\,\mathrm{dBm} = -174\,\mathrm{dBm},$$

$$n_{0\,\mathrm{R}} = \frac{1}{2} \ln \frac{1\,kT_0 \cdot B'}{P_0}\,\mathrm{Npm} = \frac{1}{2} \ln \frac{\dfrac{4 \cdot 10^{-21}}{\mathrm{W}}}{\dfrac{10^{-3}}{\mathrm{W}}}\,\mathrm{Npm} = -20\,\mathrm{Npm}. \tag{105}$$

Das Rauschmaß a_{F} folgt daraus bei einer Bandbreite B zu:

$$a_{\mathrm{F}} = n_{\mathrm{RE}} - 10 \lg \frac{B}{B'}\,\mathrm{dB} - n_{0\,\mathrm{R}},$$

$$a_{\mathrm{F}} = n_{\mathrm{RE}} - \frac{1}{2} \ln \frac{B}{B'}\,\mathrm{Np} - n_{0\,\mathrm{R}}. \tag{106}$$

Das Rauschmaß a_{F} ist unabhängig von der Bandbreite B, da bei Wahl einer anderen Bandbreite sich n_{RE} um den gleichen Wert ändert wie $10 \lg \frac{B}{B'}$ dB. Da die Rauschleistung P_{RE} nach Gleichung (103) proportional der Bandbreite B ist, kann mit schmalerer Bandbreite die Spannungsempfindlichkeit von Empfängern erhöht werden. Daher hat bei Meßempfängern in der Regel z.B. eine höhere Empfindlichkeit eine größere Bedeutung als ein kleineres Rauschmaß. Hohe Empfindlichkeit ist besonders erwünscht zum Messen von Nebensprechdämpfungen. Schmalere Bandbreite hat größere Einschwingzeit zur Folge. Bei Messungen nach dem Wobbelverfahren mit einem selektiven Empfänger wird die Wobbelgeschwindigkeit bei breitbandigem Meßobjekt dann durch die Einschwingzeit des selektiven Empfängers bestimmt. Für diesen Meßfall kann ein kleineres Rauschmaß größere Bedeutung haben als eine höhere Empfindlichkeit.

Wegen der sehr kleinen Empfangsleistung in den Erdefunkstellen der Nachrichten-Satellitenverbindungen ist das Gesamtrauschen im Eingangsteil von ausschlaggebender Bedeutung. Das Rauschen setzt sich zusammen aus dem Rauschen der Antenne, das im Gigahertz-Bereich und bei kleinen Elevationswinkeln vorwiegend als Folge der Wärmestrahlung der Erde durch nicht vollkommene Reflexionsfreiheit zwischen Antenne und Erdoberfläche aufgenommen wird, aus dem Rauschen der Zuleitung von der Antenne zum Empfangsverstärker und aus dessen Rauschen. Im praktischen Fall verhalten sich die drei Anteile etwa wie 1 : 1 : 1. Bei gegebenem Gesamtaufwand für den Sendeteil (Sender + Antenne) des Satelliten muß für den Eingangsteil der Erdefunkstelle ein Systemwert von $\frac{\mathrm{G}}{\mathrm{T}} \geqq 40{,}7\ \mathrm{dB} + 20 \lg \frac{\mathrm{f}}{4}\ \mathrm{dB}$ bei $\geqq 5°$ Elevation erzwungen werden. G ist der Antennengewinn, T die relative Systemrauschtemperatur, bezogen auf 1 K, f die relative Radiofrequenz, bezogen auf 1 GHz. Mit diesen Richtlinien folgt für den Verstärker allein eine Rauschtemperatur $\leqq 20$ K, die bei einer Bandbreite von z. B. 500 MHz nur mit entsprechend gekühlten parametrischen Verstärkern erreichbar ist.

Wegen des unmittelbaren Einflusses der Rauschtemperatur T_V des Verstärkers auf den Systemwert ist eine Überwachung von T_V erforderlich. Da die Rauschzahl $F_\mathrm{V} = 1 + \frac{T_\mathrm{V}}{290\ \mathrm{K}} \to 1$ und damit das Rauschmaß $a_\mathrm{v} \to 0$ strebt, bereitet eine genaue Messung von a_V mit einem Rauschnormal mit $T = 290$ K Schwierigkeiten. Daher wählt man ein Meßverfahren mit z. B. zwei gleichartigen Normalen mit den Temperaturen $T_{\mathrm{N}1} \approx 290$ K und $T_{\mathrm{N}2} \approx 10$ K, die z. B. der Kühltemperatur für den Verstärker entspricht. Bei der Messung mit dem Rauschnormal $\mathrm{T}_{\mathrm{N}2}$ wird z. B. die Eichleitung – diese nach dem zu messenden Verstärker eingefügt – so eingestellt, daß sich am Anzeigegerät der gleiche Ausschlag ergibt, wie bei der Messung mit dem Normal $T_{\mathrm{N}1}$. Die Verminderung der Dämpfung betrage a; dann gilt mit $\mathrm{e}^a = \mathrm{A}$ aus den Rauschleistungen errechnet:

$$T_{\mathrm{N}1} + T_\mathrm{V} = (T_{\mathrm{N}2} + T_\mathrm{V}) \cdot \mathrm{A}, \quad \text{damit} \quad T_\mathrm{V} = \frac{T_{\mathrm{N}1} - \mathrm{A} \cdot T_{\mathrm{N}2}}{\mathrm{A} - 1}. \qquad (107)$$

Mit Kenntnis der Temperaturen $T_{\mathrm{N}1}$ und $T_{\mathrm{N}2}$ wird die Genauigkeit der Messung nur durch den Betrag A und die Verstärkungskonstanz bestimmt.

Meßverfahren III

Die in diesem Buch, insbesondere im folgenden Kapitel „Meßverfahren", im Lichtbild vorgestellten Meßgeräte und Meßplätze – es sind typische Vertreter der Hauptgruppen – mußten mit Rücksicht auf den Buchumfang in ihrer Anzahl beschränkt werden. Interessenten an Nachrichten-Meßgeräten schicken wir gerne unseren Katalog „Meßgeräte für die Nachrichtentechnik" oder ausführliche Kennblätter über die einzelnen Meßplätze und -geräte. Anschrift: Siemens Aktiengesellschaft, Bereich Weitverkehrstechnik, 8 München 70, Postfach 700076.

A. Allgemein angewandte Meßverfahren

1. Brückenverfahren

Im einfachsten Fall besteht eine *Meßbrücke* (measuring bridge) aus zwei parallelgeschalteten Teilern mit reellen Widerständen (Bild 28), deren Abgriffspunkte 1 und 2 man durch Brückenabstimmung auf gleiches

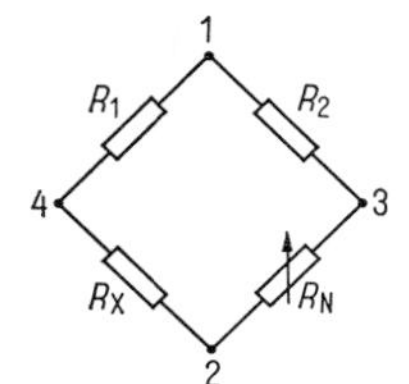

Bild 28 Einfache Meßbrücke

Potential bringt; die Meßspannung liegt an den Punkten 3 und 4. R_1, R_2 seien feste Widerstandswerte, R_N sei ein veränderbarer, R_X der Widerstand des Meßobjekts; es gilt dann bei Abstimmung $R_X = R_N \cdot \frac{R_1}{R_2}$. Da R_N in Widerstandswerten beschriftet ist, läßt sich R_X an R_N ablesen. Bei Messung mit Wechselspannung müssen die Brücken nach reeller und imaginärer Komponente abgeglichen werden; es sind dann mindestens zwei Abgleichelemente für Scharfabgleich notwendig.

Meßbrücken können für sehr hohe Genauigkeit bei großem Wertebereich gebaut werden. Es gibt Meßbrücken für R, L, G, C und ihre Verlustfaktoren, für Komplexe Widerstände $Z = R + jX$, für Komplexe Leitwerte $Y = G + jB$, für Kopplungen $K = k + \frac{G}{j\omega}$ und $M = m + \frac{R}{j\omega}$ und für andere Größen.

Kennzeichnend für das *Brückenverfahren* (bridge method) ist es, daß das Anzeigegerät im Nullzweig keinerlei Eichung bedarf, sondern nur empfindlich sein muß. Durch Verstärker läßt sich die Empfindlichkeit für den Abgleich weitgehend steigern, ohne die Genauigkeit der Brücke zu beeinträchtigen. Das einfachste Anzeigemittel für den Abgleichzustand ist das Ohr in Verbindung mit dem Hörer; es hat den Vorzug großer Dynamik und wirkt durch die Einschaltung eines zweiten Sinnesorganes weniger ermüdend. Die visuelle Beobachtung des Abgleichs wird besonders erleichtert, wenn der Abgleichzustand für die beiden Komponenten an getrennten Instrumenten nach Größe und Richtung, bei großer Dynamik mit logarithmischem Verstärker und phasenselektiver Gleichrichtung angezeigt wird. Auch die Anwendung von Oszillographen mit Komponentenanzeige bringt erhebliche Vorteile gegenüber der normalen Anzeige nur des Betrags an einem Instrument. An die Stelle des manuellen Abgleichs tritt mehr und mehr der automatische.

Wechselstrom-Meßbrücken sind in der Regel durch die Widerstände eines Vierecks allein nicht darstellbar; denn dieses Viereck ist verknüpft mit einem vierstrahligen Stern aus Widerständen gegen Erde, die die Abgleichbedingung beeinflussen. Durch sinnvolle Schirmung (Bild 29),

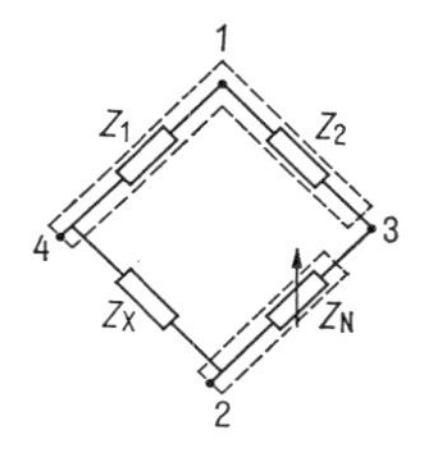

Bild 29 Meßbrücke mit Einfachschirm; Erdkapazitäten nur an 2 und 4

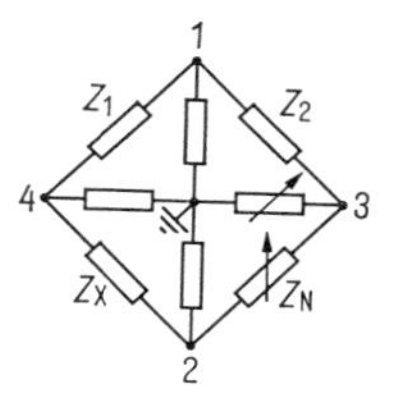

Bild 30 Meßbrücke mit Erdstern und Hilfsbrücke

durch Anwendung einer Hilfsbrücke (Bild 30), durch Kompensation oder durch niederohmige Bemessung eines Widerstandsteilers mit Hilfe induktiver Teiler werden störende Erdableitungen unwirksam gemacht. Weiterhin sind die Schaltungs-Widerstände, -Induktivitäten und -Kapazitäten des Vierecks zu berücksichtigen. Mit diesen Maßnahmen und mit besonders geeigneten Normalen — z.B. gesteuerten Heißleitern als Widerstandsnormale — wird eine hohe Genauigkeit über weite Frequenzbereiche erreicht.

Wenn nur Abweichungen vom Sollwert gemessen werden sollen, wählt man *Toleranz-Meßbrücken.* Bei neueren Toleranz-Meßbrücken wird nicht auf Null abgeglichen, sondern ein Sollwert fest eingestellt und die der Abweichung proportionale Restspannung nach Wert, Richtung und Komponente an Instrumenten oder Zifferfeldern angezeigt oder ausgedruckt. Diese Art der Anzeige gelingt mit der bereits erwähnten gesteuerten phasenselektiven Gleichrichtung für die reelle und imaginäre Komponente der Abweichung. Meßspannung und Anzeigeempfindlichkeit müssen hierbei unabhängig von äußeren Einflußgrößen sein. Relative Schwankungen $\pm\Delta$ beeinflussen den angezeigten Wert um den Faktor $(1 \pm \Delta)$. Durch Regelung kann man Δ zu Null machen. Toleranz-Meßbrücken sind auch über einen großen Wertebereich automatisch programmierbar; sie zeichnen sich durch große Meßgenauigkeit bei hoher Meßgeschwindigkeit aus und sind daher in der Fertigung für Sortierautomaten besonders geeignet.

2. Vergleichsverfahren

Jede Messung beruht auf dem Vergleich der Meßgröße mit ihrer Einheit. Unter *Vergleichsverfahren* (comparison method) im engeren Sinne sind Meßverfahren zu verstehen, bei denen man ein und denselben Meßempfänger abwechselnd zur Anzeige der zu messenden und einer veränderbaren, aber bekannten Größe gleicher Art benutzt. Sind die Anzeigen gleich, so ist die gesuchte Meßgröße gleich dem Vergleichswert. Es genügt also, die Gleichheit der Anzeigen festzustellen (Zeigerausschlag, Lautstärkevergleich oder Ziffernanzeige); der Zusammenhang zwischen Anzeige und Meßgröße braucht nicht bekannt zu sein. Verglichen werden meistens der Meß- und Vergleichsgröße proportionale Wechselspannungen.

Das Anlegen einer der bekannten Größe proportionalen Wechselspannung an den Eingang des Empfängers könnte man auch als Eichen des Empfängers bezeichnen. Beim Vergleichsverfahren folgen Messen und Eichen möglichst rasch und mehrmals aufeinander. Die Empfindlichkeit des Empfängers muß nur während des Vergleichs beständig sein, im Gegensatz zu den Meßverfahren mit unmittelbarer Anzeige des Meßwerts, die einen über möglichst lange Zeit beständigen Empfänger voraussetzen.

Die Meßgenauigkeit ist nur durch die Empfindlichkeit des Meßempfängers und die Genauigkeit der Vergleichsgröße bestimmt. Kleinere frequenz-, temperatur- oder langzeit-abhängige Änderungen der Empfindlichkeit des Meßempfängers stören nicht, auch nicht Änderungen der Meßstromquelle, sofern diese den Meß- und Vergleichszweig gleichzeitig speist. Es lassen sich daher mit relativ einfachen Meßgeräten hohe Genauigkeiten erzielen. Am einfachsten und manchmal dem praktischen Betrieb am besten entsprechend ist der Hörvergleich, bei dem aber die Genauigkeit durch subjektive Fehler und die gerade noch hörbaren Lautstärkeunterschiede von etwa 10% oder 1 dB beschränkt ist. Höchste Meßgenauigkeit erzielt man, wenn Normale und hochempfindliche objektive Meßempfänger, z.B. Pegelmesser mit Pegellupe oder digitaler Anzeige, mit einem mindestens der gewünschten Genauigkeit entsprechenden Auflösungsvermögen verwendet werden. Besonders geeignet sind auch Pegelbildempfänger, die in Verbindung mit Wobbelsendern und im Wobbeltakt gesteuerten X-N-Umschaltern auf ihrem Bildschirm Meß- und Vergleichsgröße frequenzabhängig aufzeichnen.

In vielen Fällen genügt es, die Differenz zwischen Meßgröße und Vergleichsgröße (Normal) festzustellen; das ist heute relativ einfach. Man gibt die linear gleichgerichteten Spannungen auf einen als Differenzverstärker betriebenen *Operationsverstärker* (operation amplifier); seine Ausgangsspannung entspricht der gesuchten Größe. Mit Operationsverstärkern ist z.B. Subtrahieren, Addieren, Differenzieren, Integrieren mit hoher Genauigkeit möglich. Die gleichstromgekoppelten Verstärker haben eine sehr große Leerlaufverstärkung und sind extrem gegengekoppelt. Die angestrebten Eigenschaften der Schaltungsfunktion bleiben daher von den Eigenschaften des Operationsverstärkers, z.B. von seinen zeitlichen Verstärkungsänderungen, nahezu unabhängig. Operationsverstärker werden in der Meß- und Regelungstechnik vielseitig verwendet.

Für genauen Dämpfungsvergleich wurden spezielle *Pegeldifferenzmesser* (level difference meter) entwickelt, die Pegeldifferenzen herab bis zu 0,01 dB unmittelbar analog oder digital anzeigen.

Der Vergleich von Spannungen, insbesondere von Gleichspannungen, die sich in ihrem Betrag nur sehr wenig unterscheiden, wird einfacher, wenn man diese durch Kompensation soweit wie möglich verkleinert. Damit entnimmt die Meßschaltung dem Meßobjekt auch entsprechend weniger Energie. Diese *Kompensationsverfahren* (compensation method) sind allgemein durch eine vernachlässigbare Rückwirkung der Meßschaltung auf das Meßobjekt gekennzeichnet. Zu ihnen zählen auch die im vorhergehenden Abschnitt behandelten Brückenverfahren.

3. Pfeifpunktverfahren

Eine besondere Art, vorwiegend das Betriebsübertragungsmaß oder auch das Betriebsdämpfungsmaß zu bestimmen, besteht darin, das System unbekannter Verstärkung mit einem System bekannter regelbarer Dämpfung — oder umgekehrt — zu einem Ring zu schließen und den Übertragungsfaktor $|A|\mathrm{e}^{-\mathrm{j}b}$ des Ringes gleich eins zu machen. Dieser Zustand ist daran erkennbar, daß eine kleine Dämpfungsminderung im Ring zur Selbsterregung, zum Pfeifen führt, daher *Pfeifpunktverfahren* (singing-point method) genannt. Das unbekannte Verstärkungsmaß ist dann gleich dem Dämpfungsmaß der Eichleitung unter der Voraussetzung, daß der Übertragungsfaktor der nicht schwingenden Ringschaltung bei der *Pfeiffrequenz* (singing frequency) reell ist, d.h. $b \approx \mathrm{n} \cdot 2\pi$ mit $\mathrm{n} = 0, 1, 2, \ldots$

Das Pfeifpunktverfahren hat den Nachteil, daß es nur bei einer Frequenz eine Aussage über das Verstärkungs- oder Dämpfungsmaß gibt. Früher wurde es zum Messen des Gabel-Sperrdämpfungsmaßes angewendet (Echomesser, Fehlerdämpfungsmesser), was heute mit dem Pegelbildgerät geschieht. Das Pfeifpunktverfahren findet Anwendung z.B. bei Meßempfängern zur Überprüfung auf konstante Empfindlichkeit. Die Pfeiffrequenz wird in diesem Fall zumeist durch besondere Maßnahmen vorbestimmt, die Schwingamplitude stabilisiert.

4. Unmittelbare Anzeige des Meßwerts

Die bisher beschriebenen Verfahren erfordern meistens mehrere Einstellungen und Ablesungen. In der Meßgeräteentwicklung zeichnete sich deshalb schon sehr früh das Bestreben ab, den dadurch bedingten Zeitaufwand soweit wie möglich herabzusetzen. Einen wesentlichen Schritt vorwärts bedeutete es, den Meßwert unmittelbar an einem Meßinstrument ablesen zu können.

Zur unmittelbaren Meßwertablesung benutzte man bisher vorzugsweise Zeigerinstrumente mit einer in Einheiten der Meßgröße beschrifteten Skale. Jede Änderung der Zeigerauslenkung ist der Änderung der Meßgröße analog; diese Art des Messens wird daher auch als *analoges Messen* (analog measurement) bezeichnet. (Der Begriff analog hat hier noch die ursprüngliche Bedeutung: die Ausgangsgröße des Meßgeräts entspricht der Eingangsgröße, ist ihr analog. Heute versteht man unter einem analogen Signal ein beliebiges wertkontinuierliches Signal.) Beim Ablesen am Zeigerinstrument wird das Meßergebnis vom Beobachter in eine diskrete Zahl umgesetzt, ein Vorgang, den beim digitalen Messen (s. S. 80) das Meßgerät selbst ausführt.

Die für die unmittelbare Anzeige des Meßwerts erforderliche Eichung des Meßgeräts bedingt hochwertige, d. h. vor allem konstante und bei großem Frequenzbereich frequenzunabhängige Schaltungselemente. Dort, wo für empfindlichere Meßbereiche Verstärkerelemente verwendet werden, erreicht man durch eine einfache Eichung vor jeder Meßreihe oder durch besondere Schaltmaßnahmen, z. B. Gegenkopplung, eine ausreichende Beständigkeit des Übertragungsmaßes.

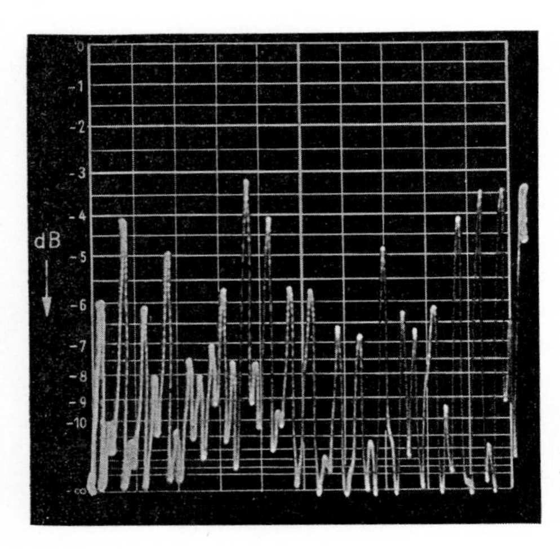

Bild 31 Mit einem Wobbelmeßplatz bestimmte Frequenzabhängigkeit der Reflexionsdämpfung einer aus mehreren Stücken zusammengesetzten Leitung

Punktweises Messen von Hand (manual point-to-point measurement) – beispielsweise bei der Bestimmung des Frequenzganges einer Meßgröße — erweist sich heute auch bei unmittelbarer Anzeige in den meisten Fällen als zu zeitraubend. Dieser Nachteil ist besonders dann spürbar, wenn Geräteserien durchzumessen sind oder wenn Breitband-Übertragungswege für die Dauer des Messens dem Betrieb entzogen werden müssen. Bei unstetigem Verlauf der Frequenzgangkurve ergeben sich zudem für die Werte zwischen den Meßpunkten zusätzliche Fehler (Interpolationsfehler). Ferner kann oftmals die Meßgröße nur durch mehrere, sich gegenseitig beeinflussende und schwer überblickbare Abgleichmaßnahmen auf den geforderten Wert gebracht werden (z.B. Einstellen des kleinsten Reflexionsfaktors bei mehrkreisigen Antennenfiltern). Besser und schneller geht es mit dem *Wobbelverfahren* (sweep-frequency method): Die von einer anderen Größe abhängige Meßgröße erscheint lückenlos und ausreichend lange sichtbar auf dem Bildschirm einer Kathodenstrahlröhre (Bild 31). Die Abszissengröße, z.B. die Frequenz der Meßspannung, muß sich dabei im jeweils gewünschten Frequenzbereich (*Wobbelhub*, sweep range) selbsttätig und immer wiederkehrend ändern (*Wobbelsender*, sweep frequency generator). Die Geschwindigkeit, mit der das geschieht (*Wobbelgeschwindigkeit*, sweep rate), ist

```
MESSOBJEKT :  VORVERSTAERKER      51 C 8711      FAB.-NR. 476725
DATUM : 06 06 68
MESSUNGEN :
POS. 01     VERSTAERKUNG          OB.-GRENZWERT  25,7   DB    UNT.-GRENZWERT    25,5  DB
                                  MESSWERT              25,55  DB
POS. 02     FREQUENZGANG          OB.-GRENZWERT  +0,8   DB    UNT.-GRENZWERT    -0,8  DB
                                  MESSWERT    100 KHZ    0     DB
                                                6 KHZ  +0,4    DB
                                               12 KHZ  +0,3    DB
                                              300 KHZ  -0,2    DB
                                              552 KHZ  -0,64   DB
POS. 03    EINGANGSREFLEXIONSDAEMPFUNG           UNTERER GRENZWERT     22,0  DB
                                  MESSWERT     12 KHZ   31,4   DB
                                              300 KHZ   33,5   DB
                                                 UNTERER GRENZWERT     20,0  DB
                                  MESSWERT    552 KHZ   21,5   DB
POS. 04    AUSGANGSREFLEXIONSDAEMPFUNG           UNTERER GRENZWERT     27,0  DB
                                  MESSWERT      6 KHZ   28,4   DB
                                              300 KHZ   24,3   DB       *)
                                              552 KHZ   18,4   DB       *)
```

Bild 32 Beispiel eines PEGAMAT-Prüfprotokolls (verkleinert). Die dort mit * gekennzeichneten Meßwerte liegen außerhalb des Toleranzbereiches und werden rot ausgedruckt

abhängig vom Wobbelverfahren und nach unten begrenzt durch die Nachleuchtfähigkeit des Bildschirms, nach oben durch das Einschwingen des Meßobjekts (auch der Meßschaltung) und durch den Verlauf der Meßgröße.

Neben den Wobbelverfahren spielt heute das *punktweise Messen mit Automaten* (point-to-point measurement with automatic mechanism) eine wichtige Rolle. Meßautomaten enthalten programmgesteuerte Meß- und Hilfsgeräte (z.B. Pegelsender, Pegelmesser, Rechner, Drucker u. a.), die entsprechend einem — z.B. in einem Lochstreifen gespeicherten — Meßprogramm und einer Meßablaufsteuerung selbsttätig Meßschaltungen aufbauen, Messungen durchführen und Meßergebnisse in schneller Folge ausdrucken. Sie vermeiden Fehler, die durch menschliche Unzulänglichkeit entstehen können; sie arbeiten schnell und zuverlässig und bieten die *Meßergebnisse in digitaler Form* an, die sich gut zur weiteren Meßwertverarbeitung eignet. Als Beispiel eines Prüfprotokolls zeigt Bild 32 ein mit einem Meßautomaten nach dem PEGAMAT-System auf einer Fernschreibmaschine geschriebenes Protokoll.

Digitales Messen (digital measurement) ist die Basis für moderne Meßautomaten. Der Meßwert hängt nicht mehr stetig und eindeutig von der Meßgröße ab, wie z.B. beim analogen Messen der Zeigerausschlag eines idealen Drehspulinstruments von der Stromstärke, sondern er wird unmittelbar in Ziffern und Einheiten der Meßgröße, also quantisiert und codiert, abgebildet.

Quantisieren (quantizing) heißt: unterteilen der Amplitude des Analogsignals in eine der gewünschten Auflösung entsprechende Anzahl von Wertebereichen, kurz Stufen genannt, und zweitens: jeder Stufe einen diskreten Wert zuordnen. Das Ausgangssignal kann daher um maximal eine Stufe, die *Quantisierungseinheit*, fehlerhaft sein. Diesen Fehler nennt man *Quantisierungsfehler*; er ist um so kleiner, je größer die Stufenzahl ist.

Codieren (encoding) heißt: die durch das Quantisieren gewonnenen diskreten Werte einem gewählten Ausgabesystem eindeutig zuordnen. Diese Zuordnung wird durch den Code bestimmt. Im direkten Verkehr Mensch–Meßgerät ist als Meßwertausgabe meistens die dekadische Ziffernanzeige üblich. Für die Fernübertragung von Meßwerten und die Meßwertver arbeitung verwendet man Codes, die je nach Anforderung an das System ausgewählt werden, so z.B. den Fernschreibcode für das Aufschreiben der Meßergebnisse mit der Fernschreibmaschine, BCD-Codes (Codes aus *b*inär-*c*odierten *D*ezimalziffern) für die digitale Weiterverarbeitung des Meßergebnisses in Rechnern.

Bild 33 zeigt den grundsätzlichen Aufbau eines Digital-Meßgeräts. Die Meßwertaufnahme sorgt für die Aufbereitung des dem Meßwert ent-

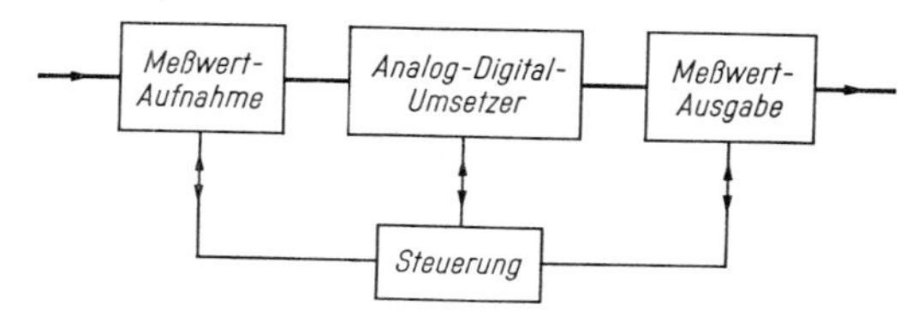

Bild 33 Grundsätzlicher Aufbau eines Digital-Meßgeräts

sprechenden Analogsignals, das im Analog-Digital-Umsetzer quantisiert und codiert wird (s. S. 82). Das Meßergebnis (Ziffern + Einheit) wird gespeichert und über die Meßwertausgabe digital angezeigt und/oder in dem gewünschten Code zur weiteren Meßwertverarbeitung ausgegeben. Eine u. U. erforderliche Bereichumschaltung ist Bestandteil des Analog-Digital-Umsetzers. Die Steuerung koordiniert die Zusammenarbeit der drei vorgenannten Blöcke.

Digitales Messen ist besonders geeignet für schnelles und unmittelbares sicheres Ablesen der Meßwerte bei höchstmöglicher Genauigkeit zur automatischen Registrierung und Meßwertverarbeitung in Verbindung mit Rechenautomaten. Die Genauigkeit im digitalen Teil wird bestimmt durch das Auflösungsvermögen des Analog-Digital-Umsetzers und die Genauigkeit der Vergleichsnormale. Bild 34 zeigt einen Digital-Pegelmesser mit Promille-Anzeige, das Bild auf S. 189 eine vereinfachte Ausführung (Prozent-Auflösung).

Digital-Meßsender (digital measuring oscillator, synthesizer) haben eine unmittelbare digitale – meist dekadische – und fernsteuerbare Frequenzeinstellung, deren Genauigkeit durch ein Frequenznormal, in der Regel ein Quarzoszillator, gegeben ist. Die sehr geringe Frequenzunsicherheit (z.B. 10^{-8}) und eine entsprechend hohe Frequenzkonstanz ermöglichen auch das zuverlässige Einstellen sehr kleiner Frequenzschritte. Digital-

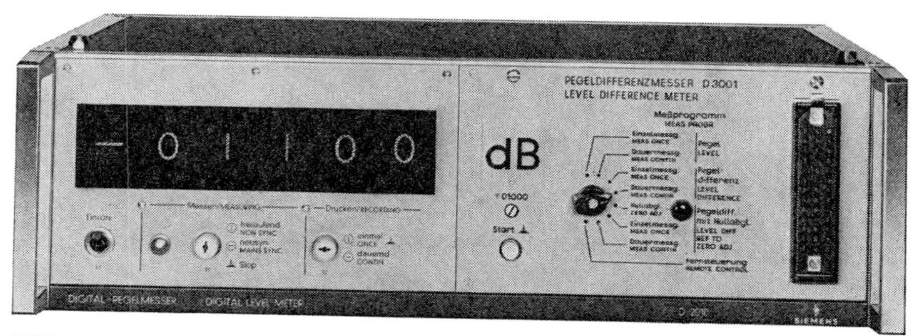

Bild 34 Digital-Pegelmesser für Pegel- und Pegeldifferenzmessungen

Meßsender sind die idealen Meßstromquellen für Meßautomaten. Sender mit rascher Frequenzumsteuerung eignen sich zudem als Wobbelsender und ermöglichen einfaches programmiertes Wobbeln.

Bei selektiven Spannungsmessungen an Vierpolen, bei denen eine Abstimmung des Meßempfängers auf die Frequenz notwendig ist, erreicht man eine möglichst unmittelbare Anzeige des Meßwerts durch eine *Abstimmautomatik* (automatic tuning mechanism), die beim Einstellen der Meßfrequenz am Meßsender den Empfänger synchron und automatisch auf diese Frequenz mit abstimmt. Selektive Messungen lassen sich damit ähnlich einfach wie Breitbandmessungen durchführen.

5. Analog-Digital-Umsetzung

Bei der *Analog-Digital-Umsetzung* (analog-to-digital conversion) in Meßgeräten wird das aufbereitete Analogmeßsignal in ein quantisiertes und codiertes Signal umgesetzt. Die wichtigsten Forderungen an den Analog-Digital-(A/D-)Umsetzer (analog-to-digital converter, ADC) sind hohe Genauigkeit, kleine Umsetzzeit; diese widersprechen einander, so daß wirtschaftliche und technische Überlegungen zu einer Vielzahl von Umsetzverfahren geführt haben. Verfahrenstechnisch sind Amplituden-, Zeit- und Frequenzverfahren zu unterscheiden.

Beim *Amplitudenverfahren* (amplitude comparison method) wird die Meßgröße in einem Regelkreis so lange mit einer stufenweise veränderbaren Normalgröße vergleichen, bis beide — vom Quantisierungsfehler abgesehen — übereinstimmen. Bewertung und Zählung der hierzu notwendigen Stufen des Normals liefern den Digitalwert. A/D-Umsetzer nach diesem Verfahren sind Momentanwert-Umsetzer (s. S. 87). Die erzielbare Genauigkeit hängt im Grenzfall nur von der Genauigkeit der Normale ab. Die Anzahl der Vergleichsnormale und die der Meßschritte können in weiten Grenzen variieren.

Beim *Zeitverfahren* (time interval method) wird die Meßgröße in eine Zeitspanne umgesetzt und diese z.B. dadurch digital gemessen, daß ihr Anfang für eine Wechselspannung konstanter Frequenz ein Tor öffnet und ihr Ende das Tor wieder schließt. Die Anzahl der durchgelassenen Schwingungen gibt den Meßwert (Frequenzzähler). Nach diesem Verfahren werden sowohl Momentanwert- als auch integrierende Umsetzer gebaut.

Beim *Frequenzverfahren* (frequency method) wird die Meßgröße in eine Frequenz umgesetzt und mit Frequenzzählern unmittelbar digital gemessen. A/D-Umsetzer nach diesem Verfahren sind immer integrierende Umsetzer (s. S. 87).

Der *Stufen-Umsetzer* (incremental-step converter) arbeitet nach dem Amplitudenverfahren. Seine Arbeitsweise (vgl. Bild 35) entspricht der eines Gleichspannungskompensators. Die unbekannte Spannung U_x und die Kompensationsspannung U_K liegen am Eingang eines Differenzverstärkers (Komparator). Dessen Ausgangsspannung speist eine Steuerlogik, die einen Stufenspannungsteiler solange verändert, bis U_K gleich U_x ist. Der Spannungsteiler liegt an einer sehr genauen und konstanten Referenzspannung U_R. Als solche fungiert meist eine temperaturkompensierte Kombination von Widerständen und Zenerdioden, eine sogenannte Referenzdiode. Ihre Genauigkeit und die des gesteuerten Spannungsteilers bestimmen die erreichbare Umsetzgenauigkeit. Die Präzisionswiderstände des Spannungsteilers sind entsprechend dem gewählten Code gestuft; sie werden von der Steuerlogik nach einem Abgleichprogramm ein- und ausgeschaltet.

Im Prinzip kann man diesen A/D-Umsetzer auch als Digital-Analog-Umsetzer auffassen, der die von der Steuerlogik eingestellten, codierten Schalterstellungen des Stufenspannungsteilers in eine analoge Spannung U_K umsetzt und diese solange verändert, bis U_K gleich U_x ist.

Kompensatoren, die Ströme statt Spannungen vergleichen, sind dann zweckmäßiger, wenn — um eine möglichst kurze Umsetzzeit zu erreichen — anstelle mechanischer Schalter elektronische verwendet werden sollen.

Der *Sägezahn-Umsetzer* (sawtooth converter) arbeitet nach dem Zeitverfahren (Bild 36); er ist ein Momentanwert-Umsetzer. Die zu messende Gleichspannung U_x wird mit einer von 0 V aus zeitlinear ansteigenden Vergleichsspannung U_v im Meßwertkomparator verglichen. Erreicht diese nach der Zeit Δt den Wert U_x, dann bringt eine von dem Meßwertkomparator angestoßene Kippschaltung die Vergleichsspannung wieder

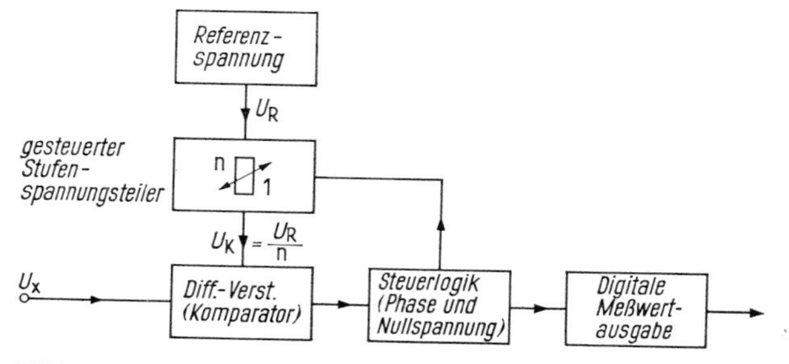

Bild 35 Grundschaltung eines Stufen-Umsetzers

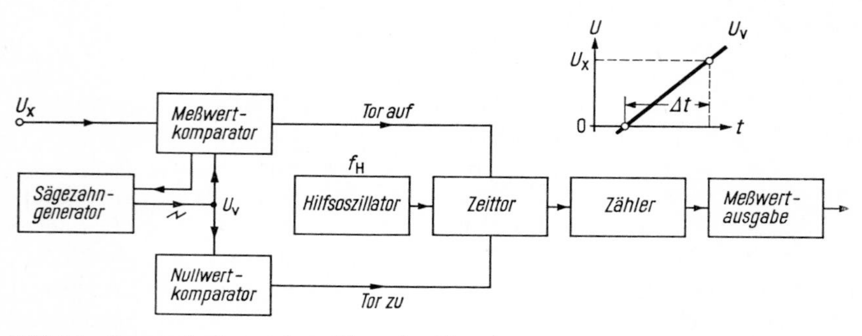

Bild 36 Grundschaltung eines Sägezahn-Umsetzers

auf ihren Anfangswert; der Anstieg beginnt von neuem. Es entsteht im Sägezahngenerator die Spannung U_v, die über den Meßwert- und Nullwertkomparator ein Zeittor steuert. Das Tor öffnet sich, wenn U_v gleich 0 ist; es schließt sich bei U_v gleich U_x. Während der Öffnungszeit Δt werden in einem Zähler äquidistante Impulse eines sehr frequenzgenauen Hilfsoszillators aufsummiert. Das Zählergebnis wird in der Meßwertausgabe digital gespeichert und ausgegeben; es ist abhängig von der Hilfsfrequenz f_H und der Zählzeit Δt, die der zu messenden Spannung, genauer gesagt ihrem Momentanwert beim Vergleich $U_x = U_v$, direkt proportional ist. Die Umsetzung arbeitet um so genauer, je linearer die Sägezahnspannung verläuft, je größer das Auflösungsvermögen sowie die Konstanz der Komparatoren und je höher und genauer die Hilfsfrequenz f_H ist.

Das *Dual-Slope-Verfahren* (dual-slope method), eine Auf-Ab-Integration, ergibt eine integrierende Spannung-Zeit-Umsetzung. Bild 37 zeigt den

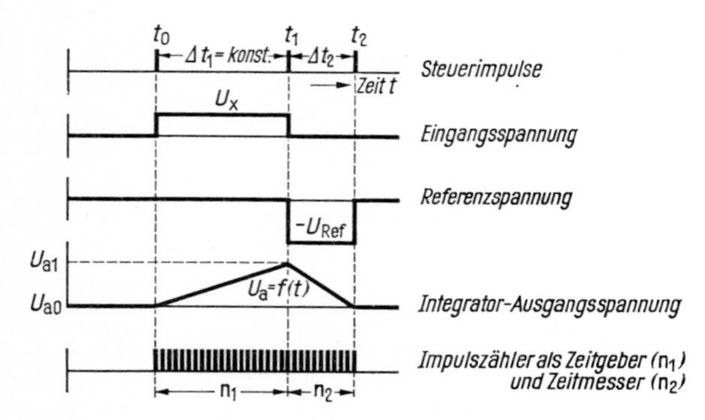

Bild 37 Zeitlicher Ablauf des Meßvorgangs beim Dual-Slope-Verfahren

zeitlichen Ablauf des Meßvorgangs, Bild 38 die Grundschaltung. Zunächst wird die zu messende Spannung U_x über ein vorgegebenes Zeitinterval $\Delta t_1 = t_1 - t_0 =$ konstant integriert. Die Integratorausgangsspannung $U_{a1} = \int_{t=t_0}^{t=t_1} U_x \, dt$ ist proportional der mittleren Eingangsspannung U_x. Nach dem Zeitintervall Δt_1 — eingestellt durch die Frequenz des Hilfsoszillators und eine vorgegebene Zählrate n_1 des torgesteuerten Zählers — legt die Steuerschaltung (Logikbaugruppe) eine Referenzspannung mit entgegengesetzter Polarität an den Eingang des Integrators. Dadurch nimmt seine Ausgangsspannung U_a vom Wert U_{a1} aus linear mit der Zeit ab und erreicht nach dem Zeitintervall Δt_2 den Wert Null. Das Intervall Δt_2 wird im selben Zähler auf die gleiche Weise wie vorher als Zählrate n_2 gespeichert. Die zu messende Spannung U_x ergibt sich dann zu

$$U_x = U_{Ref} \cdot \frac{n_2}{n_1}. \tag{107}$$

Gleichung (107) zeigt, daß weder Taktfrequenz noch Integrationskonstante in das Meßergebnis eingehen. Die Frequenz muß nur während der Meßperiode konstant sein. Nach diesem Verfahren lassen sich relativ einfache A/D-Umsetzer mit guter Meßgenauigkeit bauen, denn die meisten Unsicherheiten kompensieren sich.

Zur Grundschaltung eines Dual-Slope-Umsetzers, dargestellt in Bild 38, diese Hinweise: Ein Startsignal löst die Umsetzung aus. Die Vorderflanke des Startimpulses stellt den Zähler auf Null, die Rückflanke den Integrator betriebsbereit zur Auf-Integration. Gleichzeitig legt die Steuerschaltung die zu messende Spannung $+U_x$ an den Integratoreingang und öffnet das Tor der Zählschaltung (Zeitpunkt t_0). Beim

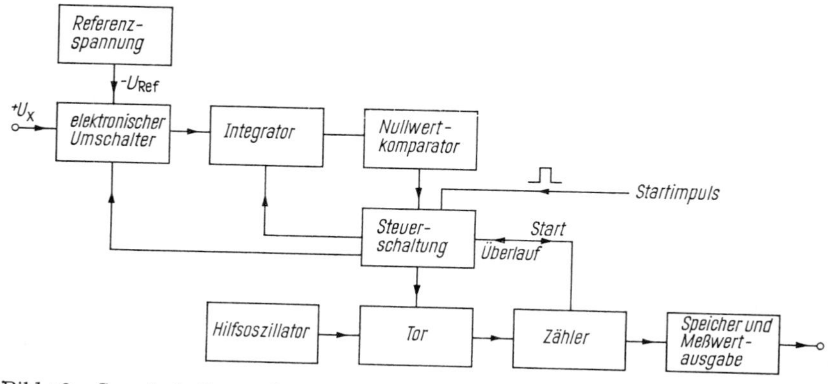

Bild 38 Grundschaltung eines Dual-Slope-Umsetzers (Auf-Ab-Integrator)

Zählerüberlauf (Zeitpunkt t_1) ist die Auf-Integration beendet und der elektronische Umschalter wird von $+U_x$ auf $-U_{Ref}$ geschaltet. Von diesem Zeitpunkt t_1 an beginnt die Ab-Integration bis zur Spannung Null. Der Nullwertkomparator schließt das Tor (Zeitpunkt t_2). Während der Zeitspanne $\Delta t_1 = t_1 - t_0 =$ konstant arbeitet der Zähler als Zeitgeber; von Zeitpunkt t_1 an startet der Zähler erneut von Null aus und mißt $\Delta t_2 = t_2 - t_1$, in der die Meßordnung als Spannung-Zeit-Umsetzer arbeitet. Das digital gespeicherte Meßergebnis wird über die Meßwertausgabe weiterverarbeitet.

Eine der vielen Möglichkeiten, eine analoge Meßgröße — z.B. eine Gleichspannung — in eine Frequenz umzusetzen, also einen *Spannungs-Frequenz-Umsetzer* (voltage-frequency converter) zu verwirklichen, zeigt Bild 39. Dieses Verfahren wird bei der automatischen Messung von Fernsprechleitungen zur Meßwertübertragung angewendet. Man gibt hier die zu messende positive Gleichspannung mit einem gesteuerten elektronischen Umschalter abwechselnd auf den Plus- und Minus-Eingang eines Integrators (integrierenden Operationsverstärkers). Liegt die Eingangsspannung am Plus-Eingang, dann steigt die Integrator-Ausgangsspannung proportional der Eingangsspannung an; liegt sie am Minus-Eingang, dann fällt die Integrator-Ausgangsspannung in gleicher Weise ab.

Zwei Komparatoren vergleichen die Ausgangsspannung jeweils mit einer positiven und negativen Referenzspannung. Überschreitet die ansteigende Integrator-Ausgangsspannung die positive Referenzspannung, dann schaltet der elektronische Umschalter, vom entsprechenden Komparator über einen Flip-Flop gesteuert, die Eingangsspannung auf den anderen Eingang des Integrators; die Ausgangsspannung fällt zeitlinear ab. Unterschreitet sie die negative Referenzspannung, dann schaltet ein weiterer Komparator den elektronischen Schalter wieder in die Aus-

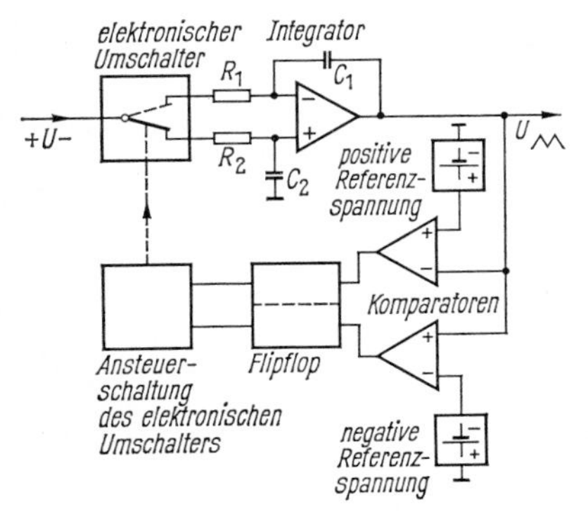

Bild 39 Grundschaltung eines Spannungs-Frequenz-Umsetzers

gangslage. Es entsteht also eine dreieckförmige Ausgangsspannung, deren Änderungsgeschwindigkeit beim Anstieg und Abfall gleich groß und proportional der Eingangsspannung ist. Bei konstanten Referenzspannungen ist die Frequenz der Dreieckspannung direkt proportional der Eingangsspannung.

Für die Genauigkeit der Gleichspannungs-Frequenzumsetzung sind in erster Linie die Widerstände R_1, R_2, die Kondensatoren C_1, C_2 und die Referenzspannungen maßgebend. Die temperaturabhängige Offsetspannung des Integrators geht in erster Näherung nicht in die Genauigkeit der Umsetzung ein, da sie sowohl beim Anstieg als auch beim Abfall der Dreieckspannung wirksam ist.

Beim *stochastisch-ergodischen Umsetzer* (stochastic-ergodic converter) schließlich handelt es sich um einen A/D-Umsetzer, der eine analoge stationäre Meßgröße in eine digitale Zufalls-Impulsfolge umsetzt, die der Meßgröße direkt proportional ist (Näheres über stochastisch-ergodische Verfahren s. S. 110).

Bei der *Meßwerterfassung* ist, wie schon erwähnt, in bezug auf den Charakter des Meßwerts zwischen Momentanwert- und integrierenden Umsetzern zu unterscheiden:

Der *Momentanwert-Umsetzer* (instantaneous-value converter) erfaßt Augenblickswerte der Meßgröße; er ist daher empfindlich für Störspannungen, die der zu messenden Spannung überlagert sind. Alle Umsetzer nach dem Amplituden-Verfahren z.B. Stufen-Umsetzer, Sägezahn-Umsetzer, sind Momentanwert-Umsetzer. Mit ihnen lassen sich relativ kurze Umsetzzeiten, rasche Meßfolgen und hohe Umsetzgenauigkeiten erzielen.

Der *integrierende Umsetzer* (integrating converter) bildet das Integral oder den Mittelwert der Meßgröße über eine bestimmte Zeit, die *Integrationszeit*. Er wird vorzugsweise dort angewendet, wo Störspannungen das Meßergebnis verfälschen könnten, auch dort, wo der Mittelwert einer zeitlich stark schwankenden Meßgröße, z.B. die Geräuschspannung, gemessen werden soll; in diesem Fall wird das Meßergebnis durch die Angabe der Integrationszeit erst eindeutig.

Der *Einfluß sinusförmiger Störspannungen* auf das Meßergebnis in Abhängigkeit von der Integrationszeit ist aus Gleichung (108) ersichtlich:

$$F_{\max} = \frac{\hat{U}_S}{U_M} \cdot \frac{\sin \pi \cdot f_s \cdot T_i}{\pi \cdot f_s \cdot T_i} \tag{108}$$

Der maximal mögliche Meßfehler $F_{\max}$, bezogen auf die zu messende Gleichspannung U_M, nimmt also mit wachsendem Produkt aus Stör-

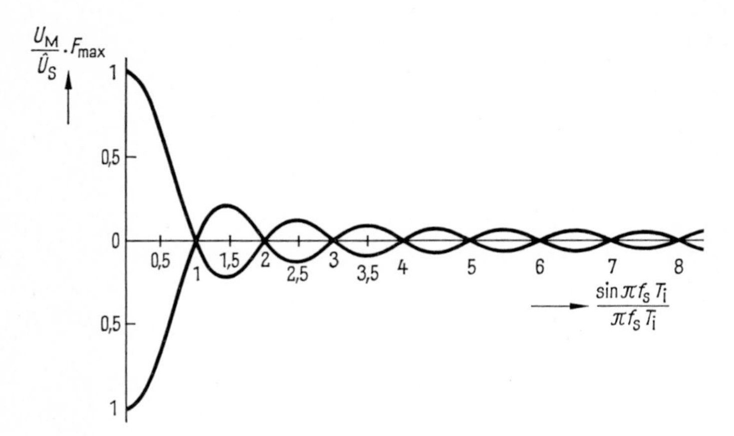

Bild 40 Verlauf von $\frac{U_M}{\hat{U}_S} \cdot F_{max}$ in Abhängigkeit von $\frac{\sin \pi \cdot f_s \cdot T_i}{\pi \cdot f_s \cdot T_i}$

frequenz f_s und Integrationszeit T_i ab; er wird jeweils Null, wenn die Integrationszeit ein ganzzahliges Vielfaches der Periodendauer der Störspannung ist: $F_{max} = 0$ für $f_s \cdot T_i = n$ (n = 1, 2, 3, ...). $\hat{U}_s$ ist der Scheitelwert einer sinusförmigen Störspannung. Bild 40 zeigt den charakteristischen Verlauf von $\frac{U_M}{\hat{U}_S} \cdot F_{max}$ in Abhängigkeit von $\frac{\sin \pi \cdot f_s \cdot T_i}{\pi \cdot f_s \cdot T_i}$.

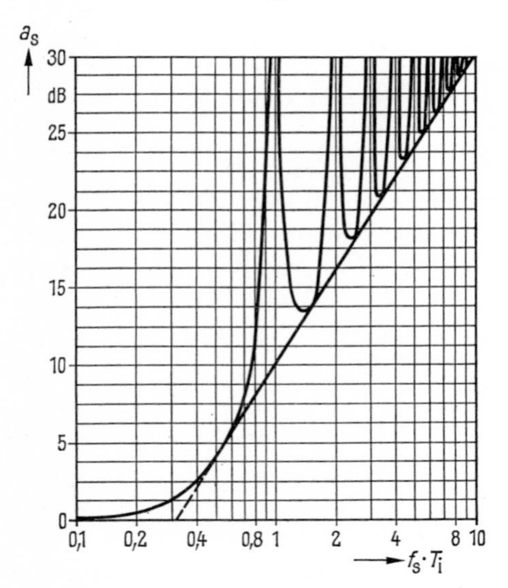

Bild 41 Störspannungsdämpfung a_s eines integrierenden Analog-Digital-Umsetzers

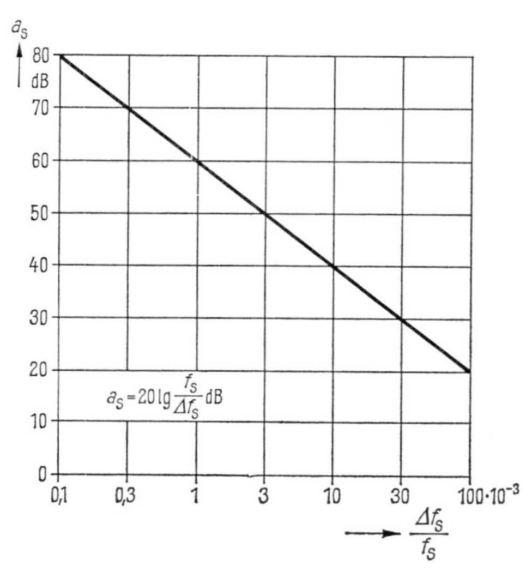

Bild 42 Störspannungsdämpfung a_s eines integrierenden Analog-Digital-Umsetzers bei geringer Differenz zwischen Integrationszeit und Periodendauer der Störspannung

Der Störspannungseinfluß läßt sich anschaulich durch die Kurve der Störspannungsdämpfung a_s beschreiben (Bild 41). Die Tangente an die Dämpfungsminima hat eine Steigung von 6 dB/Oktave und schneidet die Abszisse im Punkt $n = \frac{1}{\pi}$.

Im allgemeinen ist man bestrebt, die Umsetzzeit möglichst kurz zu halten. Mit $f_s \cdot T_i = 1$ ergibt sich z.B. bei einer Störfrequenz von 50 Hz die Zeit $T_i = 20$ ms. Die Störspannungsdämpfung erscheint zunächst unendlich groß.

Infolge unvermeidlicher geringer Schwankungen der Störfrequenz (Netzfrequenz) bleibt sie aber endlich; sie ergibt sich (vgl. Bild 42) in der Umgebung der ersten Polstelle aus der Frequenzabweichung Δf_s näherungsweise zu

$$a_s = 20 \lg \left| \frac{\Delta f_s}{f_s} \right| \text{dB}. \tag{109}$$

Durch Synchronisieren (Triggern) des Integrationsbeginns mit der Nullphase der Störfrequenz kann man die Stördämpfung bei den Polstellen noch wesentlich vergrößern. Wählt man $T_i \ll \frac{1}{f_s}$, dann mißt der integrierende Umsetzer näherungsweise den Momentanwert. Sind die Störspannungen undefiniert in Amplitude und Frequenz, dann wird eine Messung über längere Zeit genauer.

6. Messen mit Automaten

Ziel der Meßautomatisierung ist es, die Meßgenauigkeit noch weiter zu steigern, menschliche Irrtümer auszuschalten und die Meßzeiten zu verkürzen. Es gibt auch viele Fälle, in denen die sinnvolle Prüfung einer elektrischen Anlage ohne Meßautomatisierung gar nicht mehr möglich ist, z.B. bei einer Datenverarbeitungsanlage mit ihren vielen integrierten Schaltkreisen. Ein späterer Schritt wird sein, aus den Meßergebnissen die notwendigen Veränderungen im Übertragungssystem oder den Abgleich von Bauelementen im Prüffeld ebenfalls automatisch vorzunehmen (geschlossener Regelkreis).

Die Meßautomaten müssen besonders zuverlässig messen, da Störeinflüsse nicht mehr subjektiv erkannt werden. Und sie müssen sehr betriebssicher arbeiten, da ihr Ausfall z.B. den Fertigungsablauf im allgemeinen wesentlich mehr stört als der Ausfall eines Handmeßplatzes.

Grundbausteine sind *digital anzeigende Meßgeräte*. Hinzu kommen *Steuergeräte*; diese bilden beim Meßvorgang die Hand- und Kopfarbeit nach, die sonst der Mensch zu leisten hat. Über eine Meßprogrammeingabe (vgl. Bild 43) erfährt der Automat, was er schrittweise tun soll. Das Meßprogramm dafür ist in einer einfachen, sinnvollen Programmiersprache auf einem Programmträger (z.B. einem Lochstreifen) gespeichert; dieser wird einem Programmleser zugeführt. Ein Code-Umsetzer übersetzt die problemorientierte Programmiersprache in die Maschinensprache, damit der Automat über die Meßablaufsteuerung an den Meßgeräten die programmierten Einstellungen (Frequenz, Pegel, Dämpfung usw.) vornehmen, das Meßobjekt über ein Schaltfeld in die erforderliche Meßschaltung einfügen, ferner die Meßergebnisse entsprechend der geplanten Meßwertverarbeitung sortieren und ausgeben kann.

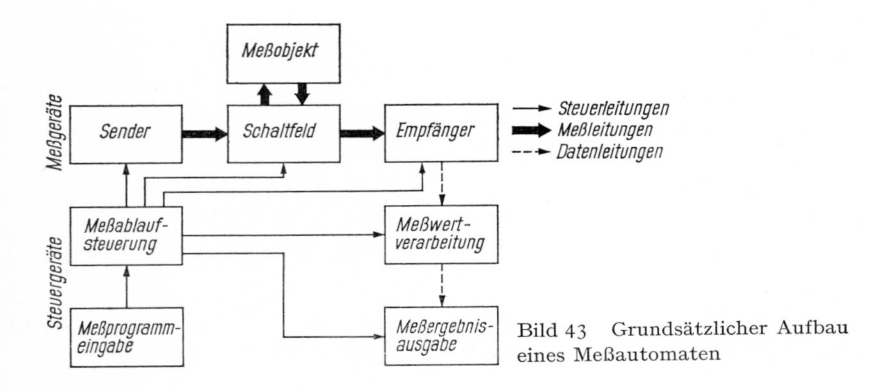

Bild 43 Grundsätzlicher Aufbau eines Meßautomaten

Alle Bausteine des Meßautomaten müssen programmierbar — zumindest aber fernsteuerbar — sein. Das sind Forderungen, die den grundsätzlichen Aufbau der Meßgeräte wesentlich beeinflussen.

Neben der Hardware ist die Software, die Vorarbeit zur Erstellung der Meßprogramme, von gleicher Bedeutung. Wichtig ist ferner, daß man den Meßautomaten für weitere Aufgaben möglichst einfach herrichten oder erweitern kann. Meßablaufsteuerung und Meßwertverarbeitung werden bei umfangreicheren Aufgaben und vielseitigen Anforderungen und auch im Hinblick auf eine ausbaufähige Anlage am zweckmäßigsten von einem Rechenautomaten (Digital-Rechner) übernommen. Ein Rechner ermöglicht es zusätzlich, den Automaten ohne besondere Schwierigkeiten neuen Meßaufgaben anzupassen, systematisch Meßfehler im Meßergebnis zu eliminieren und die Meßwerte zur Verarbeitung aufzubereiten.

Meßautomaten nach dem *PEGAMAT-System* (Bild S. 2 u. 93) sind durch große Flexibilität gekennzeichnet; sie lassen sich ebenso einfach aufbauen, umbauen und erweitern wie Handmeßplätze. Der Grundgedanke dieses Aufbausystems besteht darin, zwischen den steuerbaren Meßgeräten und den Steuergeräten Standard-Schnittstellen zu schaffen, die unabhängig sind von der Anzahl und der Art der zu steuernden Meßgeräte und Funktionen und vom Komfort der Meßwertverarbeitung.

Als Programmträger dient ein im Anbaulocher einer Fernschreibmaschine gestanzter 5-Spur- oder 8-Spur-Lochstreifen. In ihm wird das gesamte Meßprogramm seriell, Schritt für Schritt, im Fernschreibcode gespeichert. Am mitgeschriebenen Klartext läßt sich kontrollieren, ob die Lochung richtig ist. Die Meßanweisung besteht aus Programmwörtern einer einfachen, sinnfälligen, alphanumerischen Programmiersprache. Jedes Programmwort gliedert sich in einen Adressen- und einen Befehlsteil. Der aus zwei Buchstaben zusammengesetzte Adressenteil kennzeichnet das anzusteuernde Gerät (1. Buchstabe) und das an diesem Gerät zu betätigende Einstellelement (2. Buchstabe). Der Befehlsteil aus einer Anzahl Ziffern sagt dem durch die Adresse angesprochenen Einstellelement, wie es sich einstellen soll.

Ein Befehlswort-Umsetzer — Teil des Bedienungsfeldes — setzt das sinnfällige Prüfwort selbsttätig in ein Maschinenwort mit einer einheitlichen Länge um. Dieses Wort gelangt über die Ringleitung für Adressen und Befehle gleichzeitig an *alle* steuer- und programmierbaren Geräte des Meßautomaten. Jedem Gerät sind ein Adressenerkenner und ein elektronischer Speicher zugeordnet. Nur wenn der Adressenerkenner seine Adresse in dem Maschinenwort vorfindet, übernimmt er den Befehl, speichert ihn und gibt ihn an das adressierte Einstellelement weiter. Der Befehl bleibt solange gespeichert, bis eine neue Information eintrifft. Den Takt für den gesamten Programmablauf gibt der Rechner, der u. a. als zentrales Steuerorgan verwendet wird.

Die von den Meßgeräten codiert gelieferten Meßwerte werden — zentral gesteuert vom Rechner — über eine Datenleitung abgefragt und auf einer Fernschreibmaschine als Protokoll (Bild 32, S. 79) im Klartext geschrieben oder/und in einem Lochstreifen gespeichert. Der Rechner dient auch zur Meßwertverarbeitung. Mit ihm lassen sich Maximal- und Minimalwerte erfassen, Überschreitungen von Grenzwerten feststellen, Meßwerte korrigieren und klassieren, Meßergebnisse transportieren und umspeichern, Rechenoperationen in den vier Grundrechnungsarten durchführen, arithmetische Mittelwerte bilden u. a. m.

In kleineren Meßautomaten, in denen für Steuerungsaufgaben anstelle des Rechners ein anpaßbares Steuerwerk vorgesehen ist, dient zur einfachen Meßwertverarbeitung ein Grenzwertvergleicher und zum Aufzeichnen der Meßergebnisse ein Meßwertdrucker.

Der in Bild 44 in seinem prinzipiellen Aufbau gezeigte Meßautomat enthält die wichtigsten Bausteine: einen Digital-Pegelsender (I) mit Meßfeld als fernsteuerbare Meßstromquelle, einen selektiven Pegelmesser in Verbindung mit einem Digital-Pegel- und Pegeldifferenzmesser und Digital-Phasenmesser als fernsteuerbaren Meßempfänger und ein fernsteuerbares Schaltfeld, das vollautomatisch die laut Meßprogramm notwendigen Verbindungen zwischen Sendeteil—Meßobjekt—Empfangsteil herstellt. Das Schaltfeld enthält außerdem steuerbare Hilfseinrichtungen: Meßbrücken für Reflexions- und Symmetrie-Dämpfungsmessungen, X-N-Umschalter für sehr genaue Vergleichsmessungen der Dämpfung oder Verstärkung eines Meßobjekts mit einem Normal — z. B. einer steuerbaren Präzisions-Eichleitung — und steuerbare Abschlußwiderstände.

Bei selektiven Pegelmessungen werden der Digital-Pegelsender I und der selektive Pegelmesser synchron abgestimmt (s. S. 129). Für Messungen an Modulatoren und Demodulatoren ist ein zweiter Digital-Pegelsender (II) vorgesehen. Weitere fernsteuerbare Meßgeräte (beliebiger Hersteller) oder externe Steuerfunktionen lassen sich mit Einstellspeichern in das Meßprogramm einbeziehen. Eine Meßwertanpassung paßt die Digital-Meßwertausgabe eines jeden Meßgeräts an die Geräte der Meßwertverarbeitung (im vorliegenden Fall ein Digitalrechner) an. Über die Datenleitung werden Meßwerte, Vorzeichen, Komma-Information, Einheiten u. a. übertragen und über die Rechneranpassung an den Digitalrechner geführt. Mit der Fernschreibmaschine lassen sich die rechnergesteuerten Protokolle in Klartext aufschreiben. Aufbau und Ausführlichkeit der Protokolle bestimmt der Anwender.

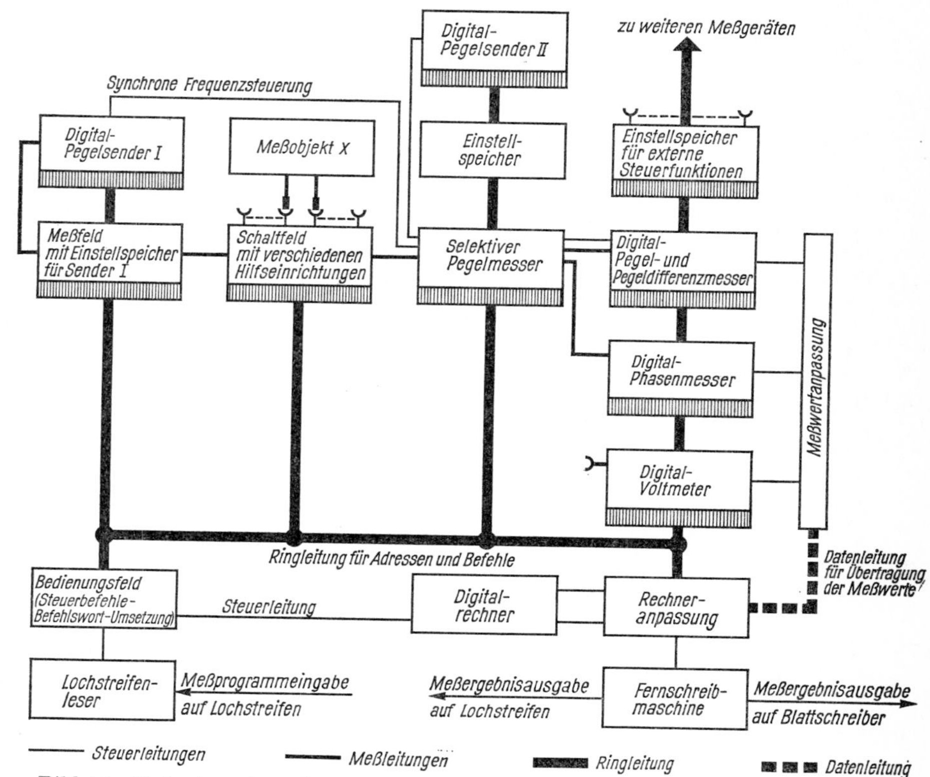

Bild 44 Meßautomat nach dem PEGAMAT-System für die Prüfung von Baugruppen, Geräten und Anlagen der Nachrichten-Übertragungstechnik

Der im Bild 44 skizzierte Meßautomat wird auch in dem Sinne weiterentwickelt, daß man — im internationalen Rahmen (IEC) — die Schnittstellen für die programmierbaren Meßgeräte standardisiert. Jedes von diesen Geräten erhält künftig ein Interface, das den Anschluß an einen gemeinsamen „Bus“ ermöglicht; auf diesem werden die Daten byte-seriell/bit-parallel übertragen.

Neben den skizzierten, für allgemeine Meßaufgaben in der Nachrichten-Übertragungstechnik konzipierten Meßautomaten sind auch spezielle Meßautomaten für die Überwachung von ausgedehnten Nachrichtennetzen in Betrieb oder in Entwicklung. Die Deutsche Bundespost plant beispielsweise eine *a*utomatische *Meß-E*inrichtung (A Meß E) für die Überwachung ihres Fernleitungsnetzes, das CCITT einen Meß- und Prüfautomaten für internationale Fernsprechleitungen (ATME No 2 — *A*UTOMATIC *T*RANSMISSION *M*EASURING AND SIGNALLING TESTING *E*QUIPMENT).

7. Pulsmeßverfahren

Unser Ohr ist weitgehend unempfindlich gegen zeitliche Verschiebungen der Teilschwingungen eines Empfangssignals untereinander; daher kann beim Hören die Gruppenlaufzeitverzerrung $\Delta\tau_g$ groß sein. Nach CCITT werden für gute monophone Musikübertragung Verzerrungen von 8 ms bei 15 kHz, 24 ms bei 75 Hz, 55 ms bei 40 Hz gegenüber einem Kleinstwert $\tau_{g\,min}$ zugelassen; bei der Übertragung von Sprachsignalen sind die Anforderungen noch geringer. Daher genügt bei Sprach- und Tonkanälen die Messung des Betriebsdämpfungsmaßes. Dies gilt sinngemäß auch für TF-Vielfachsysteme, weil die Kanal- und Gruppenfilter die Laufzeitbedingungen allemal erfüllen.

Bei Telegrafie-, Daten- und Fernsehsystemen dagegen sind die Empfänger relativ empfindlich gegenüber Formverzerrungen; dort ist neben geringer Dämpfungsverzerrung auch geringe Gruppenlaufzeitverzerrung wichtig. Alle Frequenzen des Sendesignals in Form von Pulsen oder Pulsgruppen müssen also zur gleichen Zeit ankommen, d. h., der Amplitudenverlauf des Empfangssignals in Abhängigkeit von der Zeit muß dem Sendesignal sehr genau entsprechen.

Das gleiche gilt für die Pulse der Pulsmodulationssysteme, bei denen z.B. ein Sprachsignal zeitlich begrenzten Pulsen aufmoduliert ist. Bei Vielkanalpulssystemen muß außerdem eine frequenzmäßige und zeitliche Begrenzung der verschiedenen Pulse erfüllt sein und erhalten bleiben, damit gegenseitige Störungen (z.B. Nebensprechen) vermieden werden. Dies wird weitgehend von Pulsen $\tau = 1/f_G$ erfüllt, die durch Filter mit der Grenzfrequenz f_G mit $\cos^2$-förmigem Übertragungsfaktor oder Gaußschem Übertragungsfaktor $A(\omega) \sim e^{-\omega^2}$ geformt sind. Hinsichtlich des Aufwands und des Frequenzbandbedarfs ist ein Übertragungsfaktor am günstigsten, der zwischen den beiden genannten liegt. Die Lösung wird durch die Tatsache begünstigt, daß bei hohem Dämpfungsmaß $a \sim \omega^2$ Abweichungen vom idealen Übertragungsfaktor entsprechend geringen Einfluß auf die Impulsform haben. Das Bild 45 macht die frequenzmäßige Begrenzung der Linienspektren des $\cos^2$-Pulses gegenüber dem Rechteckpuls deutlich.

Liefert ein Impulsformer ausreichend zeitlich und frequenzmäßig begrenzte Pulse, so erfahren diese in einem Pulsübertragungssystem mit entsprechendem Übertragungsfaktor keine unzulässigen Verzerrungen. Zur Beurteilung der Übertragungsgüte von Pulssystemen reicht also die Messung der Dämpfungsverzerrungen Δa_B allein nicht aus; zusätzlich ist die Gruppenlaufzeitverzerrung $\Delta\tau_g$ zu messen. Bei der Entwicklung, Prüfung und Einrichtung von Pulsübertragungssystemen mißt man deshalb in der Regel die Dämpfungs- *und* die Gruppenlaufzeitverzer-

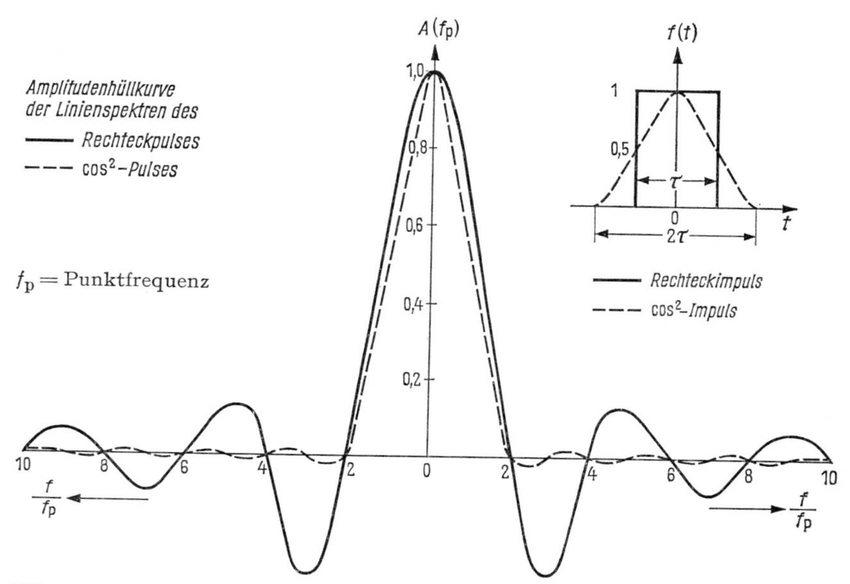

Bild 45 Frequenzmäßige Begrenzung der Linienspektren des cos²-Pulses gegenüber dem Rechteckpuls

rungen im Wobbelverfahren. Zur Betriebsüberwachung der Systeme jedoch wäre dieses Meßverfahren zu zeitraubend; die Meßkurven für Δa_B und $\Delta \tau_g$ geben auch keine unmittelbare Aussage (kein anschauliches Bild) über die Impulsverzerrung. Meßpulse oder -pulsgruppen sind zur laufenden Kontrolle wesentlich besser geeignet, denn die Güte des Übertragungssystems läßt sich z.B. bei PPM, PAM, PDM usw. unmittelbar an der Form der empfangenen Pulse beurteilen. Bei PCM-Systemen ist eine Beurteilung der Pulse in den Zwischenstufen des Sende- und Empfangssystems möglich, und zwar dort, wo die Nachrichtensignale als PAM-Signale vorliegen.

Weil $\cos^2$-Pulse den Betriebssignalen angenähert entsprechen, sind sie auch als Meßpulse zur Beurteilung des Komplexen Betriebsdämpfungsmaßes $g_B = f(\omega)$ von Übertragungssystemen sehr geeignet. Durch entsprechende Wahl der Pulsfrequenz und -dauer können sie in ihrem Frequenzinhalt dem Frequenzbereich des Systems angepaßt werden. Mit besonderen Testsignalen läßt sich auch die Linearität in Abhängigkeit von der Aussteuerung schnell messen.

Für den Bereich der Fernseh-Meßtechnik sind vom CCITT und CCIR verschiedene Prüfsignale für Überwachungsmessungen festgelegt (s. S. 192

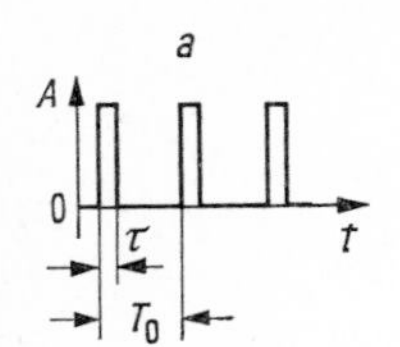

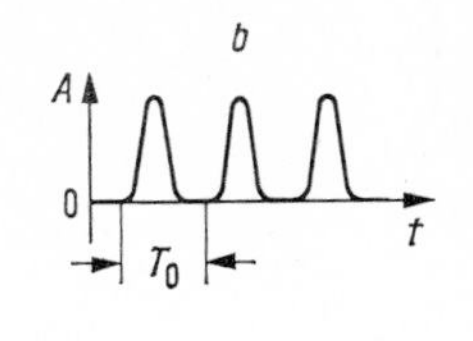

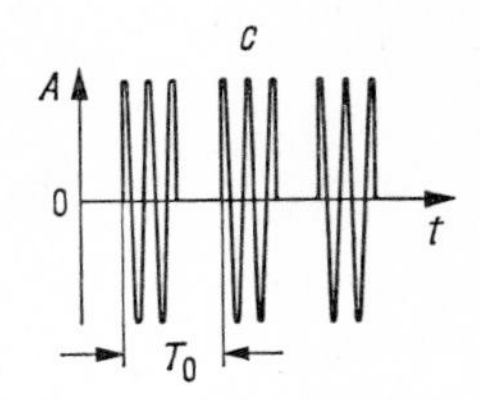

Bild 46 Zum Begriff Puls: a Rechteckpuls, b $\cos^2$-Puls, c Schwingungspuls

und folgende). Mit ihnen lassen sich am Oszillographen auch Störsignale und über lange Strecken ein Mitfluß erkennen. Toleranzschablonen für jedes Testsignal erleichtern die Fehlerbeurteilung.

Bei *Messungen an Pulsübertragungssystemen* besteht die Hauptaufgabe darin, die im Sendesystem erzeugten Pulse mit einem Oszillographen auf den Grad ihrer Verzerrung auszumessen, ebenso die von einem Puls-Meßsender im Empfangssystem verzerrten Pulse. Für die Messungen an Pulsübertragungssystemen und für die Fehlerortung wurden besondere Begriffe geprägt, z.B. diese:

Sprung (jumb): ein konstanter Augenblickswert nimmt bei einem bestimmten Zeitpunkt einen anderen konstanten Wert an; eine Sprungfolge kann aus Rechteckwellen bestehen.

Impuls (pulse): ein einmaliger, stoßartiger Vorgang endlicher Dauer; er ist durch seine Form, Amplitude, Dauer und den Zeitpunkt seines Auftretens gekennzeichnet.

Impulsdauer (pulse duration) τ: die Spanne zwischen den Zeitpunkten auf der Vorder- und Rückflanke eines Impulses, in denen der Augenblickswert 50% des Höchstwertes annimmt, sofern nicht eine andere Zahl festgelegt ist.

Puls (pulse sequence): eine periodische Folge von Impulsen (Bild 46); er kann durch seine Amplitude, durch Nullphase und Frequenz seiner Grundschwingung, ferner durch das Tastverhältnis oder den Tastgrad und die Impulsform gekennzeichnet werden.

Punktfrequenz (point frequency) f_p: der Kehrwert der doppelten Dauer τ des Rechteck- oder Cosinusimpulses $\triangleq \cos^2$-Impulses. Bei der Punktfrequenz des $\cos^2$-Pulses ist die Spektralamplitude auf den relativen Wert 0,5 abgefallen, beim Rechteckpuls auf den Wert $2/\pi$ ($\approx 0{,}64$).

Pulsfrequenz (Impulsfolgefrequenz) (pulse repetition rate): bei gleichmäßigem Abstand T_0 von Pulsen der Kehrwert der Periodendauer T_0; also $f = 1/T_0$.

Tastung (keying): die Bildung von Signalen durch Schalten eines Gleichstroms oder einer Schwingung.

Tastverhältnis (pulse duty ratio): das Verhältnis der Impulsdauer τ zur Periodendauer T_0, also τ/T_0; allgemein gelten bei modulierten Pulsen die Mittelwerte. *Tastgrad* (reciprocal pulse duty ratio) ist der Kehrwert vom Tastverhältnis, also T_0/τ.

Zeithub (time deviation) ΔT: bei PPM die Zeitverschiebung eines Pulses aus seiner Normallage.

Quantisierung (quantizing): der Vorgang bei PCM, bei dem der Amplitudenbereich einer Schwingung in eine endliche Anzahl kleinerer Teilbereiche unterteilt wird und von denen jeder durch einen einzigen zugeordneten Wert innerhalb des Teilbereiches dargestellt wird.

Quantisierungsverzerrung (quantizing distortion): die durch den Quantisierungsvorgang hervorgerufene Verzerrung; Quantisierungsgeräusch; (Messung s. S. 148).

Aussteuerungsgrenze (load capacity): der höchst zulässige Pegel n eines Sinussignals, wenn dieses den ganzen Arbeitsbereich des Codierers aussteuert, z.B. bei PCM 30 die 256 Quantisierungsstufen.

Jitter (jitter): Phasenschwankungen der übertragenen Pulse.

Jitterunterdrückungsfaktor (jitter suppression factor) K: der Quotient aus den Beträgen von Ausgangsjitter Δ_A zu Eingangsjitter Δ_E; also $K = \frac{\Delta_A}{\Delta_E}$.

Übliche Messungen an einem Pulsübertragungssystem:

1. Messungen über das gesamte System vom Eingang der Modulationsseite bis zum Ausgang der Demodulationsseite mit analogem Meßsignal, wie das bei AM- und FM-Systemen üblich ist.
2. Messen der Eigenschaften der Pulse, die im Modulator erzeugt werden, und der Eigenschaften des Demodulators bei fehlerfreien Eingangspulsen, ferner Messen der Bitfehlerwahrscheinlichkeit p_{Bi} der Regeneratoren der PCM-Systeme bei überlagertem Störgeräusch und Messen des Jitterunterdrückungsfaktors K der Regeneratoren.
3. Zur Beurteilung der mit einem PCM-System zu belegenden Strecke Messungen mit einem analogen Meßsignal und mit einem Pulssignal, auch Messung des Geräusches (Impulszählung).
4. Überwachungsmessungen der Strecke mit Pulsen und Prüfsignalen, z.B. zum Messen der Bitfehlerwahrscheinlichkeit.

Zu 1. Bei diesen Messungen bestimmt man Betriebs-, Rest- und Nebensprechdämpfungsmaß sowie Laufzeitverzerrungen in Abhängigkeit von der Frequenz und Aussteuerung. Hinzu kommen Verzerrungsmessungen (z.B. Klirrfaktor und Intermodulation) und Geräuschmessungen. Für Messungen am PCM 30-System gelten die Empfehlungen G 711/712 nach CCITT-Grünbuch, Band III, 1973. Hiernach wird zusätzlich z.B. die

Quantisierungs- und Klirrverzerrung mit einem Rausch- oder Sinusprüfsignal in Abhängigkeit von der Aussteuerung gemessen. Ferner sind Decodierer und Codierer auf richtige Arbeitsweise zu prüfen; die Aussteuerungsgrenze des Codierers ist zu bestimmen. Dazu werden an den Eingang des Decodierers Codewörter gegeben, die an seinem Ausgang einem 1-kHz-Signal, 0 dBm0 entsprechen. Den Codierer prüft man in Verbindung mit dem bereits abgeglichenen Decodierer. Richtige Arbeitsweise ist gegeben, wenn ein 1-kHz-Signal, 0 dBm0 am Codierer-Eingang das gleiche Signal am Decodierer-Ausgang ergibt. Die Aussteuerungsgrenze folgt aus dem Eingangspegel, bei dem am Ausgang des Codierers gerade die Codewörter entstehen, die den höchsten Quantisierungsstufen +128 und −128 entsprechen; die Aussteuerungsgrenze $n_{\max}$ ist dann um 0,3 dB höher.

Zu 2. Bei allen Pulsmodulationssystemen ist bei diesen Messungen in den Modulations- und Demodulationsstufen das Tastverhältnis τ/T_0, die Impulsform nach Pulslänge und die Anstiegs- und Abfallzeit mit dem Oszillographen zu bestimmen. Die Meßergebnisse liefern die wichtigsten Aussagen über die Eigenschaften von Modulator und Demodulator. Bei PAM, PPM und PDM kann man bei Belegung eines Kanals und Beobachtung der Pulsformen in den Nachbarkanälen gewisse Rückschlüsse auf das Nebensprechen ziehen. Abnahmemessungen erfolgen wieder zwi-

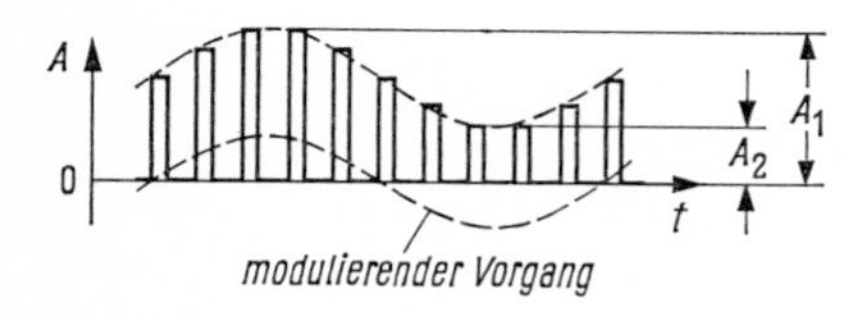

Messung von m bei unipolarer PAM;

$$m = \frac{A_1 - A_2}{A_1 + A_2}$$

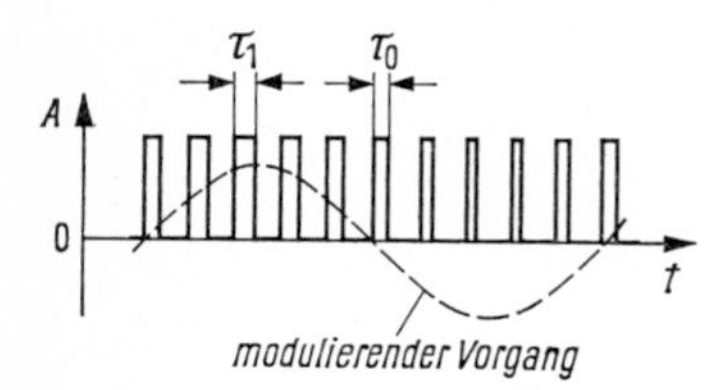

Messung von m und ΔT bei PDM;

$$m = \frac{\tau_1}{\tau_0} - 1; \; \Delta T = \tau_1 - \tau_0$$

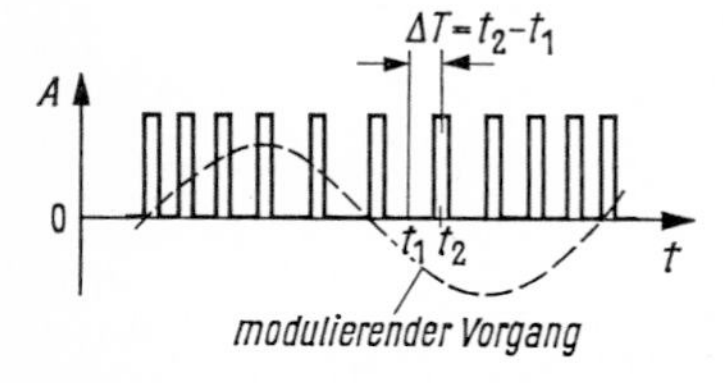

Messung von ΔT bei PPM;

$$\Delta T = t_2 - t_1$$

Bild 47 Zur Messung des Modulationsgrads m und des Zeithubs ΔT

schen Systemeingang und -ausgang. Die visuelle Beobachtung der Pulsfolgen auf vorlaufende und nachlaufende Echos liefert neben der Kenntnis der Impulsform und des Tastgrades die Aussage, ob sich die einzelnen Kanäle ohne gegenseitige Störung aneinander reihen. Der Modulationsgrad m kann bei PDM und unipolarer PAM mit dem Oszillographen gemessen werden, der Zeithub ΔT bei PDM und PPM (Bild 47).

Zum Messen des Jitterunterdrückungsfaktors K in Abhängigkeit von der Jitterfrequenz wird der Taktpuls eines Pulssenders, z. B. eines PCM-Senders, mit einem NF-Signal in der Phase moduliert. Sein Ausgangssignal liegt über dem entsprechenden Streckenabschnitt am Eingang des Regenerators, dessen Ausgangssignal am Oszillographen — synchronisiert vom Taktpuls — angezeigt wird. K ist ein Maß für die Unabhängigkeit der Phase des Regenerator-Ausgangssignals gegenüber Störsignalen am Eingang.

Eine ebenfalls wichtige Größe zur Beurteilung der Regeneratoren ist die Unabhängigkeit der Form des Ausgangssignals gegenüber Störsignalen; sie wird durch Messung der Störempfindlichkeit oder der Fehlerhäufigkeit E bei überlagertem Geräusch gemessen (Bild 48).

Das Nutzsignal hat eine Spektralverteilung, wie sie von einem rückgekoppelten Schieberegister mit einer Quasi-Zufallsfolge der Periodenlänge $(2^{13} - 1)$ bit $= 8191$ bit erzeugt wird. Der Störsender ist z. B. ein Rauschgenerator mit gleicher Spektralverteilung, wie sie das Nutzsignal hat (gefärbtes Rauschen). Das Nutzsignal speist den Regenerator über eine Kabelnachbildung und Gabel, das Störsignal diesen über ein Netzwerk, eine Eichleitung und ebenfalls die Gabel. Mit dem Pegelmesser der Bandbreite ± 2 kHz wird bei der halben Bitfolgefrequenz $f_m = 1{,}024$ MHz das Signal-Geräusch-Verhältnis gemessen. Am Ausgang des Regenerators liegt das Fehlerraten-Meßgerät mit dem gleichen vom Nutzsignal synchronisierten Schieberegister. Der Vergleicher (im Fehlerhäufigkeits-Meßgerät) gibt immer einen Impuls ab, wenn empfangenes Signal und Vergleichssignal nicht übereinstimmen. Die Fehlimpulse werden gezählt und auf eine Zehnerpotenz 10^T der Periodendauer T der Bitfolgefrequenz

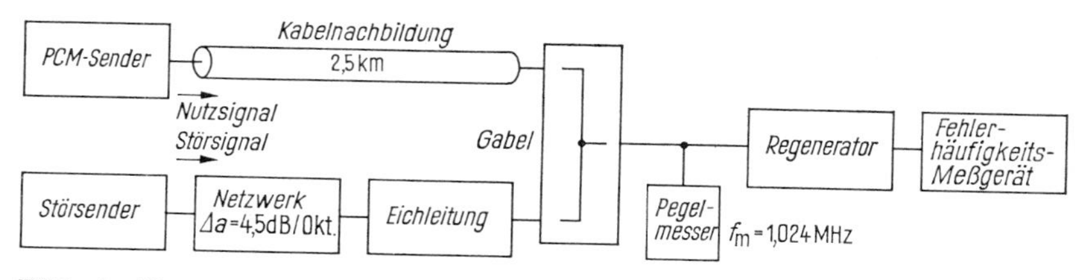

Bild 48 Messung der Fehlerhäufigkeit E als Funktion des Signal-Geräusch-Verhältnisses

bezogen. Zur Nachbildung von Nebensprechgeräusch wird dem Störsender ein Netzwerk nachgeschaltet, das die Kopplung zwischen den sich störenden Kreisen nachbildet. Sollen Störungen, die ein zweites PCM-System verursacht, nachgebildet werden, dann wählt man ein Störsignal, das dem Nutzsignal entspricht; das Netzwerk entfällt.

Zu 3. Vor der Belegung einer Strecke z.B. mit einem PCM-System genügt eine Überprüfung des Übertragungsmaßes im entsprechenden Frequenzbereich und eine Messung des Geräusches.

Zu 4. Die Überwachung der Strecke erfolgt mit Pulsgruppen, ebenso die Fehlerortung; es wird die Bitfehlerhäufigkeit gemessen. Hierbei werden binäre Signale bestimmter Folge mit austauschbaren Kennsignalen auf die Strecke gegeben. Man schaltet mit dem Kennsignal am zugehörigen Punkt eine Verbindung zwischen Hin- und Rückrichtung und vergleicht am Sendeort das Sendesignal mit dem Empfangssignal oder das Empfangssignal am Ende der Strecke mit einem Prüfsignal, das dort dem Sendesignal genau gleich und synchron erzeugt wird. Messen der Fehler- oder Bitfehlerhäufigkeit vgl. Bild 71, S. 153.

Eine gewisse Beurteilung der Nichtlinearität ist bei allen Pulsmodulationssystemen ebenfalls mit dem Oszillographen möglich. In der Regel läuft sie auf die Beobachtung hinaus, daß die Pulsauslenkungen linear mit der Aussteuerung zunehmen, was am Oszillographenbild ausgemessen werden kann. Bei PCM-Systemen gibt aber, wie bereits erwähnt, nur das PAM-Zwischensignal der Endgeräte eine gewisse Aussage über die Linearität des Systems. Beim Sendeteil wird damit der Bereich vom Eingangssignal zum PAM-Signal erfaßt; beim Empfangsteil gilt das gleiche, wenn man ihm einen normierten, linearen Sendeteil vorschaltet.

Klirrfaktoren $k < 5\,\%$ können nur durch Messung mit der Klirrfaktor-Meßbrücke oder durch Ausmessung der Teilamplituden mit einem selektiven Pegelmesser am Demodulationsausgang bestimmt werden. Zur Beurteilung des Modulators muß ein Meßdemodulator kleiner Eigenverzerrung zur Verfügung stehen und umgekehrt. Zur Messung der Nichtlinearität von Puls-Übertragungssystemen wird auch immer mehr das Rauschklirr-Meßverfahren (s. S. 66) angewendet.

Eine ganz besondere Bedeutung hat die *Anwendung von Pulsen zur Fehlerortung*. Diese ist dadurch gegeben, daß man Impulse in zeitlich wählbarem Abstand aneinanderreihen und die Zeitdifferenz zwischen einem Sendeimpuls und seinem Echosignal messen kann, z.B. zur Ortung eines fehlerhaften Verstärkers oder eines Leitungsfehlers. Zur Ortung von fehlerhaften TF-Abschnitten werden z.B. Trägerpulse (Schwingungspulse) außerhalb des eigentlichen Signalbandes übertragen. An jedem Verstärkerpunkt wird über ein besonderes Kopplungsnetzwerk der Verstärker der einen Richtung mit dem der anderen Richtung verknüpft. Die Pulse kommen entsprechend der doppelten Laufzeit in einer Richtung zum Sendeort zurück. Jedem von ihnen ist hiermit ein bestimmter Verstärker zugeordnet, so daß eine Änderung seiner Amplitude den fehlerhaften TF-Abschnitt kennzeichnet. Bei PCM-Übertragungssystemen werden – wie bereits erwähnt – zur Überwachung und zur Fehlerortung definierte Pulsgruppen angewendet und die Bitfehlerhäufigkeit gemessen.

Zum *Bestimmen der örtlichen Schwankungen des Wellenwiderstands von Kabelleitungen* wertet man ebenfalls die Reflexionen aus. Jede Fehlerstelle reflektiert entsprechend dem Reflexionsfaktor $r \approx \frac{\Delta Z}{2Z}$ einen Teil der Sendeenergie. Aus dem zeitlichen Abstand t der Echosignale zum Sendesignal – die wieder auf einem Oszillographenschirm dargestellt werden –, aus ihrer Höhe und ihrer Form läßt sich der Fehler nach Ort, Wert und Art bestimmen.

Die *Entfernung* l_x *des Fehlerorts* vom Sendeort ergibt sich als Abstand t des Echosignals vom Sendesignal auf der Zeitachse des Bildschirms. Die Ablenkspannung ist eine lineare Funktion der Zeit; die zeitliche Zuordnung zum Sendesignal erfolgt durch Synchronisation mit der Pulsfrequenz. Es ist mit v_J = Ausbreitungsgeschwindigkeit des Impulses

$$l_x = \frac{1}{2} v_J \cdot t. \tag{110}$$

Zur *Bestimmung des Wellenwiderstandswerts am Kabelanfang* wird wie bei der Messung des Reflexionsfaktors mit einer Meßbrücke bei analogem Signal der frequenzabhängige Wellenwiderstand Z_w des Meßobjekts mit einer Nachbildung Z_N (Normal) verglichen. Das Sendesignal liegt daher auch hier an einer Brückendiagonale und gelangt so zur Nachbildung und an den Kabelanfang; an die andere Diagonale ist der Empfänger angeschlossen. Im Abstimmfall wird am Empfänger der Impuls zur Zeit $t = 0$ (Sendeimpuls) unterdrückt; der Wellenwiderstand Z_w am Kabelanfang entspricht Z_N. Die reelle Komponente der Kabelnachbildung läßt sich um kleine definierte Werte verändern. Die frequenzabhängige Komponente gibt ein Netzwerk, dessen Frequenzgang dem des Kabels angepaßt ist. Bei sehr kurzen Pulsen mißt man ohne Meßbrücke und mit einem Koaxialleiter als Normal vor dem Meßobjekt.

Für den Wellenwiderstand der Koaxialkabel für Übertragungssysteme gilt für Frequenzen $f > 0{,}5$ MHz:

$$Z_w = Z_\infty + \frac{k}{\sqrt{f}} (1 - \mathrm{j}) \Omega, \tag{111}$$

hierin sind $Z_\infty = \sqrt{\frac{L'}{C'}}$ für $f \to \infty$, k eine vom Kabeltyp abhängige Konstante; f ist in Megahertz einzusetzen. Für das Kabel 2,6/9,5 gilt $k = 0{,}95\ \Omega \cdot \sqrt{\text{MHz}}$, für das Kabel 1,2/4,4 ist $k = 1{,}95\ \Omega \cdot \sqrt{\text{MHz}}$.

Der *Wellenwiderstand in Abhängigkeit des Ortes* ergibt sich aus der Amplitude der Echosignale. Ihre Bewertung ist wegen des Komplexen Wellenübertragungsmaßes $g_w = 2 \cdot l_x \cdot g'_w$ nicht unmittelbar möglich, und zwar erscheint der Reflexionsfaktor r_x im Abstand l_x um den komplexen Faktor $e^{-2 \cdot l_x \cdot g'_w}$ verkleinert. Dieser Einfluß kann manuell, rechnerisch oder automatisch berücksichtigt werden. Bei neueren Geräten wird zeitabhängig die Entzerrung automatisch so ausgeführt, daß das Kabel innerhalb des Frequenzbereichs der Pulse verzerrungsfrei erscheint. Damit ist der angezeigte Reflexionsfaktor r_A gleich dem Wert r_x am Reflexionsort. Ein Eichimpuls definierter Amplitude dient als Bezugsgröße.

Der *Charakter des Fehlers* (reell, kapazitiv, induktiv), seine örtliche Ausdehnung und seine Richtung lassen sich aus der Form, der Dauer und Richtung der Echosignale erkennen. Bei einem *Sprung als Sendesignal* und einer Wellenwiderstandsstörung ΔZ_w über die Störungslänge Δl_x ist das Echosignal ebenfalls ein Sprung von der Dauer $t = \frac{2\Delta l_x}{v_J}$. Man spricht von einem reellen Fehler $\Delta Z_w = \Delta \sqrt{\frac{L'}{C'}}$. Ist die Störungslänge so kurz, daß ihre elektrische Länge $l_x \cdot v_J \cdot c^{-1}$ ($c \approx 3 \cdot 10^8$ m/s) klein ist gegen die Ausdehnung $\tau_A \cdot v_J$ der Anstiegsflanke der Dauer τ_A, so fallen Anstieg und Abfall des Echosignals zusammen. Das angezeigte Echosignal entspricht in seiner Form der differenzierten Anstiegsflanke des Meßsignals. Bei negativem Puls spricht man von kapazitivem Fehler oder Kapazitätsüberschuß, bei positivem Puls von induktivem Fehler, bezogen auf den Wert $\sqrt{L'/C'}$ in der Nachbarschaft der Störungsstelle. Da die Pulssignalleistung proportional dem Tastgrad T_0/τ ist, wählt man aus energetischen Gründen und nach CCITT je nach Kabeltyp und unterschiedlich je nach Länge und Strecke $\sin^2$-Pulse $\hat{=}$ $\cos^2$-Pulse der Impulsdauer $\tau = 100$ bis 400 ns als Sendesignal. Hierbei entstehen bei einem reellen ΔZ-Sprung über die Störungslänge Δl_x zwei Impulse (Impulspaar) mit entgegengesetzten Vorzeichen mit dem Mittenabstand l_{JM}, der – wieder wegen Vor- und Rückfluß – der doppelten Länge Δl_x entspricht. Wird der ΔZ-Sprung kürzer als die halbe Impulslänge $\frac{1}{2}\tau_J \cdot v_J$, so rücken die zwei Impulse nahe zusammen; es entsteht ein Impulspaar, dessen Form dem differenzierten Sendeimpuls entspricht. Ist der erste Impuls des Paares negativ, so spricht man wieder von einem kapazitiven Fehler, ist er positiv, von einem induktiven

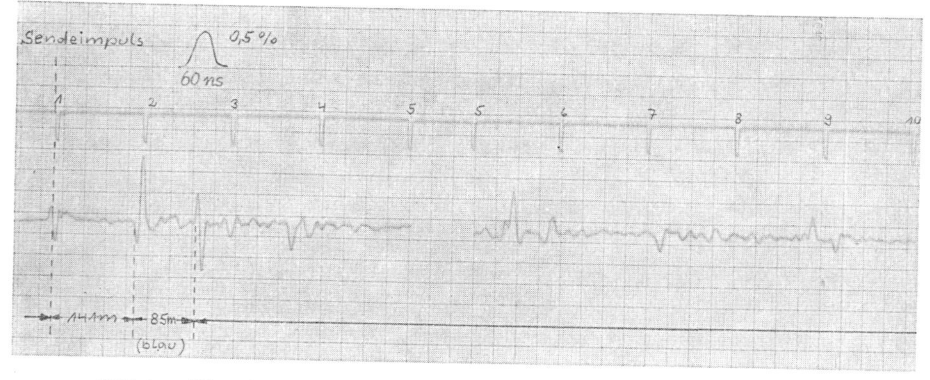

Bild 49 Ein mit dem REFLEKTOMATEN und einem Schreiber aufgenmomenes Reflektogramm einer koaxialen Leitung

Fehler. Tatsächlich sind es aber auch nur reelle Fehler kleiner Ausdehnung. Ein Sprung als Sendesignal erleichert die Fehlerarterkennung. Bild 49 zeigt das Reflexionsbild einer Kabelstrecke bei automatischer Entzerrung.

Ein solches Oszillogramm kennzeichnet zwar die Güte der Leitung in bezug auf Gleichmäßigkeit des Wellenwiderstands, aber es gibt noch keine Aussage über den Mitfluß, der als Folge von Mehrfachreflexionen zustande kommt und der erst die wirkliche Störgröße darstellt. Die Mehrfachreflexionen addieren sich nach statistischen Gesetzen zum Mitfluß; Reflexionen in periodischen Abständen sind daher besonders störend. Der zulässige Mitfluß von Verstärkerabschnitten ist sehr klein und daher der Messung nicht zugänglich, da für den Bezugskreis von 2500 km nach CCITT nur 1 % zulässig ist. Aber der äquivalente Reflexionsfaktor, der den Effektivwert aller reflektierten Signale einer Meßstrecke darstellt, ist ein Maß, mit dem der wahrscheinliche Mitfluß mit ausreichender Sicherheit berechnet werden kann. Die Summierung zum Effektivwert erfolgt in der Regel mit einem Heißleiter oder Thermoelement. Der REFLEKTOMAT ist mit seinen Eigenschaften, der Messung des Wellenwiderstands und seiner Gleichmäßigkeit an Fabrikationslängen und Verstärkerabschnitten angepaßt.

In ähnlicher Weise, wie das reflektierte Signal der gleichen Leitung dargestellt werden kann, ist das für Nebensprechsignale möglich. Ist der Dämpfungsverlauf des Kabels nicht entzerrt, so zeigt das Reflektogramm unmittelbar den Einfluß der Kopplungen auf das Nebensprechdämpfungsmaß in Abhängigkeit des Ortes der Kopplungen an. Wählt man eine automatische Entzerrung, so zeigt es den Kopplungsbelag über die entzerrte Strecke. Beim Messen des Dämpfungsmaßes oder der Kopplungen mit Pulsen sind die Kopplungsschwerpunkte leicht erkennbar; damit ist auch der Ausgleichsort leicht auszuwählen.

Die Gleichmäßigkeit von Kabeln oder der Wellenwiderstand werden heute mit Impulsen gemessen, deren Punktfrequenz 10 GHz zustrebt. Dadurch ist es möglich, diese Meßtechnik auch im UHF-Bereich der Richtfunk- und Datentechnik zur Schaltungsanalyse einzusetzen. Die unmittelbare Anzeige von Pulsen mit $\tau < 1$ ns scheitert an der Elektronenstrahlröhre und am Vorverstärker. Beide können für den Frequenzinhalt solch kurzer Pulse nicht realisiert werden. Über den Umweg der Abtastung, die der Stroboskopie in der Mechanik entspricht, dem Sampling-Verfahren, wird das durch Abtastung gewonnene Signal im Vergleich zum Ursprungssignal so gedehnt und damit in seinem Frequenzinhalt so herabgesetzt, daß ein Aufschreiben mit normalen Oszillographen oder sogar mit mechanischen Schreibern möglich ist. Der Abtastpuls muß daher kurz gegenüber dem Signalpuls sein (Auflösung). Sehr kurze Tastpulse (< 100 ps) sind z.B. mit Tunneldioden erreichbar.

Das Prinzip der Abtastung sei mit Bild 50 erläutert. Der Signalpuls mit dem Zeitabstand T_S liegt über die Abtastdiode D_T und Schaltdiode D_S am Integrator I. Die Abtastdiode arbeitet während der Tastpausen des Tastpulses im Sperrbereich, so daß über die Diode D_S kein Strom fließen kann. Beim Auftreten des Tastpulses der Dauer τ_T wird D_S über die Zeit τ_T in den Flußbereich geschaltet, und dem Signalpuls wird ein Amplitudenwert $A = f(t)$ zur Zeit t_0 entnommen und über

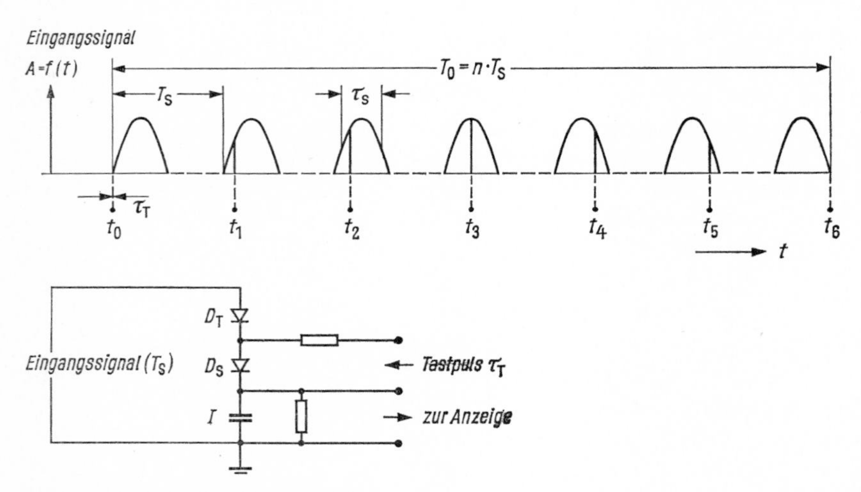

Bild 50 Prinzip des Abtastverfahrens

den Integrator dem Anzeiger zugeführt. Durch Synchronisation dieses Tastpulses zur Zeit t_0 mit der Signalpulsfrequenz $1/T_s$ erreicht man, daß in jeder Periode zu Zeiten $t_0 + n T_S$ immer an gleicher Stelle des Signals der Amplitudenwert $A_0 = f(t_0)$ entnommen und gespeichert wird. Löst man nun mit dem ersten Tastpuls (Auslösepuls) innerhalb einer linearen Zeitverzögerung $T_0 = n \cdot T_S$ in gleichen Zeitabständen zusätzliche Tastpulse aus, so kann innerhalb T_0 das Signal – entsprechend den zusätzlichen Tastpulsen – gleich oft an jeweils anderer Stelle abgetastet werden. In der Zeitverzögerung T_0 wird das Signal von τ_S auf T_0 gedehnt. Durch entsprechende Bemessung der Integrationszeit relativ zur Zeitverzögerung gewinnt man ein Ausgangssignal, das ein getreues Abbild des Sendesignals ist. Signalbeginn und Beginn der Abtastung werden zur Deckung gebracht.

8. Frequenzmessungen

Pegelsender und selektive Pegelmesser sind so frequenzgenau geworden, daß in vielen Fällen eine Frequenzmessung nicht erforderlich ist. *Pegelsender*, bei denen die Meßfrequenzen von einer Quarzfrequenz abgeleitet werden, können sogar als Vergleichsnormal dienen: aus der Senderfrequenz und der unbekannten Frequenz wird eine Schwebung gebildet und Schwebungsnull z.B. an einem Oszillographen abgelesen; besonders geeignet sind Digital-Pegelsender und Sender mit Frequenzzähler. Auch mit einem *selektiven Pegelmesser* sind Frequenzmessungen in der Regel mit ausreichender Genauigkeit möglich. Bei Wobbelung der Umsetzeroszillatorfrequenz können die einzelnen Frequenzen eines nicht sinusförmigen Signals und die zugehörigen Amplituden an einem Pegelbildempfänger dargestellt werden (Messung von nichtlinearen Verzerrungen).

Im Frequenzbereich bis 100 kHz wurde weitgehend die *Wien-Robinson-Meßbrücke* verwendet, bei der ein Brückenzweig 1 durch eine Reihenschaltung von einem Widerstand R1 und einem Kondensator C1 und in einem anschließenden Brückenzweig 2 aus einer Parallelschaltung von R2 und C2 besteht. Bei Gleichheit der Widerstände $R1 = R2 = R$, der Kapazitäten $C1 = C2 = C$ und mit den Widerständen R3, R4 der Zweige 3, 4 ist Abstimmung gegeben für $2\pi f \cdot C \cdot R = 1$ und $R3 = 2\,R4$. Oberhalb 0,1 bis etwa 500 MHz sind noch *Resonanzschaltungen* aus Induktivitäten L und Kapazitäten C üblich. Bei Abstimmung ergibt sich die Frequenz zu $f = \frac{1}{2\pi \sqrt{LC}}$.

Im Bereich der Mikrowellentechnik ($f > 500$ MHz) verwendet man auf Resonanz abgestimmte *Koaxialkreise*, *Topfkreise* oder *Hohlraumresona-*

toren. Auch die *Meßleitung* ist über den gesamten Bereich der Mikrowellentechnik zur Frequenzmessung geeignet. Die Frequenz ergibt sich aus dem Längenabstand l_K zweier Knoten der offenen oder kurzgeschlossenen Meßleitung und der Fortpflanzungsgeschwindigkeit v_M auf der Meßleitung; es gilt: $f = v_M \cdot \frac{1}{2 l_K}$.

Mit Meßbrücken und Resonanzschaltungen mit konzentrierten Bauelementen erreicht man Meßunsicherheiten von 10^{-2} bis 10^{-3}, mit Resonanzkreisen der Mikrowellentechnik solche von 10^{-3} bis 10^{-4}. Mikrowellenresonanzkreise haben zwar einen begrenzten Frequenzbereich von 1:1,5 bis 1:2, aber es ergeben sich kleine Geräte relativ hoher Genauigkeit. In Wobbelmeßplätzen kann der Abstimmungszustand des Frequenzmessers zur Erzeugung einer Frequenzmarke dienen.

Wegen seiner hohen Meßgenauigkeit hat sich generell der *Frequenzzähler* eingeführt; er bietet außerdem die Vorteile: großer Frequenzbereich, z.B. 10 Hz bis 500 MHz, einfachste Bedienung, Ziffernanzeige, Registriermöglichkeit.

Der Frequenzzähler zählt in einer bestimmten Zeiteinheit die Anzahl der Schwingungen. Dazu werden z.B. sinusförmige Spannungen in impulsförmige umgewandelt und über einen elektronischen Schalter (Zeittor) einem elektronischen Impulszähler zugeführt. Das Zeittor wird nur über die Dauer der Normalzeit (Zählzeit) geöffnet; die Zählzeit leitet man z.B. aus einer Quarzfrequenz ab. Die Meßgenauigkeit ist durch die Genauigkeit der Quarzfrequenz und der Zählzeit t_Z gegeben. Ist die Quarzfrequenz genau 10^6 und $t_Z = 1$ s, so ergibt sich bei einer zu messenden Frequenz von 1 MHz die Meßunsicherheit $1 \cdot 10^{-6}$; hinzu kommt noch ein Fehler von plus/minus einem Impuls *(Digit)*, da ein Impuls, der mit dem Schaltzeitpunkt des Zeittors zusammenfällt, nicht mit Sicherheit durchgelassen und gezählt wird.

Bei tiefen Frequenzen muß für hohe relative Genauigkeiten die Zählzeit groß sein. Dies kann man aber umgehen, wenn nicht die Frequenz, sondern die Periodendauer gemessen wird. Hierbei steuert nicht die Normalfrequenz, sondern die Schwingung mit der zu messenden Periode das Zeittor, und am Eingang des Zeittors liegt jetzt die Normalfrequenz. Die zu messende Periodendauer ergibt sich aus der gezählten Impulszahl der Normalfrequenz. Beträgt z.B. die Periode 10 ms $\hat{=}$ 100 Hz, die Normalfrequenz $f_N = 1$ MHz, dann ist die Meßunsicherheit $\pm 10^{-4}$ ± 1 Digit. Wird z.B. f_N auf 10 MHz erhöht oder die zu messende Frequenz f_m auf 10 Hz geteilt, verringert sich in entsprechender Weise die Meßunsicherheit. Beides gleichzeitig angewandt, betrüge im gewählten Beispiel die Meßunsicherheit $\pm 10^{-6}$ ± 1 Digit.

Der Frequenzzählung ist wegen der begrenzten Schaltgeschwindigkeit der elektronischen Schalter bei höheren Frequenzen als z.Zt. 500 MHz eine technische Grenze gesetzt. Bei höheren Frequenzen wird daher mit einem Frequenzumsetzer die zu messende Frequenz in den Bereich des Zählers gebracht. Dieser mißt dann nur noch die Differenz zwischen zu messender Frequenz f_m und Umsetzerfrequenz f_u. Die Frequenz f_u muß entsprechend der gewünschten Genauigkeit bekannt und konstant sein; sie wird daher in der Regel durch Vervielfachung einer Quarzfrequenz gewonnen.

Ganz allgemein basiert die genaue Frequenzmessung auf der Genauigkeit eines festen *Quarzoszillators*. Je nach Aufwand liegen hier die Unsicherheiten z.B. bei 10^{-6} je Jahr oder 10^{-9} je Tag bei 10° bis 50°C.

Für andere Aufgaben, z.B. solchen der genauen Frequenz- und Zeithaltung, werden Frequenznormale von einem *Wasserstoffatom-Maser* (Instabilität 10^{-12} je Jahr) oder der *Cäsiumlinie* (Unsicherheit $\pm 7 \cdot 10^{-12}$; Langzeitinstabilität $1 \cdot 10^{-13}$ je Tag) abgeleitet.

9. Verfahren zur Frequenzanalyse

Ein Gemisch von Schwingungen ist oft durch eine einzige Größe nicht hinreichend gekennzeichnet; es bedarf zumeist der Analyse des Frequenz- und Amplitudenspektrums. Hierzu sind oszillographische Verfahren, Resonanz- und Suchton-Verfahren entwickelt worden sowie die statistische Frequenzbandanalyse.

Beim *oszillographischen Verfahren* (oscillographic method) wird der zeitliche Verlauf des Schwingungsvorganges aufgezeichnet. Die Kurve liefert zunächst nur einen qualitativen Einblick hinsichtlich der Amplituden und Nulldurchgänge (Momentanfrequenz). Um Größe, Frequenz und Phase der in dem Schwingungsvorgang enthaltenen Teilschwingungen zu ermitteln, müßte man das Oszillogramm durch umständliche und zeitraubende rechnerische oder graphische Verfahren analysieren; aber auch dann bekäme man nur eine Aussage über die harmonischen Teilschwingungen. Es werden deshalb Frequenzanalyseverfahren bevorzugt, mit denen sich alle harmonischen und auch nichtharmonischen Teilschwingungen — also alle Spektralfrequenzen — unmittelbar messen oder sichtbar machen lassen.

Beim *Resonanzverfahren* (resonance method) benutzt man eine Reihe von festen Resonanzkreisen (z.B. beim Zungenfrequenzmesser) oder einen Kreis mit variabler Abstimmung (z.B. in Klirranalysatoren). Klirranalysatoren enthalten einen gegengekoppelten Verstärker, in dessen Rückkopplungsweg ein abstimmbares RC-Netzwerk geschaltet ist, das den

Gegenkopplungsweg für die Abstimmfrequenz sperrt. Spannungen der Abstimmfrequenz werden von einem Instrument am Verstärkerausgang angezeigt. Der Gesamtfrequenzbereich ist in Teilbereiche (z. B. Oktaven) aufgeteilt; in diesen kann stetig abgestimmt werden. Diese Analysatoren haben konstante relative Bandbreite.

Am häufigsten wird das *Suchtonverfahren* (search tone-method) angewandt. Es läßt sich an die Meßaufgabe gut anpassen, ist für weite Frequenzbereiche geeignet und hat ein hohes Auflösungsvermögen. Das zu analysierende Frequenzgemisch wird mit einem in der Frequenz variablen, sinusförmigen Suchton (als Trägerschwingung) moduliert. Die entstehenden Differenzschwingungen siebt ein Filter konstanter absoluter Bandbreite zur Anzeige aus. Benutzt man als Filter einen Tiefpaß und mißt man an Stelle der phasenabhängigen Gleichspannung (Schwebungsfrequenz 0 Hz) die Amplitude der Schwebung mit der Frequenz Δf_0, so ergeben sich für eine Teilschwingung der Frequenz f Anzeigen bei $f - \Delta f_0$ und $f + \Delta f_0$. Diese Doppeldeutigkeit läßt sich vermeiden, wenn die Suchfrequenz und damit auch die Differenzfrequenz (Zwischenfrequenz) oberhalb des Empfangsfrequenzbandes liegt. Als Filter dient dann ein Bandpaß, dessen Mittenfrequenz gleich der Differenzfrequenz (Zwischenfrequenz) ist. Störende Schwingungen mit der Spiegel- oder Zwischenfrequenz unterdrückt ein zwischen Eingang und Modulator angeordneter Tiefpaß. Übersteuerungen des Modulators und Eingangsverstärkers müssen vermieden werden. (Bild des Frequenzanalysators s. S. 140).

Mit einem Wobbeloszillator als Suchoszillator und einer Kathodenstrahlröhre mit Nachleuchtschirm für die Anzeige erhält man auf dem Bildschirm das gewünschte Frequenz- und Amplitudenspektrum (Beispiel Bild 51).

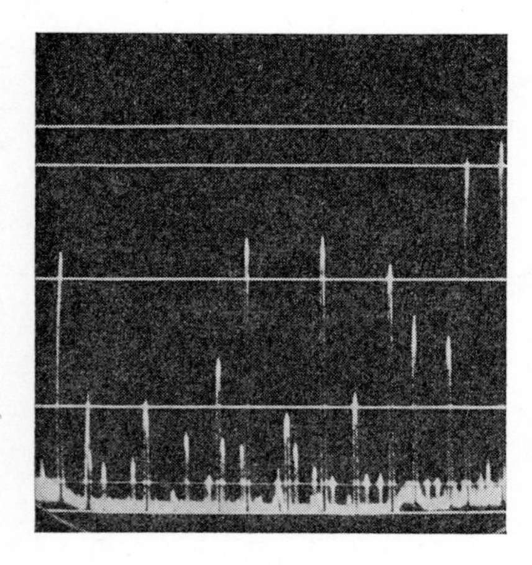

Bild 51
Beispiel eines Frequenzspektrums, ermittelt nach dem Suchtonverfahren mit einem Wobbelmeßplatz

Das Auflösungsvermögen wird bei diesem Verfahren durch die Bandbreite des ZF-Filters bestimmt. Ein möglichst hohes Auflösungsvermögen erfordert schmale Quarzfilter und Mehrfachmodulation (Umsetzung der ZF zu tiefer liegenden Frequenzen). Je kleiner die Bandbreite B des Filters gewählt wird, um so kleiner ist die zulässige Analysiergeschwindigkeit. Diese ist durch die Änderungsgeschwindigkeit v des „Suchtons" bestimmt. Wenn alle Teilamplituden richtig angezeigt werden sollen, muß $v < B^2/2$ sein.

Das höchste Auflösungsvermögen haben *phasenempfindliche Suchtonverfahren mit Frequenzeinrastung.* Bei diesem Verfahren benutzt man Empfänger, in denen die variable Suchfrequenz in der Nähe der Signalfrequenz auf diese einrastet und die eine phasenrichtige Anzeige der entstehenden Gleichspannung liefern. Diese Empfänger sind extrem schmalbandig, ermöglichen also eine sehr genaue Frequenzbestimmung und auch ein Messen sehr kleiner sinusförmiger, vom Wärmerauschen verdeckter Wechselspannungen.

Bei der *statistischen Frequenzbandanalyse* ermittelt man die mittlere Leistung in bestimmten Frequenzintervallen, bei der Geräuschanalyse z.B. für eine Oktave, eine Terz oder ein Bark (1 *Bark* = Breite der Frequenzgruppen des Ohres). Bei nichtperiodischen Geräuschen mit stark schwankender Amplitude ist eine Integration der Leistung über eine ausreichend lange Meßzeit notwendig. Kurzzeitgeräusche (Impuls, Knall) erfordern Parallelschaltung der Filter und Speicherung der Amplituden. Über die Ohrgruppen- oder Terz-Pegelanalyse läßt sich nach ZWICKER auch die Lautheit bestimmen.

Bei Frequenzanalysen von stationären, nichtperiodischen Vorgängen statistischer Natur (z.B. Widerstandsrauschen), die kein Linienspektrum, sondern ein kontinuierliches Frequenzspektrum aufweisen, verwendet man den Begriff der Leistungs- oder Spektraldichte. Man versteht darunter die mittlere Leistung, die innerhalb einer Frequenzbandbreite Δf in einem Widerstand von 1 Ω verbraucht wird, und bezieht sie häufig auf 1 Hz Bandbreite. Der genaue zeitliche Verlauf des Rauschens interessiert in der Regel nicht so sehr wie die Häufigkeit, mit der eine bestimmte Amplitude während einer bestimmten Zeit auftritt. Die Häufigkeitsverteilung von reinem Zufallsrauschen entspricht einer Gaußschen Verteilung.

Die Leistungsdichte steht in enger Beziehung zur *Autokorrelationsfunktion* des Vorganges (Fouriertransformierte). Korrelationsverfahren gewinnen immer größere praktische Bedeutung. Sie ermöglichen z.B. das Auffinden periodischer Vorgänge, die durch den Störpegel von Rauschspannungen verdeckt sind.

10. Stochastisch-ergodische Korrelationsmeßverfahren

Mitunter besteht die Aufgabe, stark verrauschte stationäre Signale, z.B. eine verrauschte Sinusspannung, zu messen. Hierzu kann man nach Dr. Wolfgang Wehrmann vorteilhaft die Korrelationstechnik in Verbindung mit einem noch relativ neuen stochastisch-ergodischen Meßverfahren anwenden.

Die *Kreuzkorrelationsfunktion* (cross correlation function)

$$k_{12}(t_1) = \lim_{T\to\infty} \frac{1}{2T} \int_{-T}^{+T} S_1(t)\, S_2(t+t_1)\, \mathrm{d}t \tag{112}$$

ist ein Maß für die strukturelle Verwandtschaft (Ähnlichkeit) zweier Signale $S_1(t)$ und $S_2(t)$ — z.B. der Eingangs- und Ausgangsspannung eines Vierpols — die im allgemeinen Fall von der zeitlichen Verschiebung t_1 der beiden Signale gegeneinander abhängt. Für $t_1 = 0$ ist $k_{12}(0)$ ein Maß für die sogenannte *Kreuzleistung*.

Ist $S_1(t) = S_2(t) = S(t)$, dann resultiert aus Gleichung (112) die *Autokorrelationsfunktion* (auto correlations function)

$$k(t_1) = \lim_{T\to\infty} \frac{1}{2T} \int_{-T}^{+T} S(t)\, S(t+t_1)\, \mathrm{d}t. \tag{113}$$

Sie gibt Aufschlüsse über innerstrukturelle Zusammenhänge des Signals $S(t)$. Für $t_1 = 0$ ist sie ein Maximum und der Signalleistung proportional.

Zwischen der Korrelationsfunktion als Ähnlichkeitsmaß zweier Signale und deren Wirkleistung besteht demnach ein mathematischer Zusammenhang. Der Effektivwert eines Signals ist folglich gleichfalls eine korrelative Größe; sie kann mit entsprechenden Meßverfahren erfaßt werden.

Da die Kurvenform der Signale prinzipiell verschieden sein kann, ist eine Grundforderung, die man an Korrelationsverfahren stellen muß, diese: Unabhängigkeit des Meßergebnisses von der Kurvenform des Signals. Diese Forderung läßt sich für *stationäre* Signale vorteilhaft mit einer stochastisch-ergodischen Signalumsetzung erfüllen.

Stochastische Signale im technischen Sinn sind alle Vorgänge, deren zeitliche Abläufe durch die Gesetze des Zufalls gegeben und daher nicht berechenbar sind. Es können für solche Signale nur Strukturen angegeben werden, d.h. bestimmte mathematische Beziehungen, denen das Signal gehorcht, die aber für unendlich viele Signalrealisationen gelten. Stochastische Signale haben also Signalkennwerte, die sich aus der Signalstruktur berechnen lassen. Bei stationären stochastischen Signalen kann man ebenso wie bei periodischen von mittlerer Leistung, Effektivwert, Spitzenwert, Mittelwert u.a. sprechen und diese Größen auch messen. Ein typisches Beispiel ist weißes Rauschen (s. S. 66).

Der Begriff *ergodisch* bezieht sich auf Wahrscheinlichkeiten. Diese legen im mathematischen Sinn keine eindeutigen funktionellen Zusammenhänge fest, sondern nur strukturelle. Im wahrscheinlichkeits-theoretischen Sinne ist die Struktur ein Prozeß; die möglichen Prozeßabläufe sind Realisationen des Prozesses. Nimmt man z.B. für die Realisationen zeitabhängige Amplitudenverläufe an, so lassen sich zweierlei Formen an Wahrscheinlichkeiten bilden. Entweder beobachtet man zu einem bestimmten Zeitpunkt die Amplitudenmomentanwerte der einzelnen Realisationen, bildet daraus relative Amplitudenhäufigkeiten und erhält Wahrscheinlichkeiten im Grenzfall der Beobachtung unendlich vieler Realisationen. Oder man beobachtet von einer willkürlich herausgegriffenen Realisation die Aufeinanderfolge der Amplituden über der Zeit, leitet daraus die relative Amplitudenhäufigkeit ab und erhält Wahrscheinlichkeiten im Grenzfall unendlich langer Beobachtungszeit. Für ergodische Prozesse sind die beiden auf diese Weise gewonnenen Wahrscheinlichkeitsmaße — unabhängig von der gewählten Realisation — gleich. Man kann daher Schar- und Zeitmittelwerte ergodischer Prozesse vertauschen. Mit ergodischen Meßverfahren läßt sich Meßzeit gegen Meßgenauigkeit aufrechnen. Meßtechnisch ergibt sich daraus der Vorteil, daß man die Meßzeit beliebig variieren und damit die Meßgenauigkeit beeinflussen kann.

Die stochastisch-ergodische Signalumsetzung basiert also auf dem Umsetzen der zu messenden Signale in Wahrscheinlichkeiten; den Grundaufbau zeigt Bild 52. Einem analogen Signal $u(t)$ wird ein binäres Signal $z(t)$ zugeordnet, in dem die Wahrscheinlichkeit für ein Ereignis zu einem bestimmten Zeitpunkt dem in diesem Zeitpunkt anliegenden

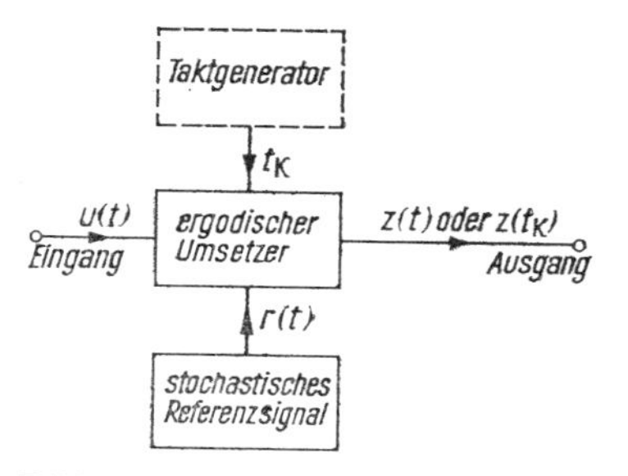

$u(t)$ Meßgröße (z.B. Spannung)
$r(t)$ stochastische Referenzgröße
$z(t)$ binäre Analoggröße oder
$z(t\text{k})$ binäre Impulsfolge

Bild 52 Grundschaltung einer stochastisch-ergodischen Signalumsetzung (mit oder ohne Taktgenerator)

Signalmomentanwert entspricht. Diese Zuordnung wird durch einen Amplitudenvergleich des Signals $u(t)$ mit einem stochastischen Referenzsignal $r(t)$ erreicht. Das im Ausgang des Umsetzers entstehende Binärsignal $z(t)$ hat impulsdauermodulierten Zufallscharakter, wenn der erwähnte Amplitudenvergleich kontinuierlich fortlaufend erfolgt. Ein solches Binärsignal eignet sich gut für eine analoge Auswertung (Mittelwertbildung). Zur digitalen Weiterverarbeitung benutzt man besser ein getaktetes Binärsignal, d.h. eine von einem Taktgenerator gesteuerte binäre Impulsfolge $z(t_k)$ mit $k = 1, 2, \ldots$, in der die Impulswahrscheinlichkeit dem simultan anliegenden Signalmomentanwert entspricht.

Die Signalumsetzung in einem getakteten Umsetzer zeigt Bild 53 für eine zu messende konstante Spannung U. Denkt man sich in Bild 53a den Wert U so groß, daß er die mit einer Gleichspannung unipolar vorgespannte stochastische Vergleichsspannung $r(t)$ jederzeit übersteigt, dann liefert der Umsetzer zu jeder Taktzeit t_k einen Impuls, d.h. in der Impulsfolge $z(t_k)$ tritt ein Impuls zu den Taktzeiten t_k mit der Wahrscheinlichkeit $p = 1$ auf. Ist hingegen der Wert U so klein, daß zu jedem Taktzeitpunkt t_k die Vergleichsspannung $r(t_k)$ größer als U ist, dann erscheint im Ausgang kein Impuls, die Wahrscheinlichkeit p für das Auftreten eines Impulses im Umsetzerausgang ist also Null. Liegt der Wert U, wie in Bild 53b gezeigt, zwischen den genannten Grenzen, so gibt es eine bestimmte, von der Größe U abhängige Anzahl von Impulsen in der Folge $z(t_k)$ (Bild 53c). Die relative Impulshäufigkeit ist also abhängig von U. Diese Abhängigkeit ist linear, wenn die Vergleichs-

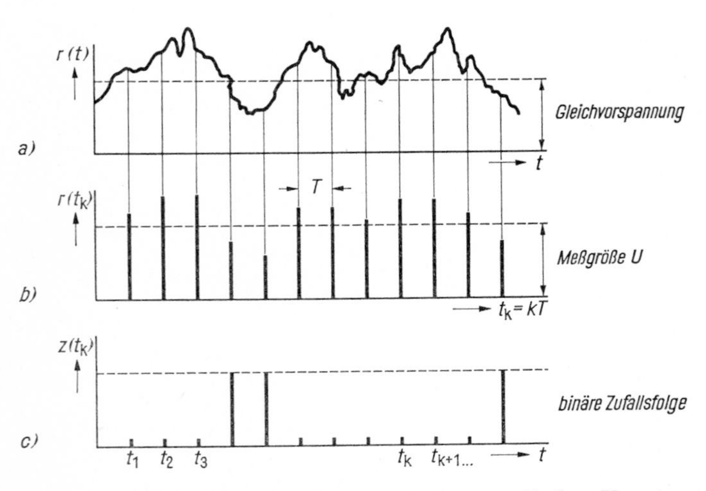

Bild 53 Signalverarbeitung eines getakteten ergodischen Umsetzers

spannung $r(t)$ konstante Amplitudenhäufigkeit aufweist. Mit einem Impulszähler läßt sich so die Spannung U digital messen.

Beim Abtasten der Spannung U durch die Vergleichsspannung $r(t)$ ist man nicht an das Abtasttheorem gebunden. Die Taktfrequenz steht in keinem Zusammenhang mit der Bandbreite des Eingangssignals, so daß hinsichtlich des Frequenzbereichs der Verarbeitungseinrichtungen für ergodisch umgesetzte Signale die Anforderungen geringer sein können als bei vergleichsweise konventioneller Signalverarbeitung. Die Taktfrequenz hat nur Einfluß auf die Umsetzgenauigkeit; je größer das Produkt aus Taktfrequenz und Meßzeit ist, um so genauer ist die Umsetzung. Der stochastisch-ergodisch gebildete Meßwert wird auch nicht beeinflußt durch überlagerte, symmetrisch verteilte Störspannungen, also z.B. Rauschspannungen, weil diese keinen Beitrag zum linearen zeitlichen Mittelwert binärer Impulsfolgen leisten.

Die so codierten Signale können durch Gatterschaltungen auch verknüpft werden. So liefert z.B. ein Und-Gatter eine Multiplikation, ein Oder-Gatter eine Summierung, es lassen sich Wurzeln ziehen usw.

Die stochastisch-ergodische Signalumsetzung führt zu relativ einfachen Meßanordnungen für korrelierte Größen wie Korrelationsfunktion, Effektivwert, Leistung, ebenso aber bei Messung von Spitzenwert, Mittelwert und statistischen Strukturparametern, wenn man sie meßtechnisch als korrelative Meßgrößen interpretiert. Überlagerte Signalstörungen lassen sich damit weitgehend eliminieren. Der Meßwert kann analog mit einem einfachen Drehspulinstrument, digital mit einem Frequenzzähler angezeigt werden.

11. Zusammenschalten der Geräte zu Meßplätzen

Mit den Angaben über die Genauigkeit der Meßsender, Meßempfänger und Meßschaltungen ist der Einfluß der Verbindungsleitungen des Meßplatzes nicht berücksichtigt. Ihre Kennwerte können je nach elektrischer Länge das Meßergebnis beeinflussen. Der Grad der Beeinflussung hängt auch vom Meßverfahren ab. Beim Nullverfahren beispielsweise gehen die Übertragungseigenschaften der Verbinder zwischen den Meßgeräten nicht in das Meßergebnis ein; sie müssen nur ausreichend kleinen Kopplungswiderstand haben, damit ein Übersprechen zwischen Sende- und Empfangsseite nicht auftritt. In erster Näherung ist dies auch beim Vergleichsverfahren der Fall, wenn die Wellenwiderstände von Normal und Meßobjekt nach Betrag und Phase nahezu übereinstimmen. Bei hohen Ansprüchen an die Meßgenauigkeit und bei

Meßfrequenzen, bei denen die Verbinder nicht mehr elektrisch kurz sind, ist auch hierbei auf die Kennwerte der Verbinder zu achten. Gleiche Länge im X- und N-Zweig ist anzustreben. Das wird am einfachsten erfüllt, wenn Meßobjekt und Normal in Reihe geschaltet werden können. Bei anderen Verfahren oder Meßfällen müssen die Kennwerte vor allem dann beachtet werden, wenn die Verbinder nicht elektrisch kurz sind.

Besondere Bedeutung kommt u. a. beim Messen komplexer Widerstände den Leitungen zum Meßobjekt zu. Ihr Einfluß auf das Meßergebnis hängt vom Wert des zu messenden Widerstands Z_x ab. Der Einfluß ist nach Größe und Charakter verschieden, je nachdem, ob Z_x niederohmig oder hochohmig gegenüber dem Widerstand Z_v des vorgeschalteten elektrisch kurzen Verbinders ist oder ob dessen Wellenwiderstand Z_{wv} annähernd mit Z_x übereinstimmt. Diese Anordnung entspricht einem Vierpol mit dem Wellenwiderstand Z_{wv} und dem Wellendämpfungsmaß g_{wv} bei Abschluß mit dem Widerstand Z_x.

Für den Eingangswiderstand Z_e gilt allgemein die Gleichung (14), S. 29. Die Gleichung ist jedoch zur Abschätzung des Einflusses der Verbinder unbequem. Wenn die Verbinder elektrisch kurz sind, kann man Vereinfachungen vornehmen; zum Beispiel gilt für den Kurzschlußwiderstand des symmetrischen Vierpols nach Gleichung (15a), S. 29 $Z_{Kv} = Z_{wv} \cdot \tanh g_{wv}$. Für die elektrisch kurze Leitung kann in zweiter Näherung $\tanh g_{wv} \approx g_{wv}\left(1 - \frac{g_{wv}}{3}\right)^2$ gesetzt werden. Für das Komplexe Wellendämpfungsmaß g_{wv} gilt entsprechend Gleichung (18), S. 30 bei einer Länge l des Verbinders: $g_{wv} = g'_{wv} \cdot l$. Werden weiter in dieser Gleichung bei $R' \ll \omega L'$ und $G' \ll \omega C'$ die Größen R' und G' vernachlässigt und damit für $g'_{wv} = \mathrm{j}\, b' = \mathrm{j}\omega \sqrt{L'_v C'_v}$ und $Z_{wv} = \sqrt{\frac{L'_v}{C'_v}}$ eingeführt, so gilt

$$Z_{Kv} = Z_{wv} \cdot \tanh g'_{wv} \cdot l \approx \mathrm{j}\omega L'_v \cdot l \left(1 + \frac{\omega^2 \cdot L'_v \cdot C'_v \cdot l^2}{3}\right). \qquad (114)$$

Das heißt, eine kurzgeschlossene Leitung (Verbinder) kann ersetzt werden durch ihre Induktivität, der ein Drittel ihrer Kapazität parallelgeschaltet ist. Für den Eingangsleitwert Y_{wv} der elektrisch kurzen offenen Leitung ergibt sich entsprechend, daß sie ersetzt werden kann durch ihre Kapazität, der ein Drittel ihrer Induktivität vorgeschaltet ist. Diese Aussage nach Gleichung (114) gilt noch mit einer Unsicherheit von $\leqq 2\%$ für Werte $b \leqq 0{,}6$ rad.

Will man den reellen Widerstand R_v der Adern nicht vernachlässigen, so liefert die Rechnung die Aussage, daß R_v bei Kurzschluß und $R_v/3$

bei Leerlauf zusätzlich in Reihe zur Induktivität wirksam sind. Hieraus folgt für den praktischen Fall, daß bei Messungen an Objekten, deren Widerstand Z_x groß gegen den Wellenwiderstand Z_{wv} ist, die Kapazität der elektrisch kurzen Zuleitung berücksichtigt werden muß, im umgekehrten Fall $Z_x \ll Z_{wv}$ ihre Induktivität und ihr reeller Aderwiderstand.

In der Nähe der Gleichheit $Z_x \approx Z_{wv}$, $r \to 0$ gilt für den Eingangswiderstand auch hier wieder Gleichung (14), S. 29, wenn für $Z = Z_{wv}$, $g = g_{wv}$, $Z_2 = Z_x$ eingeführt wird. Sie läßt sich für den Fall kleiner Z-Abweichungen und wieder elektrisch kurzer Länge sowie für $\tanh g_{wv} = a_{wv} + j\, b_{wv}$ weiter vereinfachen zu:

$$Z_e \approx Z_x \left[1 + l\,(a'_{wv} + j\, b'_{wv}) \cdot \left(\frac{Z_{wv}}{Z_x} - \frac{Z_x}{Z_{wv}}\right)\right]. \qquad (115)$$

Für a'_w gilt bei $\omega L' \geqq 10\, R'$ und bei $\omega C' \geqq 10\, G'$:

$$a'_w \approx \frac{R'}{2} \sqrt{\frac{C'}{L'}} + \frac{G'}{2} \sqrt{\frac{L'}{C'}} \text{ in Neper.} \qquad (116)$$

Der Fehler ist erst 10% für a'_w bei $\omega L' = R'$.

Eine elektrisch kurze verlustarme Verbindung abweichenden Wellenwiderstands läßt sich auch auffassen als eine Leitung mit dem Wellenwiderstand Z_{wv} und überschüssiger Induktivität oder Kapazität. Wieder mit $g'_{wv} = j\omega \sqrt{L'_v C'_v}$ und $Z_{wv} = \sqrt{\frac{L'_v}{C'_v}}$ kann man bei kleinen Z-Abweichungen ($Z_{wv} \approx Z_x$) für den Eingangswiderstand schreiben:

$$Z_e \approx Z_x + j\omega L'_v \cdot l \left(1 - \frac{Z_x^2}{Z_{wv}^2}\right) \qquad (117)$$

oder in Leitwerten

$$Y_e \approx Y_x + j\omega C'_v \cdot l \left(1 - \frac{Y_x^2}{Y_{wv}^2}\right). \qquad (118)$$

Bei genauen Widerstandsmessungen müssen schon bei Frequenzen oberhalb 500 kHz Verbinder verwendet werden, die in ihrem Wellenwiderstand mit dem Wellen- oder Komplexen Widerstand des Meßobjekts weitgehend übereinstimmen. Läßt sich das nicht erreichen, so kann man mit Gleichung (117) den Einfluß berechnen. Der Wellenwiderstand der Verbinder wird z.B. mit Reflexionsfaktor-Meßeinrichtungen oder Scheinwiderstands-Meßbrücken ermittelt (s. S. 120).

Bei der Messung des Reflexionsfaktors wird dem Normal die gleiche Zuleitung vorgeschaltet wie dem Meßobjekt.

Allgemein sind bei höheren Frequenzen (> 10 MHz) schon relativ kurze Leitungen nicht mehr kurz gegen die Wellenlänge; sie wirken bei

Fehlanpassung als Transformationsglieder, so daß Spannung und Strom und damit der Widerstand zwischen Eingang und Ausgang weitgehend voneinander abweichen.

Zum Beispiel folgt für eine offene Leitung ($I_2 = 0$) aus Gleichung (12), S. 29:

$$U_1 = U_2 \cdot \cosh g = U_2 \cdot \cos \mathrm{j} g \quad \text{oder} \quad U_2 = \frac{U_1}{\cos \mathrm{j} g}. \tag{119}$$

Bei verlustarmer Leitung $a \to 0$ streben bei elektrischen Längen $\frac{\lambda^*}{4}$, $3\frac{\lambda^*}{4}, \ldots$ auch $\cos \mathrm{j} g \to 0$ und $U_2 \to \infty$.

Ist $r = \frac{Z_x - Z_{wv}}{Z_x + Z_{wv}}$ der Reflexionsfaktor, so schwankt die Eingangs- gegen die Ausgangsspannung um den Anpassungsfaktor

$$m = \frac{U_{min}}{U_{max}} = \frac{1 - |r|}{1 + |r|}.$$

Was für den Frequenzbereich der Mikrowellen zusätzlich gilt, ist auf S. 162 und folgende ausgeführt.

12. Erdung und Schirmung von Meßplätzen

In der Koaxialtechnik gibt es bei $f > 100$ kHz hinsichtlich der *Erdung* (grounding) in der Regel keine besonderen Probleme, denn sorgfältige Schirmung und Verdrosselung und geringe Eindringtiefe der Felder hoher Frequenz in den Schirm verhindern Störströme; es wird ein kleiner Kopplungswiderstand erreicht. In der NF- und TF-Meßtechnik dagegen ist die richtige Erdung der einzelnen Meßgeräte unter sich und mit dem Meßobjekt zu beachten, um Fehler bei der Messung hoher Dämpfungen oder kleiner Pegel zu vermeiden. Erde oder Masse sind dort zuzuführen oder abzugreifen, wo die Spannung zugeführt oder abgegriffen wird; dies ist nur mit geschirmten Leitungen erfüllbar, deren Schirm die Erdverbindung herstellt. Dieses Prinzip entspricht dem der Koaxialtechnik, bei der gewährleistet ist, daß der Strom im Innenleiter mit dem des Außenleiters übereinstimmt, Störströme also vermieden sind. Auch sonst werden bei der symmetrischen Technik weitgehend die Prinzipien der Koaxialtechnik angewandt, wodurch wiederum kleiner Kopplungswiderstand erreicht wird. Die Erdung von Meßplätzen soll nur einmal, und zwar am Sender erfolgen. Ist das Meßobjekt mit seinem Schirm oder seiner Masse unmittelbar mit Erde verbunden (verlegte Kabel, Gestelle), so ergibt sich eine Erdung des Meßplatzes über den Schirm der Verbindungsleitung zum Meßobjekt. In der Regel ist es nicht störend, wenn die Geräte außerdem über die Netzleitung den Schutzvorschriften entsprechend zusätzlich geerdet werden; diese „Schutzerde" soll jedoch mit der Erde des Meßobjekts möglichst identisch sein.

Bei den Meßgeräten ist durch kleinen Kopplungswiderstand, durch Netzverdrosselung und Schutzmaßnahmen, wie Schutzisolierung oder solchen, die erst im Fehlerfall das Gehäuse des Meßgeräts mit dem Schutzleiter verbinden, dafür gesorgt, daß als Folge des Netzanschlusses kein Störstrom mit Meßfrequenz im Meßplatz entsteht. Damit bei Geräten mit Schutzerdung im Meßplatz kein Störstrom aus der Netzversorgung auftritt, ist der Schutzleiter des Netzes grundsätzlich stromlos zu führen oder die Netzversorgung aller zum Meßplatz gehörigen Geräte einschließlich des Meßobjekts unmittelbar am selben Punkt zu entnehmen (Schutzleiterspannung $\rightarrow 0$).

Bei der Messung großer Dämpfungen (>120 dB) oder kleiner Kopplungen (<10 nH) in symmetrischen Systemen kann u. U. durch eine Mehrfacherdung der Meßwert beeinflußt werden; das läßt sich aber durch Umpolen am Meßobjekt erkennen. Oft werden in diesen Fällen Meßfehler auf nicht sinnvolle Erdung zurückgeführt, sie treten aber durch zu hohe Spannung Ader/Erde als Folge nicht ausreichender Symmetrie des Empfängers auf.

Der *Schirmung* (shielding) gegen elektrische und magnetische Störfelder kommt in der Meßtechnik besondere Bedeutung zu, da hier auf engem Raum große Potentialunterschiede beherrscht werden müssen. Die Sender sind zu schirmen, damit sie kein Störfeld abstrahlen, die empfindlichen Empfänger, damit sie keine Störfelder empfangen. Für die Verbindungsleitungen gilt das gleiche. Die Abschirmung elektrischer Felder ist einfach: mit relativ dünnen Metallflächen können diese Felder von der Frequenz Null ab in ihrer Störwirkung unterdrückt werden. Auch die Abschirmung magnetischer Felder wird heute beherrscht. Bei Frequenzen <1 kHz erreicht man statische magnetische Schirmung durch Material hoher Permeabilität. Bei höheren Frequenzen wird durch Wirbelstromverluste das Eindringen des Feldes in Metalle gedämpft. Zur Schirmung werden daher Materialien mit hoher elektrischer und/oder solche mit hoher magnetischer Leitfähigkeit gewählt, bei denen die äquivalente Leitschichtdicke gering ist. Durch Mehrfachschirmung und Kombination dieser Materialien läßt sich die Wirkung wesentlich erhöhen.

Ein Maß für die Schutzwirkung eines Systems oder eines Kabels gegen Störströme ist der *Kopplungswiderstand* (coupling resistance) R_{K0} und gegen Störspannungen der *Kopplungsleitwert* (coaupling admittance) Y_{K0}. R_{K0} ist definiert als das Verhältnis der Längsspannung am Schirm auf

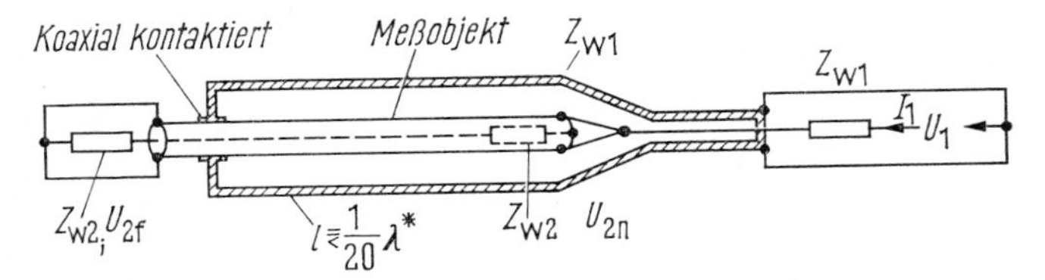

Bild 54 Zur Definition des Kopplungswiderstands R_{K0}

der gestörten Seite zum Strom auf der störenden Seite. Y_{K0} kann man entsprechend definieren als das Verhältnis des Stromes in der gestörten Seite zur Querspannung auf der störenden Seite. Der Kopplungsleitwert hat nur Bedeutung bei elektrisch nicht dichten Schirmen (Kabel mit nichtdichter Geflechtschirmung). Entsprechend der Definition muß zur getrennten Erfassung von Kopplungswiderstand und Kopplungsleitwert an elektrisch kurzen Meßobjekten gemessen werden.

Bild 54 zeigt als Beispiel eine Anordnung zum Messen des Kopplungswiderstands R_{K0}. Mit U_1 = Sendespannung, U_2 = Empfangsspannung, Z_{w1} = Generatorwiderstand und bei gleicher Wellenlänge im inneren und äußeren System gilt für den Kopplungswiderstand

$$R_{K0} \approx \frac{2\,U_2}{U_1} \cdot Z_{w1}\,. \tag{120}$$

An elektrisch langen Abschnitten wird das äußere Koaxialsystem am fernen Ende mit Z_{w1} abgeschlossen und das innere wieder an beiden Enden mit seinem Wellenwiderstand Z_{w2}. Es wird die Spannung U_{2n} am nahen Ende und U_{2f} am fernen Ende gemessen. Die Wirkungen des Kopplungsleitwerts und -widerstands auf den beiden Seiten sind verschieden: auf der nahen Sendeseite addieren sich die Wirkungen, auf der fernen Seite subtrahieren sie sich (s. Richtungskoppler, S. 167). Es gilt für die verlustarme

Leitung am nahen Ende $R_{n\,K0} = 2\,\frac{U_{2n}}{U_1} \cdot Z_{w1}$,

am fernen Ende $R_{f\,K0} = 2\,\frac{U_{2f}}{U_1} \cdot Z_{w1}$.

Die Messung von R_{K0} und Y_{K0} läuft in der Regel auf die Messung großer Pegelunterschiede hinaus; ein sorgfältiger Aufbau des Meßplatzes ist daher wichtig. Auch die Meßanordnung ist sorgfältig zu wählen; sie muß definiert sein, um räumlich gleiche Meßobjekte, aber verschiedener Schirmwirkung, untereinander vergleichen zu können. Die Definitionen für R_{K0} und Y_{K0} braucht man nicht auf Anordnungen zu beschränken, wo der Strom im äußeren System mit der Spannung im inneren

System in Beziehung gesetzt wird; es können auch mehrere Zwischenkreise bestehen. Es gilt immer für

$$R_{\mathrm{K0}} = \frac{\text{Spannung im gestörten System}}{\text{Strom im störenden System}}\,. \tag{121}$$

Es ist auch üblich, die Schirmwirkung durch die Übersprechdämpfung zwischen den beiden Systemen auszudrücken; z.B. gibt man bei Schaltkabeln das Nebensprechdämpfungsmaß zwischen zwei 10 m langen parallelgeführten Kabeln an. Es ist ein sehr guter Kennwert für die Praxis zur Auswahl der Verbindungskabel hinsichtlich ihrer Schirmwirkung.

Bei einem Koaxialkabel mit zweifachem Kupferschirm und magnetischem Zwischenschirm z.B. ist bei 10 kHz bis 100 MHz der bezogene Kopplungswiderstand $R'_{\mathrm{K0}} \leqq 1\ \mathrm{m\Omega/m}$. Setzt man formal $R'_{\mathrm{K0}} = \omega L'_{\mathrm{K0}}$, so folgt daraus z.B. die Kopplungsinduktivität $L'_{\mathrm{K0}} = \frac{R'_{\mathrm{K0}}}{\omega}$. Bei $f = 100\ \mathrm{MHz}$ entspricht einem $R'_{\mathrm{K0}} = 1\ \mathrm{m\Omega/m}$ eine Induktivität von $L'_{\mathrm{K0}} = 1{,}5\ \mathrm{pH/m}$, das heißt, eine Durchbrechung des koaxialen Prinzips ist unzulässig. Zum Beispiel: Der Ersatz eines Außenleiters durch einen geraden Draht von wenigen Millimetern hat Kopplungsinduktivitäten $> 10\ \mathrm{nH}$ zur Folge. Bei sehr tiefen Frequenzen kann der Kopplungswiderstand dem relativ hohen Gleichstromwiderstand des Schirms (Außenleiter) zustreben. Hier gelten andere Gesetze; ein störender Kopplungswiderstand kann durch Schaltmaßnahmen und Erhöhung des Induktivitätsbelags des Außenleiters in seiner Wirkung herabgesetzt werden.

B. Meßverfahren der NF- und TF-Technik

1. Messen von Z und Y, von R, L, C und G, von d und Q, von k, e und m

Zum *Messen von Widerständen* $|Z_x| \cdot e^{j b_x} = R_x + j\omega L_x$ und von *Induktivitäten* L_x (mit Reihenwiderstand R_x) ist die *Maxwell-Brücke* nach Bild 55 (S. 123) eine sehr gute Lösung. Es gelten die Abgleichsbedingungen:

$$L_x = R_1 \cdot R_2 \cdot C_N \tag{122}$$

$$R_x = R_1 \cdot R_2 \cdot G_N . \tag{123}$$

Wird zum Abgleich der Blindkomponente ein feinstufig veränderbares Kapazitätsnormal C_N und entsprechend für die reelle Komponente ein reelles Leitwertnormal G_N gewählt, so konvergiert der Abgleich im Winkelbereich b von 0 bis $\pi/2$. Durch Änderung des Produkts $R_1 \cdot R_2$ z.B. um Zehnerfaktoren erhält man eine Meßbrücke großen Bereichs für die Größen L_x und R_x. Schirmung und Kompensation stellen sicher, daß das Produkt $R_1 \cdot R_2$ über den Frequenz- und Wertebereich konstant und reell bleibt. In erster Näherung wird dies je nach Frequenzbereich mit reellen Widerständen erfüllt. Die Widerstände können auch z.B. über den Frequenzbereich beliebigen Charakter annehmen, vorausgesetzt, daß ihre Frequenzgänge invers zueinander sind, z.B. $R_1 \rightarrow j\omega L_1$ und $R_2 \rightarrow 1/j\omega C_2$. Im Abstimmfall folgt das Meßergebnis unmittelbar in Henry für L_x und in Ohm für R_x; der Komplexe Widerstand ist: $|Z_x| \cdot e^{j b_x} = R_x + j\omega L_x = R + jX$. Auch *Widerstände* $Z_x = R - jX = R - j\omega L$ können mit der Maxwell-Brücke gemessen werden, wenn dem Meßobjekt eine Induktivität L_v vorgeschaltet wird; das geschieht mit aufgesteckten oder eingebauten schaltbaren Spulen.

Mit diesem Meßplatz aus Scheinwiderstands-Meßbrücke, Pegelsender und Selektivem Pegelmesser können die reellen und kapazitiven oder induktiven Komponenten von Komplexen Widerständen oder Leitwerten aller Art mit hoher Genauigkeit in einem großen Frequenzbereich (30 Hz bis 1,6 MHz) bestimmt werden, hier z.B. die Kennwerte der Fertigungslängen eines Kabels mit symmetrischen TF-Leitungen. ▶

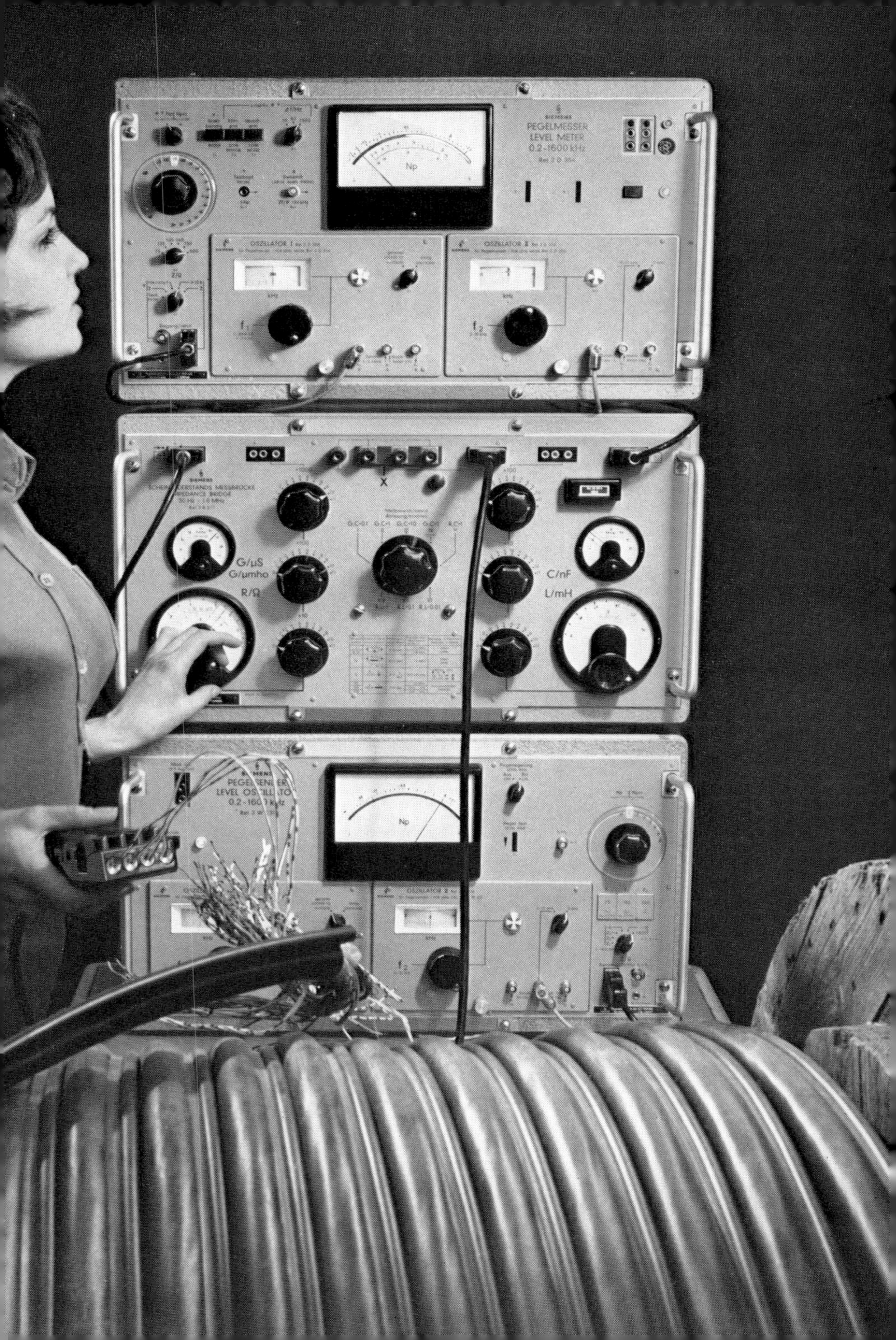
SIEMENS
PEGELMESSER
LEVEL METER
0.2-1600 kHz
Np
OSZILLATOR I
OSZILLATOR II
f1
f2
X
G/µS
G/µmho
R/Ω
C/nF
L/mH
SIEMENS
PEGELSENDER
Np
OSZILLATOR II
f2

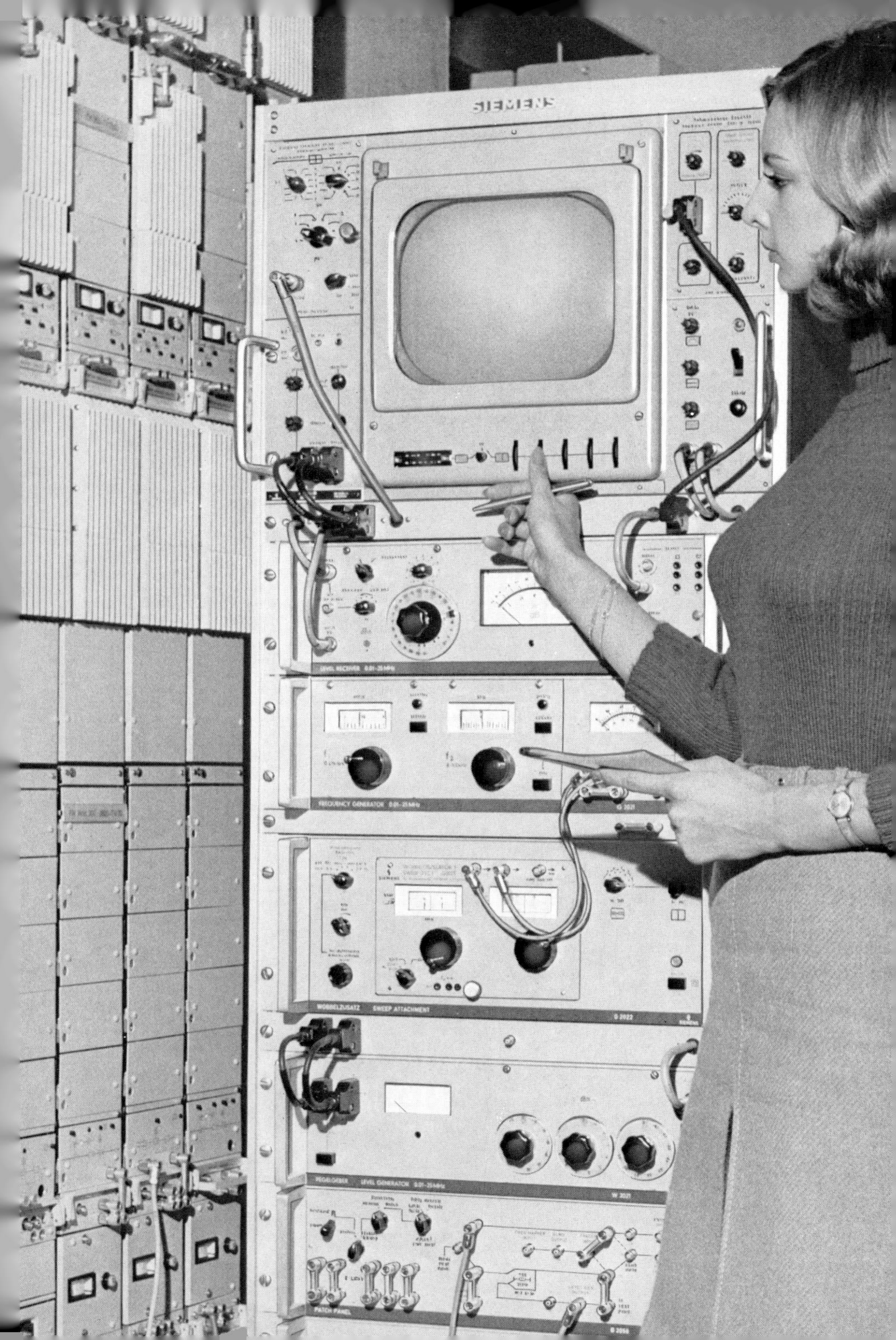
SIEMENS
LEVEL RECEIVER
FREQUENCY GENERATOR
SWEEP ATTACHMENT
LEVEL GENERATOR
PATCH PANEL

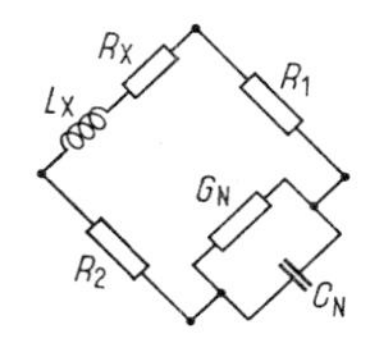

Bild 55 Maxwell-Brücke

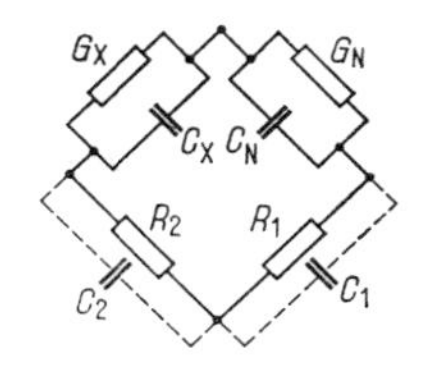

Bild 56 Wien-Brücke

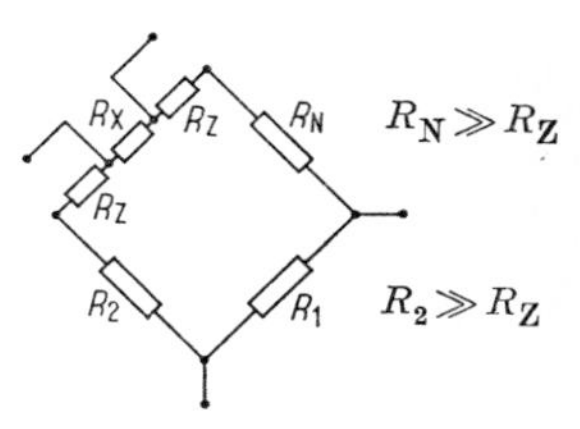

Bild 57 Thomsonprinzip

Zum *Messen von Leitwerten* $|Y_x| \cdot \mathrm{e}^{-\mathrm{j}b_x} = G_x + \mathrm{j}\omega C_x$ und *Kapazitäten* C_x (mit Parallelleitwert G_x) sind die *Meßbrücken nach M. Wien* und – für sehr hohe Meßspannungen im unteren Frequenzbereich – die *Schering-Brücke* besonders geeignet. Für die Brücke nach Bild 56 gilt bei Nullabgleich

$$C_X = \frac{R_1}{R_2} \cdot C_N \quad \text{oder} \quad = \frac{C_2}{C_1} \cdot C_N \tag{124}$$

$$G_X = \frac{R_1}{R_2} \cdot G_N \quad \text{oder} \quad = \frac{C_2}{C_1} \cdot G_N \,. \tag{125}$$

Mit einem feinstufigen C_N- und G_N-Normal und einer Änderung des Verhältnisses $\frac{R_1}{R_2}$ oder $\frac{C_2}{C_1}$ z.B. in Zehnerstufen ergibt sich auch hier eine Meßbrücke großen Bereichs für C_x und G_x bei $b = 0$ bis $-\pi/2$. Wieder müssen mit Schirmung und Kompensation die Konstanz und der Winkel →Null des Verhältnisses $\frac{R_1}{R_2}$ oder $\frac{C_2}{C_1}$ erzwungen werden; Gleiches gilt für die Normale C_N und G_N. Das Meßergebnis ist unmittelbar in Farad für C_x und in Siemens für G_x ablesbar.

Durch Kombination von Maxwell- und Wien-Brücke können z.B. die Normale C_N und G_N für beide Schaltungen benutzt werden, was ein Meßgerät für Komplexe Widerstände und Leitwerte großen Werte- und Frequenzbereichs ergibt. Das Bild auf S. 121 zeigt einen Meßplatz für den Frequenzbereich bis 1600 kHz für Messungen an Bauelementen, Baugruppen und Leitungen. Beim entsprechenden Meßplatz für Fre-

◀ Wobbelmeßplätze ermöglichen genaues und schnelles Messen, Abgleichen und Entzerren (s. S. 79).
Das Bild zeigt einen Wobbelmeßplatz für den Bereich 10 kHz bis 25 MHz, eingesetzt für Messungen im Basisband des Richtfunksystems FM 900-TV/7500

quenzen bis 30 MHz bildet ein Heißleiter, der über einen NF-Regelkreis gesteuert wird, das Leitwertnormal. Schließlich gibt es Meßbrücken mit gesteuerten Kapazitäten.

Für sehr kleine Widerstände beliebigen Charakters wird zur Ausschaltung der Zuleitungswiderstände R_Z zum Meßobjekt das *Thomsonprinzip* dadurch beachtet (Bild 57), daß man $R_2 \gg R_Z$ und $R_N \gg R_Z$ wählt oder in Erweiterung die Thomson-Brücke selbst anwendet.

Zum *Bestimmen des Wellenwiderstands* $Z_w = \sqrt{Z_K \cdot Z_L} = Z_{re} + Z_{im}$ aus dem Kurzschlußwiderstand Z_K und dem Leerlaufwiderstand Z_L benutzt man die *Maxwell-Brücke* für den Kurzschlußwiderstand Z_K, die *Wien-Brücke* für den Leerlaufwiderstand $Z_L = \frac{1}{Y_L}$. Es ergibt sich: $Z_w = \sqrt{\frac{Z_K}{Y_L}}$ $= \sqrt{\frac{R + j\omega L}{G + j\omega C}}$ mit $|Z_w| = \sqrt[4]{\frac{R^2 + \omega^2 L^2}{G^2 + \omega^2 C^2}}$, $b = \frac{b_K - b_L}{2} = \frac{1}{2}\left(\frac{\omega L}{R} - \frac{\omega C}{G}\right)$ rad; die Reihenkomponenten folgen zu $Z_{re} = Z \cdot \cos b$ und $Z_{im} = Z \cdot \sin b$. Den mittleren Wellenwiderstand Z_{wm} von symmetrischen Kabelleitungen mißt man an Fabrikationslängen mit sogenannten Wellenwiderstands- oder Wellenleitwerts-Meßbrücken. Bei ihnen wird mit der Brückenabstimmung gleichzeitig der Abschlußwiderstand geändert, so daß im Abstimmfall der Eingangswiderstand gleich dem Abschlußwiderstand ist. Bei Koaxialkabeln wird der Wellenwiderstand und besonders seine örtliche Gleichmäßigkeit mit Pulsen gemessen (s. S. 101). Die Messung des Reflexionsfaktors $|r| = \left|\frac{Z_w - Z_N}{Z_w + Z_N}\right|$ mit einer Meßbrücke im Wobbelverfahren gibt eine genaue Aussage über den frequenzabhängigen Verlauf des Wellenwiderstands Z_w, bezogen auf den Wert eines Normals Z_N. Das Verfahren wird weitgehend über alle Frequenzbereiche der Übertragungssysteme und bei allen Arten von Meßobjekten angewandt.

Für höhere Frequenzbereiche, also bei $R \ll \omega L$ ist zum Bestimmen des Wellenwiderstands an elektrisch kurzen Abschnitten ein *Resonanzverfahren* sehr gut geeignet. Hier geht man davon aus, daß im Resonanzfall der $\lambda^*/4$-Leitung die Blindwiderstände $j\omega L$ und $1/j\omega C$ einander entsprechen und gleich dem Realteil Z_{re} des Wellenwiderstands sind. Damit folgt bei der Resonanzfrequenz ω_0 mit $j\omega_0 L = 1/j\omega_0 C$ aus $Z = \sqrt{L/C}$:

$$Z_{re} = \frac{\pi}{2} \frac{1}{\omega_0 \cdot C} \quad \text{oder} \quad Z_{re} = \frac{1}{2\Delta f_{Re} C}. \tag{126}$$

C ist die Kapazität z.B. bei 1 kHz gemessen, Δf_{Re} der Frequenzabstand zwischen zwei Resonanzstellen im Abstand $\lambda^*/2$. Für die Blindkomponente gilt: $-Z_{im} = -\frac{a}{\omega_m C}$ bei einem Dämpfungsmaß $a = 10 \lg \frac{1+m}{1-m}$ dB: für $a < 2$ dB ist $a \approx 8{,}7\,m$ dB.

Die Resonanzstellen U_{min} und U_{max} werden so ermittelt: Ein Sender und ein Empfänger sind über kleine Kapazitäten C lose an den Eingang des offenen oder kurzgeschlossenen Kabels angeschlossen. Im Nennfrequenzbereich werden – durch Ändern der Frequenz – U_{max} und die beiden benachbarten U_{min}-Werte festgestellt. Für U_{min} nimmt man das Mittel aus diesen beiden U_{min}-Werten. Zur Wellenwiderstandsbestimmung wird die Frequenzdifferenz Δf_{Re} zwischen zwei Maxima oder Minima ermittelt. Beim Messen der Frequenzabstände Δf_{Re} über einen größeren Nennfrequenzbereich ist eine Ungleichmäßigkeit von Δf_{Re} ein Maß für die Ungleichmäßigkeit des Wellenwiderstands.

Besonders elegant ist die Bestimmung des Wellenwiderstands *mit Pulsen*. Man erhält mit einer einzigen Messung über den Frequenzbereich der Pulse eine Aussage über den Wellenwiderstand und seine örtliche Schwankung; das Verfahren wird vorzugsweise für das Frequenzgebiet der Koaxialkabel angewandt.

Zum genauen *Messen der Komponenten des komplexen Widerstands* oder *Leitwerts* über große Werte- und Frequenzbereiche ist man in der Regel noch auf den manuellen oder automatischen Abgleich von *Meßbrücken* angewiesen. Dort, wo nur der Scheinwiderstand $|Z_X|$ interessiert, ist die Messung im Wobbelverfahren mit Hilfe einer Spannungsteilerschaltung möglich. Hierbei liegt z. B. ein strombestimmendes Normal R_N in Reihe zum Meßobjekt Z_X an einer in ihrer Frequenz veränderbaren konstanten Sendespannung; mit einem hochohmigen Empfänger (Tastkopf) wird die Spannung am Meßobjekt Z_X abgegriffen. An einem Pegelbildempfänger ist dann der Verlauf von $|Z_X|$ darstellbar. Ist jedoch das Meßobjekt Z_X strombestimmend, dann wird die Spannung am Normal gemessen und der Verlauf von $1/|Z_X|$ aufgeschrieben. Erfolgt ein Winkelvergleich z.B. zwischen den Spannungen an Z_X und Z_N, so kann außer dem Betrag des Widerstands oder Leitwerts gleichzeitig der Winkel aufgezeichnet werden. Mit Hilfe der gesteuerten (winkelselektiven) Gleichrichtung (s. S. 132) ist auch eine Ortskurvendarstellung möglich (vgl. S. 51).

Neben den Scheinwiderstands-Meßbrücken großen Frequenzbereichs und für beliebige Meßobjekte sind für Messungen an Bauelementen in der Regel Meßbrücken mit Unsicherheiten $\rightarrow 10^{-3}$ notwendig. So werden *Kapazitäten C*, *Induktivitäten L* und ihre *Verluste* in Form von $d = \frac{G}{\omega C}$ oder $Q = \frac{\omega L}{R}$ mit *Meßbrücken* bestimmt, bei denen die feinstufige manuelle, programmierbare oder automatische Abstimmung mit induktiven Teilern und die Bereichswahl in Zehnerstufen durch Ändern der Normale oder/und mit zusätzlichen induktiven Teilern erfolgt.

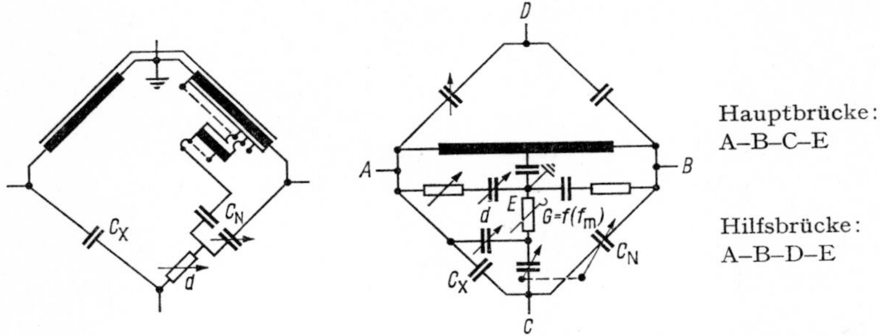

Bild 58 Prinzipschaltbild einer C-Meßbrücke

Bild 59 Prinzip einer Meßbrücke für Isolierstoffe und Kondensatoren bis 1 nF

Bild 58 zeigt als Beispiel das Prinzip einer Kapazitäts-Meßbrücke für $C = 0{,}001$ pF bis 100 µF, $f = 200$ Hz bis 10 kHz.

Bei Kondensatoren genügt es in der Regel, ihre Kapazität nur bei einer Frequenz, z.B. 800 Hz oder 1000 Hz, zu bestimmen, mit der Ausnahme von Keramikkondensatoren kleinen Kapazitätswertes, weil deren C-Wert von der Feuchte abhängig sein kann. Für diesen Fall wird ebenfalls eine Meßbrücke nach Bild 58, jedoch für den f-Bereich 0,1 bis 1 MHz gewählt.

Bei Spulen ist der L-Wert als Folge der Eigenkapazität, ferner der Wirbelstromverluste im Kernmaterial, in der Wicklung und einer Schirmung frequenzabhängig. Daher wird angestrebt, die L-Werte bei Betriebsfrequenzen zu bestimmen. Sind die Werte einer bestimmten Ausführung über ihren Frequenzbereich bekannt, so genügt in der Regel bei der Serienprüfung in der Fabrikation auch hier die Messung bei nur einer Frequenz.

Zum Bestimmen der *Induktivität* und vorzugsweise der *Güte von Spulen* für den höheren TF-Bereich ist das *Resonanzverfahren* besonders geeignet. Zum Beispiel wird bei den erwähnten Scheinwiderstands-Meßbrücken in der Schaltung für Leitwerte $Y = G + j\omega C$ die Spule parallel zu C_N geschaltet und die Brücke nach Blind- und Wirkkomponente abgeglichen. Bei genau bekannter Frequenz folgt $L_X = \frac{1}{\omega^2 C_N}$ und die Verlustkomponente als Leitwert $G_X = \frac{R_1}{R_2} \cdot G_N$.

Mit dem Verlustfaktor $d_{C_N} \ll 1/Q_X$, was in der Regel erfüllt ist, folgt für die Spulengüte $Q_X = \omega C_N / G_X$. Gut geeignet ist dann dieses Verfahren: Der aus C_N und L_X bestehende Parallelkreis wird als Längszweig in ein L-Glied mit kleinem Querwiderstand R eingefügt. Im Resonanzfall werden Eingangs- (U_e) und Ausgangsspannung (U_a) gemessen oder verglichen. Ist das Verhältnis $\frac{U_e}{U_a} = n$, so gilt mit $L_X = \frac{1}{\omega^2 C_N}$ im Abstimmfall: $Q = R(n-1) \cdot \omega C_N$. Nach diesem Resonanz-Verfahren arbeiten auch die Gütemesser, die Q im Abstimmfall direkt anzeigen. Hierbei wird z.B. der Reihenkreis aus L_X und C_N aus niederohmiger Quelle mit definierter Spannung gespeist und im Abstimmfall bei loser Ankopplung die Spannung an L_X oder C_N gemessen; sie ist unmittelbar ein Maß für Q.

Zum Messen der *Güte von Koaxialkabeln* wählt man ebenfalls ein *Resonanzverfahren*; indirekt führt das zum genauen Bestimmen der Dämpfung. Auch für Untersuchungen an magnetischen Werkstoffen mit kleinen Verlustkomponenten ist das Resonanzverfahren sehr gut geeignet, da hier zum Vergleich ein nahezu verlustfreies Kondensatornormal gewählt werden kann.

Bei *Frequenzen* > 10 *MHz* erreicht man mit geeigneten Normalen in Form von Spulen, Leitungen, Topfkreisen, Meßleitungen schon Güten $Q > 1000$. Damit wird es möglich, den *Verlustfaktor d von Isolierstoffen im Resonanzverfahren* zu bestimmen. Zum Beispiel wird der Kreis $L_N(1 + \mathrm{j} d_N) \parallel C_X(1 + \mathrm{j} d_X)$ durch Ändern der Frequenz auf Resonanz eingestellt; man erhält den Meßwert $d_N + d_X$. Dann wird C_X gegen C_N ausgetauscht und mit C_N abgestimmt. Ist der Verlustfaktor von C_N vernachlässigbar, so erhält man d_N; d_X folgt zu $d_X = (d_N + d_X) - d_N$.

Dagegen ist *bei Frequenzen* < 10 *MHz* das Resonanzverfahren zur Bestimmung des Verlustfaktors d von Kondensatoren und Isolierstoffen nicht geeignet, da Induktivitätsnormale in diesem Frequenzgebiet nicht mit hoher Güte herstellbar sind. Hierfür wurden *Verlustfaktor-Meßbrücken* mit sehr kleinem Verlustfaktor d geschaffen (Bild 59). Störende Leitwerte macht eine Hilfsbrücke unwirksam.

Die *kapazitiven Kopplungen* $k_1 \ldots k_{12}$; $e_1 \ldots e_3$ von NF-Kabeln, ferner die *Betriebskapazitäten* C_1; C_2; C_V, die *Ableitung G*, die *Schleifenwiderstände* R_1, R_2 der Kabeladern und die *Widerstandsdifferenzen* ΔR_1; ΔR_2; ΔR_V werden mit *Meßbrücken nach dem Nullverfahren* gemessen oder unmittelbar angezeigt. Beim Nullverfahren kompensiert z.B. bei der Kopplungsmessung ein Differential-Kondensator die Kopplungen k_1, k_2 oder e_{a1} im benachbarten Brückenzweig der Bilder 19, 20, 21, S. 49. Im Prinzip entsprechen diese Bilder weitgehend den Meßschaltungen. Außer dem Differential-Kondensator als Meßelement sind Nullabgleichelemente für die drei Meßschaltungen $k_{1\ldots3}$ oder $e_{1\ldots3}$ und ein Abgleichelement für den Verlustfaktor d vorgesehen. Sender und Empfänger sind über symmetrische Differential-Übertrager mit Mittelpunkten M angeschaltet. Durch entsprechende Verbindung dieser Punkte mit der Umgebung können die indirekten Kopplungen k_i bei der Messung ausgeschieden werden, auch z.B. bei der Messung von e_{a1} nach Bild 21 (S. 49) der Einfluß der Aderkapazitäten von 1a und 2a zur Umgebung. *Meßverfahren mit unmittelbarer (digitaler) Anzeige* werden bei den Kabelmeßautomaten angewandt. Der Meßbrücke wird eine konstante Sendespannung zugeführt, die Spannung der Empfängerdiagonale niederohmig gemessen, damit die Spannung nur proportional der Kopplung und unabhängig von der Betriebskapazität ist (Digital-Kopplungsmesser). In entsprechender Weise gilt das für die Meßschaltungen der anderen Größen. Der Meßautomat nimmt alle Meßwerte der erwähnten Größen in automatischer Folge auf, protokolliert sie und wertet sie aus. Bei symmetrischen TF-Kabeln können die elektrischen und magnetischen Übersprechkopplungen $k + \frac{g}{j\omega}$ oder $m + \frac{r}{j\omega}$ mit Brücken oder Kompensationsschaltungen im Nullverfahren gemessen werden. Die getrennte Erfassung dieser Kopplungen ist beschränkt auf elektrisch kurze Leitungsabschnitte. An elektrisch langen Abschnitten wird das Zusammenwirken beider Kopplungen bei Abschluß mit dem Wellenwiderstand mit dem gleichen Meßgerät gemessen.

Besonders elegant ist die Messung der Wirkung der betriebsmäßigen Nah- und Fernnebensprech-Kopplungen mit dem *Ortskurvenschreiber*. Mit ihm sind die Kopplungswirkungen getrennt nach Komponenten als Ortskurve oder ihre Beträge an einer Bildröhre darstellbar (Bild 22c, S. 51). Dieser Meßplatz ist auch besonders für die Ausgleichsmaßnahmen auf der Strecke geeignet. Die Wirkungen des Ausgleichs werden unmittelbar sichtbar. Mit ihm kann auch die Betriebs- oder Wellendämpfung und der Scheinwiderstand, z.B. der eines Kabels gegen ein Normal, aufgeschrieben werden.

2. Messen des Pegels, des Dämpfungs- und des Verstärkungsmaßes

In der Übertragungstechnik ist es üblich, die Nutz- und Störsignale im gesamten System als Pegel anzugeben. Der Pegelbereich ist sehr groß; er reicht z.B. von +25 dB bis −120 dB, von +3 Np bis −13 Np. Die kleinsten zu messenden Nutzpegel betragen im Bereich der TF-Technik etwa −70 dB. Die Nutzpegel mißt man in der Regel mit höherer Genauigkeit als die Störpegel, weil an die Konstanz der Nutzpegel und an ihren festgelegten Verlauf in Abhängigkeit von der Frequenz hohe Anforderungen zu stellen sind. Besonders gilt das für TF-Systeme mit kleinen Verstärkerabständen, weil dort wegen der relativ vielen Verstärker systematische Fehler in den einzelnen Abschnitten schnell zu großen Fehlern auflaufen. Pegelsender und Pegelmesser müssen sich daher durch konstante, frequenzunabhängige und definiert einstellbare Pegel über einen großen Bereich auszeichnen; sie sollen auch weitgehend unabhängig von äußeren Einflußgrößen sein. Für viele Messungen müssen die Pegelsender und Pegelmesser eine hohe Frequenzgenauigkeit und -einstellbarkeit aufweisen, z.B. bei Pegelmessungen in den Lücken der Nachrichten-Übertragungsbänder.

Pegelmessungen führt man punktweise oder im Wobbelverfahren mit breitbandigem oder selektivem Empfänger durch.

Die *breitbandige Messung* ist wegen des Rauschens, der Stör- und Nebensignale je nach Frequenzbereich und Genauigkeit auf kleinste Werte von etwa −40 dB bis −80 dB beschränkt; aber sie bietet den Vorteil, daß der Pegelmesser nicht auf die Frequenz abgestimmt werden muß.

Bei der *selektiven Messung* wird das Empfangssignal unmittelbar oder nach geringer Vorverstärkung in die ZF-Lage umgesetzt und bandbegrenzt. Mit schmalerer Bandbreite nimmt die Rauschleistung ab, das Signal kann mehr verstärkt werden. Auf diese Art ist es möglich, selbst Pegel von −120 dB und kleiner über einen großen Frequenzbereich zu messen; üblich sind ZF-Bandbreiten bis $B \leqq 20$ Hz. Der selektive Pegelmesser muß jedoch auf die Frequenz abgestimmt werden, was die Messung umständlicher macht. Mit schmaler Bandbreite wird auch hohe Selektion erreicht, und im Empfänger kann ein kleines Meßsignal von größeren Nebensignalen getrennt werden.

Wesentlich ist bei Pegelmessungen ferner, daß als Folge der Nebensignale des Systems, die bei der Messung am Pegelmesser liegen, auch keine neuen Signale durch Klirren und Intermodulation entstehen. Dazu muß der Pegelmesser neben hoher Selektion auch hohe Linearität haben. Diese ist besonders beim Messen von nichtlinearen Verzerrungen, z.B. bei der Klirrfaktormessung, wichtig; der Pegelmesser darf selber, als Folge des großen Pegels der Grundwelle, keine Klirrprodukte bilden. Hohe Linearität wird erreicht durch hohe Empfindlichkeit, da dann das Meßsignal im Eingangsbereich (Vorverstärker, Modulator) des Pegelmessers sehr klein sein kann und damit die Aussteuerung gering ist.

Die Frequenzabstimmung läßt sich dadurch wesentlich erleichtern, daß der Oszillator für die Frequenzumsetzung auf Frequenzlinien eines Quarzrasters einrastet oder über eine Nachziehschaltung (AFC) mit Hilfe des Ausgangssignals in einem Fangbereich gefangen und mitgezogen wird. Ist die Sendefrequenz f_m des Pegelsenders nach dem Prinzip des Schwebungssenders aus der Differenz einer veränderbaren Frequenz f_1 und einer festen Frequenz f_2 gebildet und entnimmt man dem Pegelsender zur Steuerung des Umsetzers im Empfänger ein Steuersignal der Frequenz f_1, so ergibt sich eine erste feste Zwischenfrequenz f_Z. Durch diese Verknüpfung ist bei beliebiger Frequenz f_m

der Empfänger nach dem Prinzip der Abstimmautomatik auf die Meßfrequenz f_m abgestimmt. Durch weitere Umsetzungen werden niedere Zwischenfrequenzen gebildet; in diesen Frequenzlagen wird das Signal verstärkt und die Selektion erhöht. Auf diese Weise sind selektive Pegelmessungen auch im Wobbelverfahren über einen großen Frequenz- und Pegelbereich möglich. Einen entsprechenden Meßplatz für den Frequenzbereich 6 kHz bis 18,6 MHz zeigt das Bild auf S. 190, einen Meßplatz für den Bereich 0,1 bis 100 MHz, das Bild auf S. 8, schließlich einen Meßplatz für automatisches Messen das Bild auf S. 2.

Wobbelmessungen über Strecken lassen sich auch so ausführen, daß der Meßwert auf der Empfangsstelle zur Sendestelle zurückgegeben und dort angezeigt werden kann (Meßwertrückmeldung). Der Meßplatz auf S. 122 ist ein Beispiel dafür.

Zum Erkennen systematischer Schwankungen des Übertragungsfaktors z.B. bei der Entwicklung und Prüfung von Verstärkern für Vielkanalsysteme wird eine sehr hohe Genauigkeit gefordert. Diese ist nur als *Pegeldifferenzmessung mit einer sehr genauen Eichleitung* möglich. Die Differenzmessung wird sowohl beim Wobbeln als auch beim Meßautomaten angewandt.

Als *sehr zuverlässiges Normal* für Pegel im Frequenzbereich bis 10 GHz kann der *Thermische Leistungsmesser* gelten, wenn man die angezeigte Wechselstromleistung mit einer genauen Gleichstromleistung vergleicht.

Zum *Messen des Realteils a* oder $-a$ *Komplexer Dämpfungsmaße* $g = a + \mathrm{j}\,b$ und *Komplexer Übertragungsmaße* (Verstärkungsmaße) $-g = -(a + \mathrm{j}\,b)$ werden in der Regel die gleichen Pegelmeßplätze verwendet, denn das Messen von Pegelunterschieden ist gleichbedeutend dem Messen von Dämpfungsmaßen a oder Übertragungsmaßen $-a$. Ist z.B. n_s der Sendepegel am Eingang eines Vierpols und n_E der Empfangspegel am Ausgang, so ist das Dämpfungsmaß $a = n_s - n_E$ oder das Übertragungsmaß $-a = n_E - n_s$. Auf diese Weise können z.B. je nach Abschlußzustand das Wellendämpfungsmaß a_w, das Betriebsdämpfungsmaß a_B, die Nebensprechdämpfungsmaße a_n, a_f bestimmt werden. Ein Sonderfall ist die Messung des Nebensprechens, das bei PCM-Systemen allein im Modulationsgerät z.B. zwischen zeitlich benachbarten Kanälen gleicher Übertragungsrichtung auftreten kann (a_f), da alle Nebensprechstörungen der Strecke durch die Regeneration unwirksam sind. Ist die Nebensprechamplitude Spitze/Spitze kleiner als der Amplitudenunterschied einer Quantisierungsstufe und fallen die Mittelwerte von Störung und Quantisierungsstufe zusammen, dann wird das Nebensprechen voll unterdrückt. Fällt ein Störungsmittelwert aber mit der Quantisierungsstufe des Codierers zusammen, dann tritt die Störung voll in Erscheinung und wird sogar auf das Quantisierungsintervall vergrößert. Um bei der Messung diese Zufälligkeit auszuschließen, ist vorgeschlagen worden, in den gestörten Kreis ein Hilfssignal zu geben, dessen Pegel um 42 dB unter der Aussteuerungsgrenze n_{max} liegt. Hilfsfrequenz und Meßfrequenz müssen genügend voneinander entfernt sein, damit das Hilfssignal den selektiven Meßempfänger nicht beeinflußt.

Das Restdämpfungsmaß a_R (vgl. S. 39) wird bei der Einrichtung neuer Strecken in Abhängigkeit von der Frequenz gemessen; zur späteren Überwachung genügt in der Regel der Meßwert bei $f \approx 800$ Hz (bei der Deutschen Bundespost $\leqq 19$ dB zwischen den Ortsvermittlungen). Bei Restdämpfungsmessungen an PCM-Systemen sind Meßfrequenzen zu vermeiden, die in einem rationalen Verhältnis zur Abtastfrequenz von 8000 Hz stehen (Phaseneinfluß), auch solche, bei denen das rationale Verhältnis um weniger als 10 Hz differiert (Phasenschwankung). Das Restdämpfungsmaß ist hier in systematischer Weise vom Pegel abhängig; daher muß zur Prüfung des richtigen Funktionierens des PCM-Systems die Restdämpfung a_R im ganzen Stufenbereich gemessen werden. Vorteilhaft ist es, hierfür – nach einem Vorschlag der CEPT – wie beim Messen der Quantisierungsverzerrung weißes Rauschen anzuwenden (vgl. S. 66). Um die Kompatibilität der Geräte verschiedener Hersteller sicherzustellen, ist es nach CCITT notwendig, Restdämpfungsmaße für den Sende- und Empfangsteil getrennt anzugeben. Die Sendeseite kann z.B. mit Hilfe eines normierten Meßempfängers gemessen werden, die Empfangsseite z.B. mit einem Signalgenerator, der eine Folge von PCM-Codewörtern erzeugt, die sich aus einem Sinussignal bestimmter Amplitude und Frequenz ergeben.

Bei Wahl der entsprechenden Meßschaltung können auch nahezu alle anderen Dämpfungsmaße manuell oder im Wobbelverfahren z.B. mit dem Meßplatz, wie auf S. 8 abgebildet, bestimmt werden. Der Vorteil dieses Verfahrens liegt darin, daß sich die Dämpfungsmaße einfach als Differenz von Sende- und Empfangspegel unter Beachtung der Vorzeichenregeln ergeben. Die Dämpfung der Meßschaltung muß ermittelt und vom zugeführten Sendepegel abgezogen werden.

Nach wie vor sind *Dämpfungsmessungen nach dem Vergleichsverfahren* üblich. Die Meßunsicherheit ist hier nur durch die Eichleitung gegeben. So sind z.B. mit einer sehr genauen Eichleitung und bei Anwendung des *Pegeldifferenzverfahrens* sehr genaue Messungen des Dämpfungsmaßes a oder des Übertragungsmaßes $-a$ bis etwa ± 60 dB und von Rauschmaßen $a_F \to 0$ möglich. Bei der Messung von a werden in der Regel Eichleitung und Meßobjekt vom Sender parallel gespeist. Bei der Messung von $-a$ sind Meßobjekt und Eichleitung in Reihe geschaltet; der Vergleichsweg kann eine feste Dämpfungsstufe zur Entkopplung oder zur Nachbildung der Grunddämpfung der veränderbaren Eichleitung enthalten. Im Frequenzbereich < 100 MHz wird zweckmäßigerweise der Empfänger z.B. mit einem Tastkopf hochohmig gemacht. Im Frequenzgebiet > 100 MHz macht man den Empfänger z.B. durch Vorschalten eines festen Dämpfungsgliedes reell; stimmen hierbei die Wellenwiderstände von Meßobjekt und Eichleitung nicht überein, so ist das Stoßdämpfungsmaß zu berücksichtigen.

Auch besonders hohe Dämpfungen, z.B. Mit- und Übersprechdämpfungen, werden noch nach dem Vergleichsverfahren bestimmt (Dämpfungsmeßeinrichtung mit Mitsprechzusatz).

Für die genaue Bestimmung sehr kleiner Dämpfungsmaße von Leitungsabschnitten werden im Abschnitt C 3, S. 177, Beispiele gegeben.

3. Messen des Dämpfungswinkels b und der Gruppenlaufzeitverzerrung $\Delta \tau_g$

Das Bestimmen der Komplexen Dämpfungsmaße $g = a + \mathrm{j}\, b$ oder Komplexen Übertragungsmaße $-g = -(a + \mathrm{j}\, b)$ setzt auch das *Messen der Dämpfungswinkel* b oder *Übertragungswinkel* $-b$ voraus. Zum Winkelvergleich müssen Eingangsgröße und Ausgangsgröße des Vierpols am Meßort zur Verfügung stehen; das ist nur bei Messungen an der Schleife der Fall. Bei Messungen über eine Strecke muß am Empfangsort ein Vergleichssignal gebildet werden, das phasenstarr mit dem Sendesignal verknüpft ist.

Für den Fall der Schleifenmessung können komplexe Verhältnisgrößen nach getrennten Komponenten $|A|\,(\cos b + \mathrm{j} \sin b)$ oder nach Betrag $|A|$ und Winkel b getrennt gemessen werden. Die getrennte Erfassung der Komponenten ist z.B. mit der *gesteuerten* (phasenselektiven) *Gleichrichtung* nach Bild 60 möglich. Hierbei wird das Empfangssignal U_E den beiden gesteuerten Gleichrichtern Gl 1, Gl 2 (z.B. Ringmodulatoren) zugeführt. Den Gleichrichter Gl 1 steuert eine Spannung, die in Phase mit dem Sendesignal U_{S1} am Eingang ist, den Gleichrichter Gl 2 eine gegenüber U_{S1} um $b_{S2} = \pi/2$ verschobene Spannung U_{S2}.

Am Ausgang des Gl 1 steht dann das Signal $U_{E1} \sim U_E \cdot \cos b$ und am Ausgang des Gl 2 das Signal $U_{E2} \sim \mathrm{j}\, U_E \cdot \sin b$ zur Verfügung. Dieses Prinzip kann in allen Frequenzbereichen bei breitbandiger und bei entsprechender Abwandlung auch bei selektiver Messung angewandt

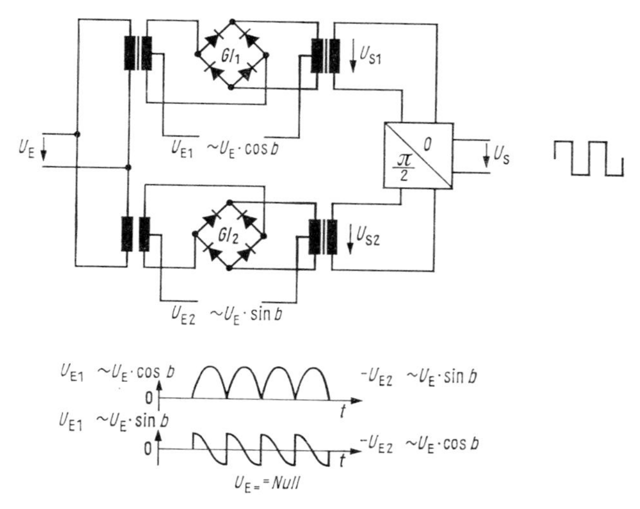

Bild 60 Prinzip der gesteuerten Gleichrichtung

werden. Ein Beispiel ist der Ortskurvenschreiber. Will man neben der üblichen Messung von a_B oder $-a_B$ den Winkel b messen, so wird z.B. zur direkten Messung von b das Empfangssignal U_E in einem zusätzlichen Weg, z.B. um $b = \pi/2$ rad gedreht, auf Rechteckform begrenzt und einem von U_S rechteckförmig gesteuerten Gleichrichter zugeführt. Seine Ausgangsgleichspannung $U_E = f(b)$ ist proportional dem Winkel b; das Vorzeichen von U_E entspricht dem Vorzeichen von b. Hiermit ist b zwischen $+\pi/2$ rad und $-\pi/2$ rad bestimmt. Mit weiteren Mitteln kann b zwischen $\pm\pi$ rad bestimmt werden.

Genau und in verhältnismäßig einfacher Weise ergibt sich eine Winkeldifferenzmessung in Ergänzung zur Pegeldifferenzmessung (S. 130), wenn, wie es beim PEGAMAT-System der Fall ist, die Frequenzen des Pegelsenders und die Umsetzerfrequenzen für die Zwischenfrequenz des selektiven Pegelmessers zeitstarr aus einer und derselben Frequenz abgeleitet sind. So wie bei der Messung von Δa die Eingangsspannung am Meßobjekt X mit seiner Ausgangsspannung oder der eines Normals N dem Betrag nach verglichen werden, erfolgt gleichzeitig in ähnlicher Weise ein Winkelvergleich. Hierbei wird z.B. in der Stellung N eines N-X-Umschalters die Ausgangsspannung U_N fester Frequenz des selektiven Pegelmessers mit dem zeitstarren Bezugssignal gleicher Frequenz der Phase nach verglichen, eine Winkeldifferenz automatisch beispielsweise nach nahezu Null geschoben und über den N-X-Meßzyklus festgehalten (Eichstellung). Hierdurch werden alle Phasengänge der Meßanordnung auf →Null reduziert. Nachfolgend wird in der Stellung X der zeitliche Versatz der Nulldurchgänge von Ausgangsspannung U_X und Bezugsignal ermittelt und damit ein Zeittor gesteuert, in das eine konstante Frequenz eingezählt wird (Prinzip des Frequenzzählers). Die Anzahl der in das geöffnete Tor einlaufenden Nulldurchgänge ist dann das Maß für den Wellenwinkel oder den Dämpfungswinkel b (einen PEGAMAT-Meßplatz mit Phasenmesser s. S. 172). Es sind Meßbereiche von 0 bis -2π rad, $-\pi$ bis $+\pi$ rad und mehr z.B. durch Frequenzteilung möglich. Mit Frequenzschritten $\Delta\omega = \omega_1 - \omega_2$ ergibt sich auch die Gruppenlaufzeit τ_G bei praktisch ausreichend kleinem $\Delta\omega$ zu

$$\frac{b_1 - b_2}{\omega_1 - \omega_2} = \frac{\Delta b}{\Delta\omega} \approx \frac{\mathrm{d}b}{\mathrm{d}\omega} = \tau_G . \qquad (127)$$

Die Kenntnis des Komplexen Dämpfungsmaßes ist für Daten-, Fernseh-, Puls- und FM-Systeme bedeutungsvoll. Linearer Verlauf des Dämpfungswinkels b mit der Frequenz ist hier neben kleiner Dämpfungsverzerrung Δa aus verschiedenen Gründen (Zeichenverzerrung, Geisterbilder, Unschärfe, Nebensprechen, Geräusch) notwendig. Die Messung des Winkels b über Strecke ist, wie bereits erwähnt, nicht möglich. Bei der Messung in der Schleife ist die erreichbare Meßgenauigkeit nicht immer ausreichend. Aber die erste Ableitung der Phasenverzerrung Δb, die Gruppenlaufzeitverzerrung $\Delta\tau_g = \Delta \frac{\mathrm{d}b}{\mathrm{d}\omega}$, ist mit so hoher Genauigkeit auch über Strecke meßbar, daß sie genaue Aufschlüsse gibt über die Systemeigenschaften, die mit einer Winkelverzerrung (b nicht proportional ω) zusammenhängen. Der Winkel b kann dann nachfolgend durch Integration aus der Gruppenlaufzeitverzerrung gewonnen werden. In der Praxis wird aber davon kein Gebrauch gemacht, da sich mit der Gruppenlaufzeitverzerrung auch alle Zeichenverzerrungen beschreiben lassen.

Zum *Messen der Gruppenlaufzeitverzerrung* bietet sich das *Verfahren nach Nyquist* als ein sehr elegantes Verfahren an, zumal es sich auch für Wobbeln eignet. Mit einer Trägerfrequenz f_T und einer Spaltfrequenz f_{sp} werden durch Modulation die Frequenzen $f_T \pm f_{sp}$ gewonnen. Die Spaltfrequenz bestimmt die Spaltbreite, mit der ein breites Frequenzband in bezug auf Winkel- oder Laufzeitverzerrung betrachtet wird. Mit niedriger Spaltfrequenz ist also das Auflösungsvermögen größer, aber die Meßunsicherheit für $\Delta\tau_g = \Delta \frac{\mathrm{d}b}{\mathrm{d}2\pi f_{sp}}$ nimmt ab, da wegen Rauschen und Instabilität nur Kleinstwerte von $\Delta b \geqq 10^{-3}$ erfaßt werden können. Für Systeme mit höherer Grenzfrequenz und entsprechend kleinerer Einschwingzeit t sind nur entsprechend kleinere Gruppenlaufzeitverzerrungen zulässig. Es gilt die Faustregel

$\Delta\tau_g \leqq \frac{1}{10} t$, wobei die Energieverteilung über das Frequenzband zu berücksichtigen ist. Um bei dieser Regel die notwendige Meßgenauigkeit für $\Delta\tau_g$ zu erreichen, muß bei gleichem Auflösungsvermögen des Meßgeräts für Δb die Spaltfrequenz entsprechend erhöht werden. Man wählt daher bei höherer Bandbreite B des Übertragungssystems auch eine höhere Spaltfrequenz, z.B. $f_{sp} \leqq \frac{1}{100} B$.

Der Hüllkurve (Spaltfrequenz) des Sendesignals mit den Frequenzen f_T und $f_T \pm f_{sp}$ wird im Meßobjekt die Schwankung der Gruppenlaufzeit τ_g als Winkelschwankung aufgeprägt. Aus dem demodulierten Empfangssignal gewinnt man das Spaltfrequenzsignal, dessen Winkel verglichen wird mit dem Bezugswinkel, der am Empfangsort zur Verfügung stehen muß. Aus der Winkelschwankung Δb, bezogen auf einen Anfangszustand oder Bezugspunkt, folgt die Gruppenlaufzeitverzerrung $\Delta\tau_g = \frac{\Delta b}{2\pi f_{sp}}$. Der Bezugswinkel läßt sich aus dem demodulierten Empfangssignal (Meßsignal) z.B. dadurch gewinnen, daß periodisch bei gleicher Frequenz f_T der Bezugswinkel abgetastet und über die Periode gespeichert wird. Bei hoher Wobbelfrequenz, z.B. 50 Hz, kann der Bezugswinkel auch durch Integration aus dem zu messenden Signal gewonnen werden. Einen Meßplatz für Gruppenlaufzeit- und Dämpfungsverzerrungen für Streckenmessungen BF — BF und ZF — ZF in der Richtfunktechnik zeigt das Bild auf S. 158; er eignet sich auch zum Messen von Modulationshub und Modulationssteilheit.

4. Messen des Unsymmetrie-Dämpfungsmaßes

Es ist naheliegend anzunehmen, daß bei den verschiedenen hier angewandten Begriffen (s. S. 52) und den Anforderungen der Praxis eine einzige Meßschaltung nicht genügen wird. Das trifft zwar grundsätzlich zu, weil die Praxis zu Wandlungen zwingt, aber mit Bild 61 konnte eine Grundschaltung gefunden werden, die bei Vierpolen die Erdkapazitätsunsymmetrie (Querunsymmetrie), ferner die Leitungsunsymmetrie (Aderwiderstandsunsymmetrie) betriebsmäßig erfaßt und auch den Anforderungen der Übertragungstechnik mit elektrisch langen und kurzen Vierpolen angepaßt ist. Die Schaltung liefert bei elektrisch langen Abschnitten eine gleichmäßige Spannungsverteilung längs der Strecke und gibt auch bei elektrisch kurzen Vierpolen eine Aussage über das Zusammenwirken mit nachgeschalteten Vierpolen. Weiter gilt sie für Klemmenpaare, Dreipole und für Sender und Empfänger. Diese Schaltung mit den

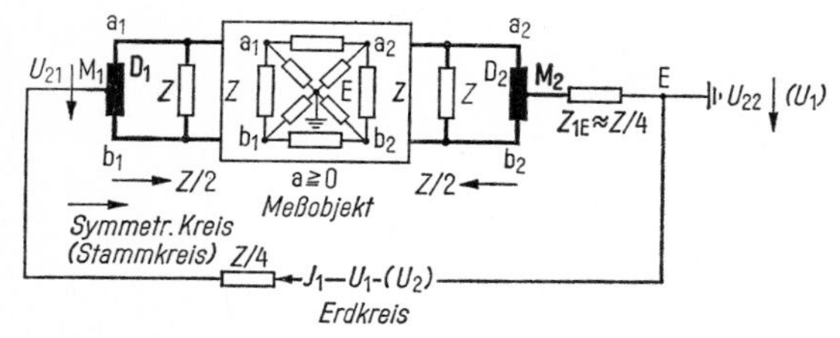

Bild 61 Grundschaltung zum Messen des Unsymmetrie-Dämpfungsmaßes

Widerständen Z und $Z/4$ ist elektrisch vollkommen gleichwertig der früher noch oft angewandten Schaltung mit vier gleichen Widerständen $Z/2$, wie in Bild 25, S. 54, betrachtet. Die Mittenbildung M durch hochsymmetrische Drosseln D mit ihrem hohen Querwiderstand $|\omega L|$ und kleinem Längswiderstand $Z_{\mathrm{ab/M}}$, der bei sinnvoller Wahl der bifilaren Wicklung nahezu nur ein Viertel des Wicklungswiderstands ist, ergibt jedoch den Vorteil, daß die Widerstände Z im symmetrischen Kreis (Stammkreis) und $Z/4$ im Erdkreis völlig unabhängig voneinander gewählt werden können. Daher läßt sich die Schaltung nach Bild 61 den verschiedenen Meßaufgaben und Betriebsverhältnissen leicht anpassen. Weiterhin ist hier die Symmetrie unabhängig von Zeit und Temperatur. Erdkapazitäten über dritte Kreise (Umgebung) lassen sich bei der Messung dadurch unwirksam machen, daß die Umgebung mit der Mitte von Drossel $\mathrm{D_1}$ oder $\mathrm{D_2}$ verbunden wird *(Außenerdkopplungen e_{a})*; damit werden nur die direkten Erdkapazitäten zum Kabelmantel hin oder zu einem geerdeten Zwischenschirm erfaßt. Das hiernach gemessene Unsymmetrie-Dämpfungsmaß ist dann gleich dem Spannungs-Mitsprechdämpfungsmaß als Folge von Aderunsymmetrie und Außenerdkopplung e_{a}.

Die Meßschaltung läßt sich auf Eigenunsymmetrie durch Kreuzen zwischen den Punkten $\mathrm{a_1}$–$\mathrm{a_2}$ / $\mathrm{b_1}$–$\mathrm{b_2}$ (gekreuzt) prüfen. Kapazitätsunsymmetrie gegen Erde wird mit Kapazitätstrimmer ausgeglichen. Das Unsymmetrie-Dämpfungsmaß der Meßschaltung soll etwa 20 dB größer sein als das des Meßobjekts.

Beim Bestimmen des *Unsymmetrie-Dämpfungsmaßes eines Vierpols* ist dieser mit seinen Wellenwiderständen abzuschließen. Bei Zuführung der Spannung U_1 im Erdkreis (Bild 61) bestimmen die Widerstände $Z/4$ bei $a \to 0$ allein den Strom I_1 und damit den Einfluß von Aderwiderstandsdifferenzen zwischen den Punkten $\mathrm{a_1}$, $\mathrm{a_2}$ oder/und $\mathrm{b_1}$, $\mathrm{b_2}$. Ausgedehnte Vierpole (Leitungen) haben einen definierten Leitungswellenwiderstand Z_{WE} gegen Erde. Der Widerstand $Z_{1\mathrm{E}}$ wird dann zum Abschlußwiderstand des Erdkreises, und die Widerstände $Z_{1\mathrm{E}}$ und $Z/4$ sind gleich dem Wellenwiderstand Z_{WE} zu wählen.

Ist das Betriebsdämpfungsmaß a_B des Vierpols nicht gleich Null, so können die Spannungen U_{21} und U_{22} unterschiedlich sein. Entsprechend gilt

$$a_{u1} = 20 \lg \left| \frac{U_1}{U_{21}} \right| \text{dB}; \quad a_{u2} = 20 \lg \left| \frac{U_1}{U_{22}} \right| \text{dB}. \tag{128}$$

Wird der als passiv angenommene Vierpol zum aktiven Vierpol und ist der Übertragungsfaktor $A = \frac{U_{22}}{U_{21}}$, so gilt

$$a_{u2} = 20 \lg \left| \frac{U_1}{U_{22}} \right| \text{dB} + 20 \lg |A| \text{ dB}. \tag{129}$$

Bei Anwendung dieser Meßschaltung für symmetrische TF-Systeme oder deren Bausteine ist auf der Amtsseite für Z ein Wert von 150 Ω und 37,5 Ω für $Z/4$ einzuführen. Für den NF-Bereich wählt man sinngemäß 600 Ω und 150 Ω.

Damit auch bei *elektrisch langen Leitungsabschnitten* nur die Außenerdkopplungen das Unsymmetrie-Dämpfungsmaß beeinflussen, ist Potentialgleichheit von Nachbarkreisen und Meßkreis längs der Strecke notwendig. Das ist erreichbar, wenn die Komplexen Wellendämpfungsmaße g_w des zu messenden Kreises a, b gegen Erde und aller Nachbarkreise a_1, b_1 gegen Erde bis a_n, b_n gegen Erde genügend gleich sind. Für Potentialgleichheit werden nach Bild 62 alle benachbarten Stammkreise a_1/b_1 bis a_n/b_n am Ende kurzgeschlossen und mit dem sich durch die Parallelschaltung ergebenden Erdwellenwiderstand Z_E gegen Erde abgeschlossen. Unter der Annahme gleicher Wellenwiderstände Z'_E der Stammkreise gegen Erde ist $Z_E = Z'_E/n$, wenn n die Anzahl der zusammengefaßten gleichartigen Stammkreise ist. Auch der zu messende Kreis a, b wird mit seinem Erdwellenwiderstand Z'_E gegen Erde nach Bild 62 abgeschlossen.

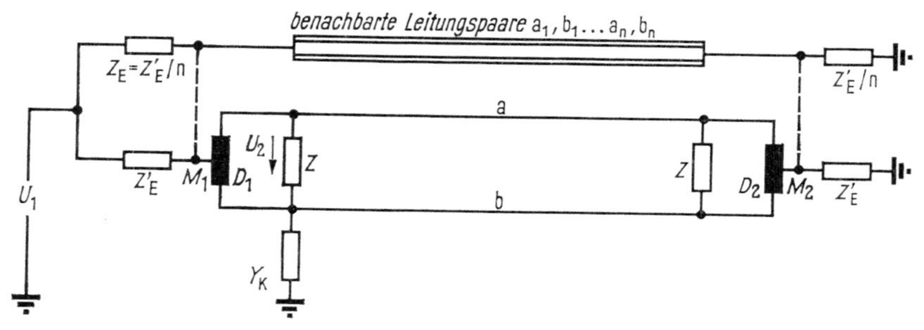

Bild 62 Messen des Unsymmetrie-Dämpfungsmaßes an langen Leitungsabschnitten; n Anzahl der benachbarten kurzgeschlossenen Leitungspaare

Am Sendeort werden die benachbarten Kreise ebenfalls kurzgeschlossen; es wird der gleiche Abschlußwiderstand Z'_E/n vorgeschaltet, ferner dem zu messenden Kreis der Widerstand Z'_E. Da Potentialgleichheit — unter der Voraussetzung gleicher Wellendämpfungsmaße — gegeben ist, können der Anfang der kurzgeschlossenen Leitungspaare mit M_1 der Drossel D_1 und das Ende mit M_2 der Drossel D_2 verbunden werden. Der gemeinsame Abschluß- oder Vorwiderstand beträgt dann $Z'_E/n + 1$. Damit die Belastung für die Meßstromquelle nicht zu groß wird, bringt man in der Regel, nur die benachbarten Kreise auf das Potential des zu messenden Kreises.

Bei einem *Dreipol als Meßobjekt* mit Widerstandswerten, die nicht ausreichend groß sind gegenüber dem Z-Wert, auf den die Unsymmetrie bezogen werden soll, sind die Widerstände Z und Z_{1E} so zu wählen, daß $Z_{a/b} = Z_{a/E} = Z_{b/E} = Z/2$ wird, damit die Gesamtschaltung wieder einer Brücke mit vier Widerständen $Z/2$ entspricht.

Die Grundschaltung nach Bild 61 läßt sich zur getrennten Erfassung des Kopplungsleitwerts Y_K und des Kopplungswiderstands Z_K (Definitionen s. S. 53) folgendermaßen abwandeln:

1. Bestimmen des Einflusses von Y_K auf das Unsymmetrie-Dämpfungsmaß ohne den Einfluß von Z_K (Bild 63). Es gilt:

$$a_{u\,1\,y} = 20 \lg \left| \frac{U_1}{U_{21}} \right| \text{dB}; \quad a_{u\,2\,y} = 20 \lg \left| \frac{U_1}{U_{22}} \right| \text{dB}. \tag{130}$$

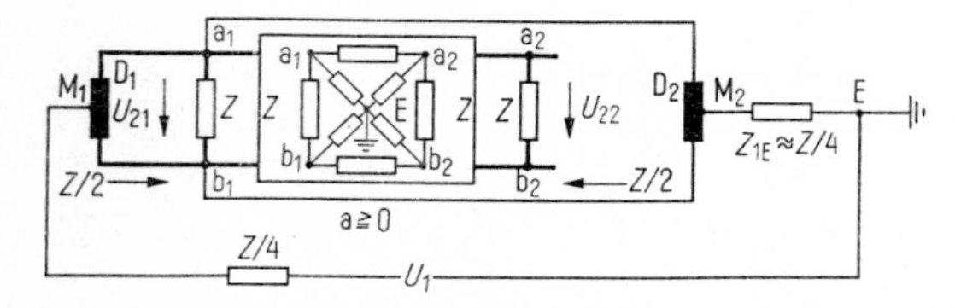

Bild 63 Bestimmen des Einflusses von Y_K ohne den Einfluß von Z_K bei $a \geqq 0$, $Z_{a/E}$ und $Z_{b/E} \gg Z$

Störspannungen in Fernsprech- und Tonkanälen stören den Hörenden je nach ihren Frequenzanteilen sehr unterschiedlich. Um trotzdem vergleichbare Meßwerte zu bekommen, sind für die Bewertung der Störspannungen Störgewichtskurven sowie Integrationsbedingungen international festgelegt worden.

Der Geräuschspannungsmesser, ein aus dem Netz oder aus Batterien gespeistes Betriebsmeßgerät, mißt den Effektiv- oder den Quasi-Spitzenwert von störenden Spannungen in Fernsprech- und Tonkanälen im Bereich 15 bis 20000 Hz unbewertet (Fremdspannung) oder frequenzbewertet (Geräuschspannung).

Messung-MEAS
Ablesung-MULTIPLIER
Geräuschspannung
WEIGHTED
Fremdspannung
UNWEIGHTED
Eingang
Fernsprechen-Tonübertragung U3002
VOICE - PROGRAM
dB/V
Bewertung
READING
Spitze/PEAK
Effektiv/RMS
Netz
POWER
GERÄUSCHSPANNUNGSMESSER PSOPHOMETER 15Hz-20kHz
U 2033
SIEMENS

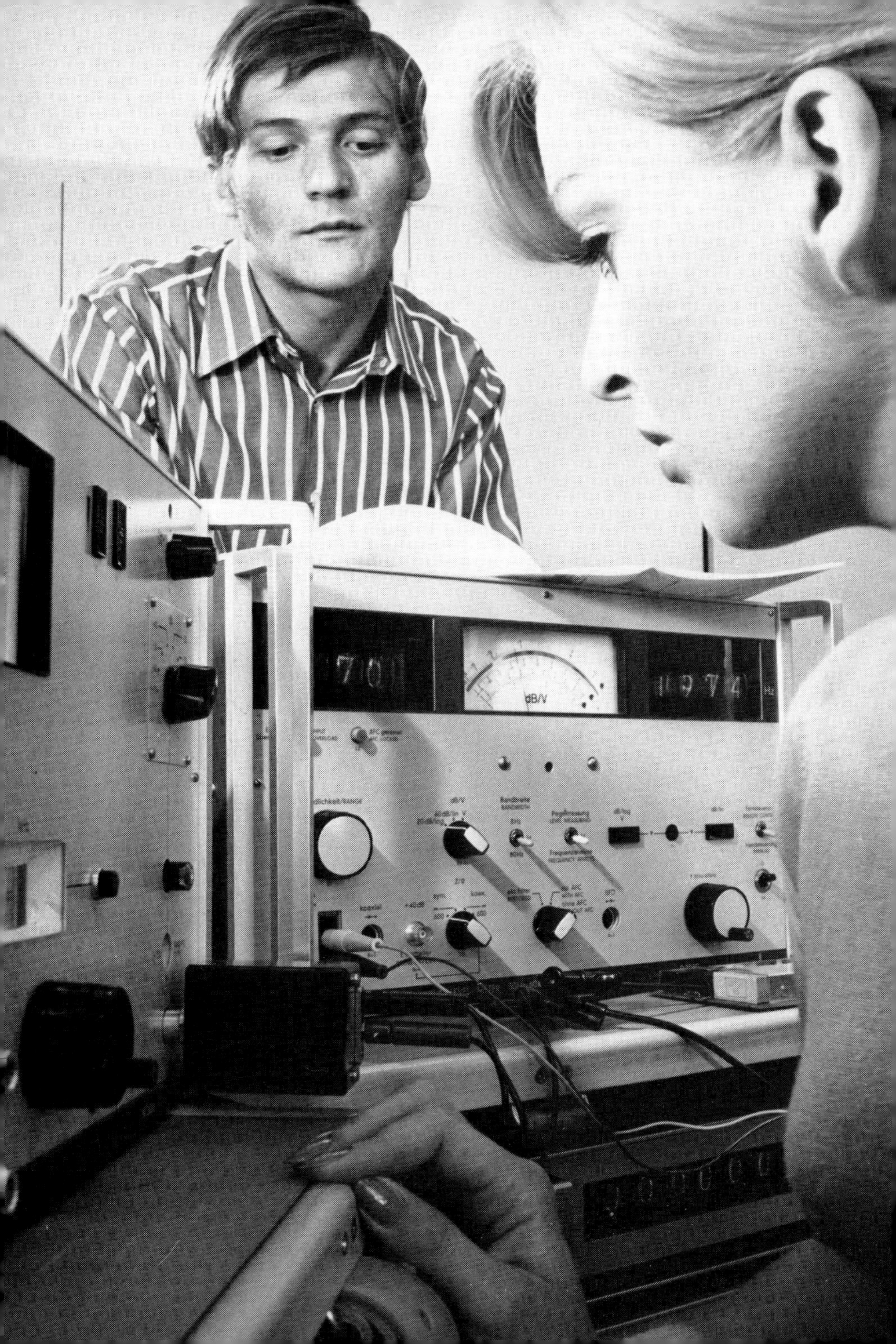
dB/V
Hz

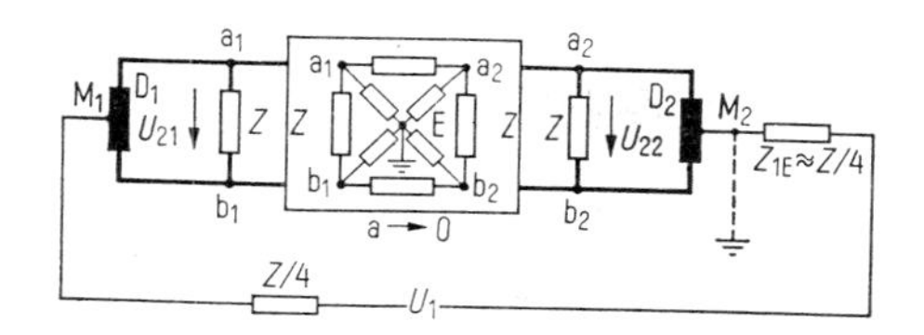

Bild 64 Bestimmen des Einflusses von Z_K ohne den Einfluß von Y_K bei $a \to 0$

2. Bestimmen des Einflusses von Z_K auf das Unsymmetrie-Dämpfungsmaß ohne den Einfluß von Y_K (Bild 64).

   Bei Vierpolen mit kleinem Betriebsdämpfungsmaß kann man den Einfluß des Kopplungsleitwertes Y_K gegen Erde weitgehend ausschließen, wenn man die Mitte M einer der beiden Drosseln mit Erde verbindet oder wenn man bei unzulässiger Erdung die Punkte M_1, M_2 über $Z/4$ symmetrisch speist. Es gilt:

$$a_{u1Z} = 20 \lg \left| \frac{U_1}{U_{21}} \right| \text{dB}; \quad a_{u2Z} = 20 \lg \left| \frac{U_1}{U_{22}} \right| \text{dB}. \tag{131}$$

3. Zum Bestimmen des Unsymmetrie-Dämpfungsmaßes wird beispielsweise bei einem Meßsender nach Bild 65 verfahren, bei einem Empfänger oder einem Dreipol nach Bild 66. Die strichliert gezeichneten Elemente kann man weglassen; bei Bild 66 ist ferner zu beachten, daß sich dann der Meßwert von U_2 auf $2U_2$ erhöht. Es gilt:

$$a_{uSe} = 20 \lg \left| \frac{U_1}{U_2} \right| \text{dB}; \quad a_{uEm} = 20 \lg \left| \frac{U_1}{U_2} \right| \text{dB}. \tag{132}$$

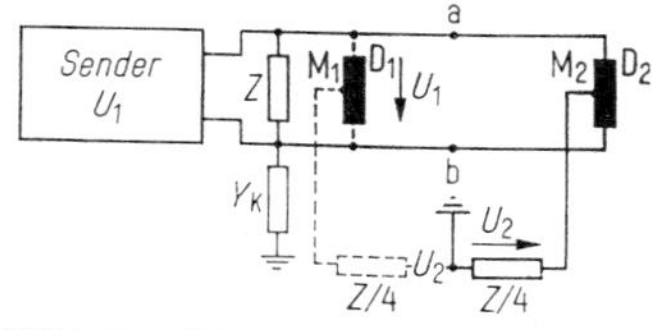

Bild 65 Messung der Unsymmetrie eines Meßsenders

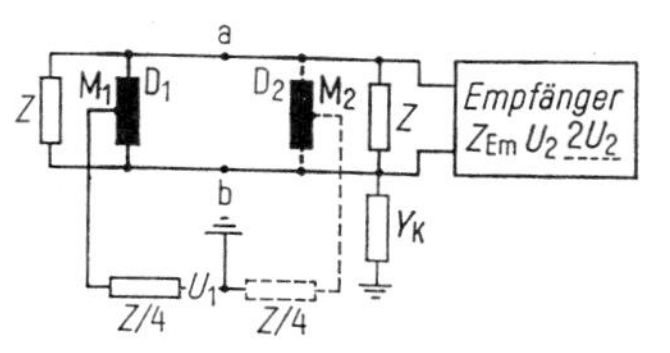

Bild 66 Messung der Unsymmetrie eines Empfängers

◀ Dieser Frequenzanalysator mit dem Bereich 10 Hz bis 60 kHz ist ein hochwertiger Überlagerungsempfänger für selektive Pegel- und Spannungsmessungen und für Fourieranalysen, ferner zum Bestimmen der Spektraldichte von Frequenzgemischen und zum Messen von Verzerrungs- und Mischprodukten. Die Frequenz wird über einen Digital-Frequenzmesser auf 1 Hz genau und mit einer ebenso hohen Auflösung eingestellt. Seine Ziffernanzeige folgt der Frequenzeinstellung praktisch trägheitslos. Der eingebaute Mitlaufgenerator ergänzt das Gerät zu einem Dämpfungsmeßplatz für Schleifenmessungen. Schließlich kann das Gerät als aktives, durchstimmbares Bandfilter verwendet werden. Alle Einstellfunktionen sind fernsteuerbar.

Alle diese Bilder entsprechen der Grundschaltung nach Bild 61 auf S. 136. Bei gleichem Kopplungsleitwert $Y_K = Y_{a/E} - Y_{b/E}$ ergeben sich gleiche Unsymmetrie-Dämpfungsmaße a_u, mit Ausnahme des Falles nach Bild 64, wo der Kopplungsleitwert unwirksam sein soll.

Empfänger großen Frequenzbereichs erfüllen nicht immer hohe Symmetrieforderungen; es werden dann Symmetrierübertrager vorgeschaltet. Bisher sind hochohmige Empfänger ($Z_{Em} \gg Z$) angenommen. Hat der Empfänger den Widerstand $Z_{Em} = Z$, so fallen in den Bildern 63 bis 66 die Z-Widerstände an den Anschlußpunkten des Meßempfängers weg. In Bild 65 werden dann die Widerstandswerte $Z/2$ anstatt $Z/4$ gewählt. Bei Vertauschung von Sender (U_1) und Empfänger (U_2) in Bild 61 und 63 sind die Widerstandswerte $Z/4$ ebenfalls auf $Z/2$ zu erhöhen.

Allgemein gesehen, wirkt die Unsymmetrie eines Empfängers an einem störenden symmetrischen Kreis anders als an einem gestörten: Liegt sie am störenden Kreis, dann ruft sie z. B. im Phantomkreis Mitsprechen hervor; liegt sie am gestörten Kreis, dann wird der Meßwert durch eine Gleichtaktspannung gegen Erde beeinflußt. Außerdem wird in beiden Fällen das Unsymmetrie-Dämpfungsmaß beeinflußt.

5. Messen nichtlinearer Verzerrungen

Klirrfaktor-Messung. Das klassische Meßgerät für nichtlineare Verzerrungen, die Klirrfaktor-Meßbrücke, arbeitet nach dem Vergleichsverfahren (Bild 67). Die zu messende erdsymmetrische oder erdunsymmetrische Spannung (Ausgangsspannung des Meßobjekts) liegt an den Eingangsklemmen 1, 2 oder 1, 4, in beiden Fällen also an der Brückendiagonale 1–2. D ist ein induktiver Spannungsteiler, dessen geerdeter Abgriff die Spannung zwischen 1–2 sehr genau und zeitlich konstant halbiert (hochsymmetrische Drossel). Durch Abgleichen der Brücke für die Grundschwingung (mit L, C und R) liegt an der Diagonale 3–4 (Nullzweig) nur die Spannung der Oberschwingungen; sie wird verglichen mit einem Teil der Eingangsspannung. Den veränderbaren Spannungsteiler S stellt man in Stellung „Grundschwingung" des Schalters U so ein, daß sich am Empfänger (Effektivwertspannungsmesser) die gleiche Anzeige ergibt wie in Stellung „Oberschwingungen". Entsprechend der Definition des Klirrfaktors (vgl. S. 62) läßt sich S unmittelbar in Klirrfaktor und Klirrdämpfung eichen. Der Span-

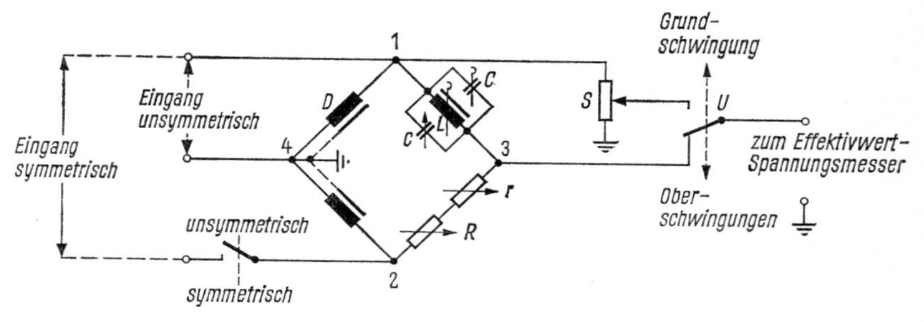

Bild 67 Grundsätzlicher Aufbau der Klirrfaktor-Meßbrücke

nungsmesser braucht nicht geeicht zu sein, er muß aber frequenzunabhängig anzeigen und einen gegen den Brückenausgangswiderstand hochohmigen Eingang haben. Außerdem ist darauf zu achten, daß die Meßanordnung eine Eigenklirrdämpfung haben muß, die mindestens 20 dB größer ist als die zu messende. Die Meßspannung und alle auf das Meßobjekt folgenden Teile der Meßanordnung müssen entsprechend klirrarm, die Meßfrequenz muß außerdem sehr konstant sein.

Eine andere Meßschaltung (Bild 68) ist die mit gegengekoppeltem Verstärker und abstimmbarem RC-Netzwerk, das die Grundschwingung aussiebt. Automatisches Feinabstimmen dieses Sperrfilters erleichtert die Bedienung und ermöglicht bequemes Messen auch bei Frequenzdrift.

Um nichtlineare Verzerrungen besser beurteilen zu können, mißt man mitunter nicht die Gesamtklirrdämpfung, sondern die Klirrdämpfungen der einzelnen Harmonischen. Diese werden dazu durch Bandfilter vom Gemisch getrennt. Bei variabler Grundfrequenz eignen sich hierfür sehr gut die in der TF-Technik verwendeten selektiven Pegelmesser (Überlagerungsempfänger), deren Eigenklirrdämpfung meistens ausreichend groß ist (etwa 70 bis 80 dB). Diese kann für die Messung extrem großer Klirrdämpfungen mit einem vorgeschalteten RC-Filter, das die Grundschwingung dämpft, noch weiter erhöht werden.

Bei der selektiven Messung der einzelnen Harmonischen werden Fälschungen des Meßergebnisses durch Störspannungen, wie sie beim unmittelbaren Messen der Gesamtklirrdämpfung auftreten können, ver-

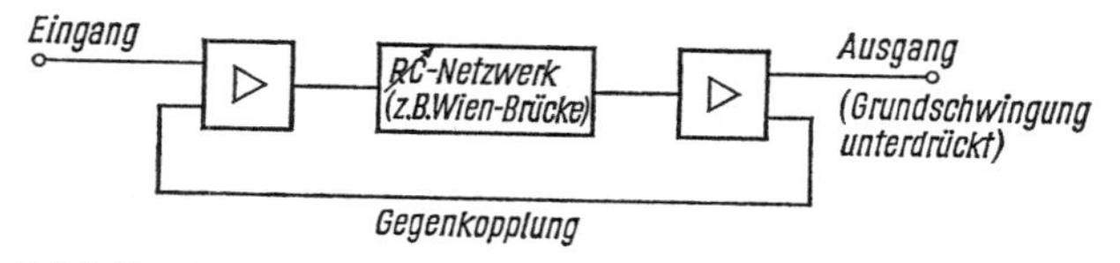

Bild 68 Gegengekoppelter Verstärker mit abstimmbarem RC-Netzwerk zum Aussieben der Grundschwingung

mieden. Mit einem Überlagerungsempfänger, dessen Eingangsmodulator von einem Wobbelsender gesteuert wird, kann man auf dem Bildschirm einer Elektronenstrahlröhre das ganze Frequenzspektrum sichtbar machen (Panoramaempfang, Suchtonanalyse, s. auch S. 108). Auf diese Weise läßt sich das Meßobjekt am gründlichsten untersuchen: Man kann es mit einer oder mehreren Spannungen aussteuern und erfaßt nicht nur alle Harmonischen und Kombinationsschwingungen, sondern auch fremde Störspannungen.

Will man ein bestimmtes Klirrprodukt, z.B. die 2. Harmonische, *frequenzabhängig* aufzeichnen, so sind Meßschaltungen erforderlich, in denen die jeweils zu betrachtende Größe in eine Spannung fester Frequenz umgesetzt wird. Auch hierfür eignen sich Überlagerungsempfänger. Bei punktweiser Messung mit Meßautomaten werden die Meßsender- und Überlagerungsfrequenz entsprechend programmiert. Bei Wobbelmessungen läßt sich das Problem z.B. dadurch lösen, daß die Überlagerungsfrequenz für die jeweils gewünschte Oberschwingung mit Kunstschaltungen abgeleitet wird, und zwar aus der Zwischenfrequenz und der Überlagerungsfrequenz für die Grundschwingung; es ist dann jeweils nur auf die gewünschte Oberschwingung umzuschalten.

Differenztonfaktor-Messung. Der Klirrfaktor gibt kein richtiges Bild der Störungen durch nichtlineare Verzerrungen, wenn das System die Oberschwingungen nicht überträgt; besser ist dann die Differenztonmessung. Speziell bei Musikübertragungen können die von hohen Tonfrequenzen durch nichtlineare Verzerrung gebildeten Differenztöne mehr stören als die Obertöne, weil sie unharmonisch zu den sie erzeugenden Tönen liegen; zudem fallen sie in das Gebiet hoher Ohrempfindlichkeit. Bei der Messung wird das Meßobjekt mit zwei Sinusspannungen verschiedener Frequenz (f_1, f_2), aber gleicher Amplitude ausgesteuert und selektiv die entstehenden Differenzschwingungen 2. und 3. Ordnung mit den Frequenzen $f_1 - f_2$ und $2f_1 - f_2$ oder $2f_2 - f_1$, die man ins Verhältnis zum Schwingungsgemisch am Ausgang des Meßobjekts setzt, gemessen. Die Ermittlung des Differenztonfaktors dritter Ordnung erfordert [Gleichung (93), S. 64] die Messung des Effektivwertes *beider* symmetrisch zu den beiden Grundfrequenzen liegenden Kombinationsschwingungen.

Ein geringerer Meßaufwand ergibt sich, wenn man auf die Messung eines der beiden Verzerrungsprodukte verzichtet und die gemessene Amplitude mit dem Faktor 2 multipliziert; das setzt natürlich voraus, daß die beiden Differenzschwingungen gleiche Amplituden haben, die linearen Verzerrungen des Prüflings also hinreichend klein sind. Bei der Messung ist ferner zu bedenken, daß die Differenzschwingungen $2f_1 - f_2$

und $2f_2 - f_1$ nicht nur von der kubischen Nichtlinearität, sondern auch von Gliedern höherer, ungeradzahliger Ordnung herrühren können und daß der gemessene Wert, genau genommen, nur ein Maß für die symmetrische Verzerrung des Ausgangssignals darstellt. Die einzelnen Anteile d_3, d_5, ... können sich bei der Messung teilweise kompensieren. In den meisten Fällen genügt es aber, für die Beurteilung eines Systems die symmetrische oder die unsymmetrische Gesamtverzerrung zu messen.

Für die Überwachung von Tonleitungen für den Hörfunk und den Fernsehfunk wird die Klirrfaktor-Messung mit der Differenztonfaktor-Messung kombiniert. Zwar ist nach den CCITT-Empfehlungen nur der Summenklirrfaktor als Nichtlinearitätsmaß festgelegt, es empfiehlt sich aber, die selektive Messung der Klirrfaktoren k_2 und k_3 durchzuführen, weil man damit den Einfluß des Leitungsgeräusches eliminiert und außerdem gleich erkennt, ob quadratische oder kubische Verzerrungen vorherrschen; in der Regel läßt dies bereits einen Schluß auf ihre Entstehungsursachen zu. Im oberen Teil des Frequenzbereiches von NF-Tonleitungen werden zusätzlich die Differenztonfaktoren d_2 und d_3 gemessen, um so die Verzerrungen im ganzen Frequenzbereich zu erfassen. Die Nichtlinearität der Tonleitungen mit TF-Umsetzung läßt sich nur an ihrem kubischen Differenztonfaktor d_3 ablesen, nicht an k_2, k_3 und d_2, weil die Verzerrungsprodukte nicht mehr ins Übertragungsband fallen. Das gilt auch für TF-Tonleitungen, die in der TF-Lage mit Kompander ausgerüstet sind. Der kubische Differenztonfaktor d_3 stellt somit zugleich einen Güteparameter für die Kompander-Bauart dar.

Bei Tonleitungen, die mit Preemphasis- und Deemphasis-Netzwerken ausgerüstet sind und die über TF-Systeme laufen, führt die Doppeltonmessung im oberen Teil des NF-Nutzbandes zur Überlastung der Systeme, weil die Preemphasis eine bis auf 11 dB ansteigende Pegelanhebung bewirkt. Auf Grund dieser Überlegungen ist daran gedacht, einem Meßautomaten für Tonleitungen folgendes Nichtlinearitäts-Meßprogramm zugrunde zu legen:

a) k_2- und k_3-Messung im untersten Oktavbereich mit den Grundtönen 90 und 60 Hz bei 9 dBm0 mit 180-Hz-Empfangsfilter.

b) k_2- und k_3-Messung im mittleren Oktavbereich mit den Grundtönen 800 und 533 Hz bei 9 dBm0 mit 1600-Hz-Empfangsfilter.

c) d_3-Messung im mittleren Oktavbereich mit dem Doppelton 800 und 1420 Hz bei je +3 dBm0 mit 180-Hz-Empfangsfilter. Da hierbei der obere auf 2040 Hz fallende Differenzton nicht gemessen wird, muß die Anzeige des bei 180 Hz gemessenen unteren d_3-Wertes definitionsgemäß verdoppelt werden.

Die Empfangsfilter müssen die Grundtöne, Brummspannungen (50 Hz und deren Oberschwingungen) und alle Klirrprodukte des Meßobjekts bis auf das zu messende Klirrprodukt ausreichend dämpfen.

Registrierverfahren für die stetige frequenzabhängige Aufzeichnung des Differenztonfaktors werden nur sehr selten angewandt, weil sie relativ aufwendig sind und leicht zu Fehlern im Meßergebnis führen können.

Mit einer einfachen Differenztonmessung läßt sich auch die Nichtlinearität von TF-Übertragungssystemen prüfen. Man speist einen 800-Hz-Prüfton in die Kanäle 11 und 12 jeder Grund-Primärgruppe ein und mißt im Kanal 10 das Modulationsprodukt $2f_1 - f_2$ (entspricht der NF-Kanalfrequenz 800 Hz), wobei f_1 die entsprechende Übertragungsfrequenz im Kanal 11 (67200 Hz) und f_2 diejenige im Kanal 12 (63200 Hz) ist. Das gleiche Verfahren ist auch üblich mit einem 800-Hz-Ton im Kanal 6 (32800 Hz) und im Kanal 4 (24800 Hz) und Messung des Differenztones im Kanal 8. Zum Messen werden nur mehr oder weniger selektive Spannungsmesser benötigt, beispielsweise die üblichen selektiven Pegelmesser oder ein Geräuschspannungsmesser (Effektivwertanzeige) mit einfachem vorgeschalteten Bandpaß.

Bei der *Intermodulationsfaktor-Messung* wird wie bei der Messung des Differenztonfaktors ein Doppeltonverfahren angewandt. Während dort die beiden Meßspannungen gleich groß sind, speist man hier das Meßobjekt mit einer Sinusspannung niedriger Frequenz f_1, großer Amplitude U_1 und mit einer Sinusspannung hoher Frequenz f_2, kleiner Amplitude U_2. Das Verhältnis $U_1 : U_2$ soll 4:1 bis 10:1 betragen. Der Grundgedanke dieser Messung ist der: mit der Schwingung großer Amplitude, niedriger Frequenz die Steilheit der nichtlinearen Strom-Spannungs-Kennlinie für die höherfrequente Schwingung kleiner Amplitude dynamisch abzutasten. Ändert sich dabei die Steilheit, so wird die Ausgangsspannung U_3 amplitudenmoduliert sein (vgl. Bild 69).

Aus der Spannung U_3 läßt sich der Intermodulationsfaktor m (Gl. (95), S. 65) ermitteln:

a) indem man nach dem Suchtonverfahren (S. 108) mit einem selektiven Pegelmesser alle Komponenten des Frequenzspektrums mißt; m wird aus den Effektivwerten der einzelnen Seitenschwingungen $U_{f_2 \pm q_h \cdot f_1}$ und der Bezugsschwingung U_{f_2} errechnet.

b) indem man die Schwingungen mit den Frequenzen $f_2 \pm q_h f_1$ (einschließlich f_2) mit einem Bandpaß aussiebt und nach linearer Gleichrichtung (Demodulation) des Gemisches die Gleichspannung U_- und den Effektivwert der überlagerten Wechselspannung $U_\sim$, die aus den Schwingungen mit den Frequenzen f_1 bis $q_h f_1$ besteht, mißt.

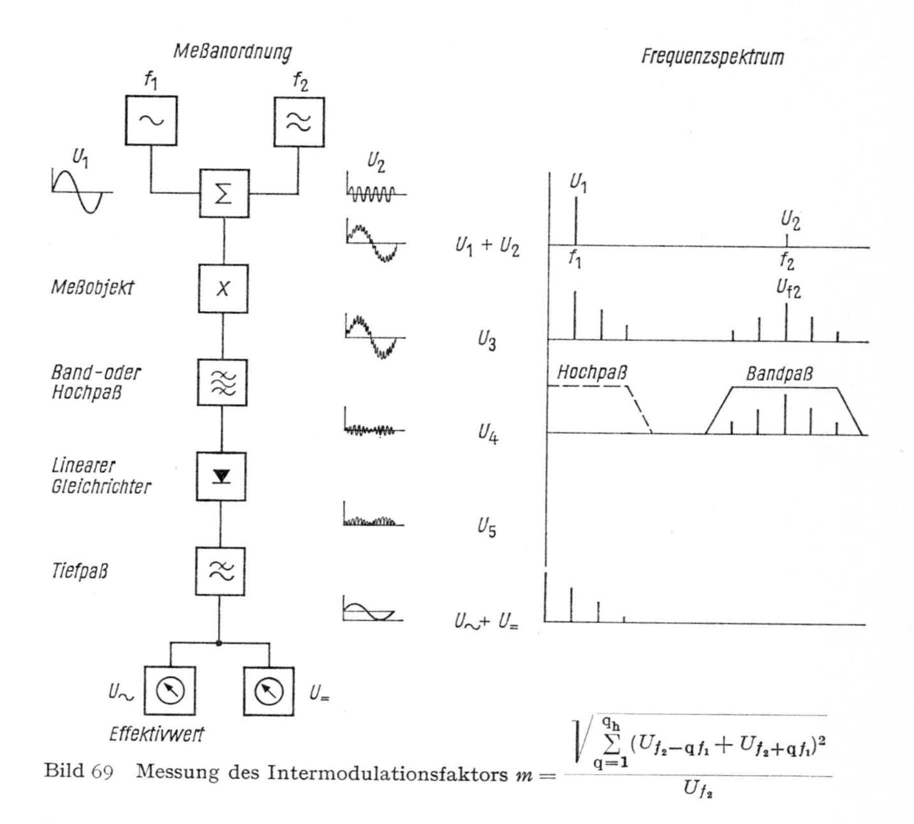

Bild 69 Messung des Intermodulationsfaktors $m = \frac{\sqrt{\sum_{q=1}^{q_h} (U_{f_2 - q f_1} + U_{f_2 + q f_1})^2}}{U_{f_2}}$

Der Intermodulationsfaktor m ergibt sich zu:

$$m = \frac{U_\sim}{U_=} \cdot \sqrt{2} \tag{133}$$

(Diese Gleichung gilt, solange die Paare der Seitenschwingungen keine großen Amplitudenunterschiede oder Phasendrehungen zeigen.)

Wenn $|U_2| \ll |U_1|$ ist, genügt anstelle des Bandpasses ein Hochpaß, der f_1 samt ihren Harmonischen $q_h f_1$ sperrt und f_2 samt ihren Seitenschwingungen $f_2 \pm q_h f_1$ durchläßt (die höheren Modulationsbänder sind in diesem Fall vernachlässigbar). Bei Verwendung eines Hochpasses ist es möglich, die Frequenz f_2 in weiten Grenzen zu variieren.

Vergleicht man den Intermodulationsfaktor m mit dem Klirrfaktor k, so ist bei frequenzunabhängiger Kennlinie und $U_2 \ll U_1$

bei quadratischer Verzerrung: $m_2 = 2 \cdot \sqrt{2} \cdot k_2$,

bei kubischer Verzerrung: $m_3 = 3 \cdot \sqrt{2} \cdot k_3$.

Der Intermodulationsfaktor ist also ein sehr empfindliches Maß für nichtlineare Verzerrungen; er bewertet Verzerrungen höherer Ordnung stärker als die niederer Ordnung. Da die Meßfrequenzen bis an die untere Übertragungsgrenze reichen, ergänzt dieses Verfahren die Differenztonmessung. (Klirrfaktor, Differenztonfaktor und Intermodulationsfaktor im Bereich der Elektroakustik: s. DIN 45403).

Zum Messen von nichtlinearen Verzerrungen werden auch Rauschspannungen als Prüfsignal verwendet. So wird z.B. zum Messen der Quantisierungsverzerrung in Systemen mit Pulscodemodulation ein Verfahren nach Bild 70 benutzt.

Der Generator G liefert weißes Rauschen im NF-Bereich. Der Bandpaß B schneidet ein schmales Rauschband Δf im unteren Frequenzbereich z.B. 350 bis 550 Hz heraus. Es gelangt über einen Verstärker und eine einstellbare Eichleitung auf den Eingang des Meßobjekts (PCM-Kanal). Der Effektivwertspannungsmesser mißt die gewünschte Rauschspannung U_1. Am Ausgang des Meßobjekts wird das durch Nichtlinearitäten erzeugte Geräusch im Frequenzbereich von 700 bis 3000 Hz erfaßt. Stellt man in den beiden Stellungen des Schalters S mit den Eichleitungen I und II am Effektivwertspannungsmesser U_2 gleiche Anzeige ein, so ergibt sich an der Eichleitung II unmittelbar der Signal-Geräusch-Abstand. Vom abgelesenen dB-Wert sind 1,3 dB ($\hat{=} 10 \lg \frac{3100}{2300}$) abzuziehen (Korrektur mit 1,3 dB, weil nicht mit der Kanalbandbreite 3100 Hz, sondern mit 2300 Hz gemessen wird).

In der Richtfunktechnik hat sich zur Untersuchung der Intermodulation in Vielkanalsystemen das *Rauschklirr-Meßverfahren mit einem breitbandigen weißen Rauschen* als Prüfsignal bewährt (Prinzip s. S. 66).

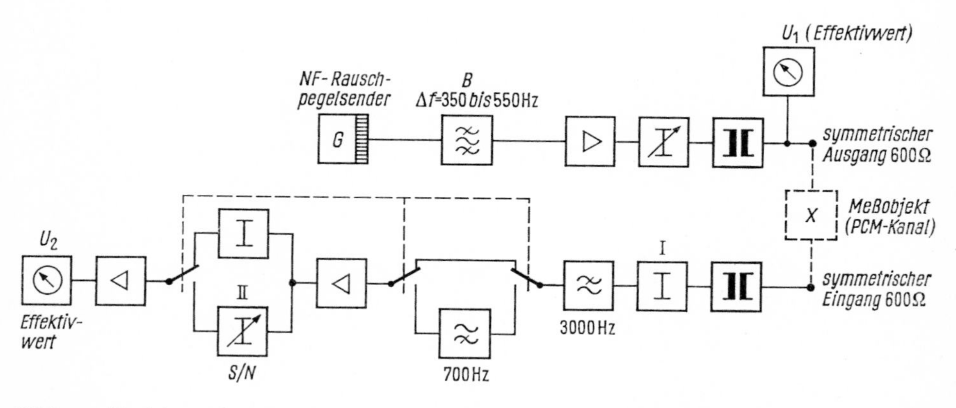

Bild 70 Verfahren zum Messen der Quantisierungsverzerrung in PCM-Kanälen

Zum Messen benötigt man einen Rauschpegelsender mit breitem Rauschspektrum konstanter Leistungsdichte. Das Rauschspektrum wird mit umschaltbaren Bandbegrenzungsfiltern dem Basisband des zu prüfenden Systems angepaßt. Es müssen Rauschspannungen mit einem Spitzenfaktor von 12 dB unverzerrt abgegeben werden. Der effektive Summenpegel wird so eingestellt, daß er der konventionellen Systembelastung entspricht. Die in den CCITT-Empfehlungen festgelegten konventionellen Belastungen beziehen sich auf den relativen Pegel Null; da jedoch in der Regel an Punkten mit anderem relativen Pegel eingespeist wird, ist der Sendepegel entsprechend anzupassen. Ferner ist die Grunddämpfung der Bandsperren zu berücksichtigen.

Die von den Bandsperren geschaffenen Lücken im Rauschband müssen schmal sein, damit die Rauschbelegung möglichst gleichmäßig bleibt. Meistens genügen für die Messungen an ein und demselben System drei Bandsperren (unterer, mittlerer und oberer Meßkanal). Die effektive Bandbreite der Lücken soll nicht mehr als $\pm 3\%$ der Basisbandbreite betragen, damit bei der Messung der Intermodulationsleistungen dritter Ordnung in Richtfunksystemen mit Preemphasis nach CCIR-Empfehlungen kein größerer Fehler als $\pm 1{,}5$ dB entsteht (vom CCITT als zulässig betrachtet). Für möglichst genaue Messungen sollte jeweils nur eine Sperre eingeschaltet sein. Die Sperrdämpfung muß bei $\pm 1{,}5$ kHz um die Bandmitte mindestens 70 dB betragen. Die dem Dämpfungsverlauf der Bandsperren angepaßten Bandpässe im Eingang des Rauschpegelmessers dienen zur Vorselektion. Die Summendämpfung von Paß und Sperre ist jeweils so groß, daß die im Überlagerungsteil des selektiven Pegelmessers entstehenden Intermodulationsprodukte das Meßergebnis nicht fälschen. Ihre bewertete Leistung (Eigengeräusch des Empfängers und der Filter bei konventioneller Belastung) muß kleiner sein als 10^{-16} W, wenn man am relativen Pegel -40 dBr einen Signal-Geräusch-Abstand von 90 dB messen will. Die Hauptselektion bringt das ZF-Filter des Überlagerungsempfängers. Vor der Messung ist das Übertragungssystem genau einzupegeln, da das Meßergebnis sich mit der dritten Potenz der Pegelabweichung ändern kann; hierzu ist ein Breitbandpegelmesser erforderlich, der den Effektivwert der bandbegrenzten Rauschspannung mißt.

Weitere Intermodulations-Meßverfahren mit diskreten Frequenzen, u.a. auch die Messung der Kreuzmodulation, spielen in der Technik der Gemeinschaftsantennenanlagen eine wesentliche Rolle (s. S. 201).

Beim Bestimmen der verschiedenen nichtlinearen Verzerrungen eines Vierpols werden mitunter auch Umrechnungen von der einen Art in die andere vorgenommen (vgl. S. 64). Umrechnungen sind nur bei

Meßobjekten mit frequenzunabhängigem Übertragungsmaß und frequenzunabhängiger nichtlinearer Kennlinie möglich. Ohne diese Voraussetzungen hängt das Meßergebnis davon ab, in welcher Reihenfolge verzerrende und nicht verzerrende Glieder zusammengeschaltet werden (in Übertragungssystemen kommen oft entzerrende Verstärker mit großem Frequenzgang oder Preemphasisglieder vor!). Die Meßergebnisse können auch sehr von den Abschlußwiderständen der Vierpole abhängen; ihre Werte sollten daher stets aus den Meßprotokollen ersichtlich sein.

6. Meßverfahren für die Übertragung digitaler Signale

Die Fernschreib- und Daten-Übertragungstechnik kennt viele eigene Begriffe und Meßverfahren für die Umwandlung der Informationen in digitale Signale und deren Übertragung. Auf sie sei zunächst kurz eingegangen:

Als *Code* (code) wird die Zusammenstellung von Abmachungen und Regeln bezeichnet, nach denen die einem Text entsprechenden Telegrafierzeichen gebildet, übertragen, empfangen und umgesetzt werden. Das Internationale Telegrafenalphabet No. 2 beispielsweise ist ein *Fünf-Schritte-Code*; es legt fest, daß Buchstaben, Ziffern, Satzzeichen u. ä. als Schrittkombinationen dargestellt werden, die aus jeweils fünf gleich langen *Signalelementen* (signal elements), den sogenannten *Schritten*, bestehen. Dabei nimmt jeder Schritt entsprechend dem Code einen von zwei vereinbarten *Kennzuständen* (significant condition) an (z.B. Pluspolarität oder Minuspolarität). Als *Kennabschnitt* (significant interval) wird der Zeitraum bezeichnet, während dem ein nach Code und zu übertragendem Zeichen festgelegter Kennzustand ununterbrochen aufrechterhalten wird.

Für den in der Fernschreibtechnik üblichen *Start-Stop-Betrieb* wird jeder Schrittkombination ein zusätzlicher Schritt mit Startpolarität – *Startschritt* (start element) – vorangestellt; ein oder mehrere Schritte mit Stoppolarität – *Stopschritt* (stop element) – werden angefügt. Sie sollen den Start-Stop-Empfänger für die Aufnahme und Aufzeichnung eines Schriftzeichens oder für die Steuerung eines Vorgangs vorbereiten oder ihn wieder in Ruhestellung bringen.

Neben dem in der Fernschreibtechnik üblichen Internationalen Telegrafenalphabet No. 2 hat das CCITT in Zusammenarbeit mit ISO das

Internationale Alphabet No. 5 festgelegt. Es besteht aus sieben Kombinationsschritten, denen bei Datenfernverarbeitung zur erhöhten Sicherung des Nachrichteninhalts ein *Paritätsschritt* (parity bit) angefügt wird. Die höhere Sicherheit ergibt sich daraus, daß die Polarität des Paritätsschrittes davon abhängig gemacht wird, ob die Schrittkombination eine gerade oder eine ungerade Anzahl von Schritten mit z.B. Startpolarität enthält; am Empfangsort ist somit eine Art Vergleich richtig—falsch möglich.

Unterscheidet man zwischen nur zwei Kennzuständen, dann spricht man von *binärer Codierung* (binary code) oder von *Binärsignalen* (binary signals). Hier die wichtigsten Bezeichnungen der Kennzustände, die den Binärsignalen zugeordnet sind:

Binärziffern	0	1
Polarität beim Fernschreibsystem	Startpolarität	Stoppolarität
Kennzustand nach CCITT	A	Z
frühere deutsche Kennbuchstaben	Z	T
Einfachstromtastung	kein Strom	Strom
Doppelstromtastung	Minuspolarität	Pluspolarität
Schnittstelle bei Datenübertragung	Pluspolarität	Minuspolarität
englische Bezeichnung	space (plus)	mark (minus)
Amplitudenmodulation	kein Ton	Ton
Frequenzmodulation	hohe Frequenz	tiefe Frequenz
Phasendifferenz-Modulation	Phasenumkehr	keine Phasenumkehr
Phasenmodulation mit Bezugsphase	Gegenphase	Bezugsphase
Lochstreifen	kein Loch	Loch

Bei mehreren möglichen Kennzuständen, d.h. Werten des *Signalparameters* (signal parameter), ist der Schritt ein Signal von definierter Dauer, dem eindeutig *ein* Wert (z.B. +12 V) unter endlich vielen Werten des Signalparameters (z.B. Spannung) zugeordnet ist.

Der vereinbarte kürzeste Abstand zwischen zwei Kennzeitpunkten oder Wertänderungen des Signalparameters ist der *Sollwert der Schrittdauer* (theoretical duration of a unit interval). Die *Telegrafier-* oder *Schrittgeschwindigkeit* v_s (modulation rate) ist der Kehrwert des in Sekunden angegebenen Sollwertes der Schrittdauer, ihre Einheit das *Baud*. Die Größe $v_s = 1/T_0$ Baud gibt also an, wieviel Schritte maximal in einer Sekunde übertragen werden können; sie ist damit ein wesentliches Merkmal des Übertragungsweges.

Die *Übertragungsgeschwindigkeit* (data signalling rate) ist das Produkt aus Schrittgeschwindigkeit und Anzahl der Binärentscheidungen, die je Schrittdauer übertragen werden. Diese Anzahl ist abhängig von der

Anzahl der vereinbarten Werte des Signalparameters. Einheit der Übertragungsgeschwindigkeit ist *bit/s*.

Sind *zwei* Werte des Signalparameters vereinbart (binäre Übertragung), dann gilt:

$$\frac{\text{Übertragungsgeschwindigkeit}}{\text{bit/s}} = \frac{\text{Schrittgeschwindigkeit}}{\text{Baud}}. \tag{134}$$

Sind mehr als zwei Werte vereinbart (z.B. ternäre oder quaternäre Übertragung), dann gilt

$$\frac{\text{Übertragungsgeschwindigkeit}}{\text{bit/s}} > \frac{\text{Schrittgeschwindigkeit}}{\text{Baud}}. \tag{135}$$

Kennzeichnend für die Übertragung digitaler Signale ist die Schwelle zwischen richtigem und falschem Empfang der Information. Alle Störeinflüsse, die unterhalb dieser Schwelle, d.h. innerhalb des sogenannten Empfangsspielraums, liegen, beeinflussen die Wiedergabe nicht. Störeinflüsse oberhalb dieser Schwelle führen zu fehlerhafter Wiedergabe.

Als *Fehler* (error) gelten empfangene Zeichen oder Zeichenfolgen, die den gesendeten Zeichen oder Zeichenfolgen nicht entsprechen. Eine wichtige Meßgröße zur Beurteilung der Qualität eines Übertragungsweges ist die *Fehlerhäufigkeit* (error rate), das Verhältnis der Anzahl der Fehler zur Anzahl der gesendeten Zeichen oder Zeichenfolgen.

Die *Bitfehlerhäufigkeit* (bit error rate) ergibt sich aus der Anzahl falsch empfangener Binärentscheidungen (Bit), bezogen auf die Anzahl der gesendeten Bit.

Bei der *Zeichenfehlerhäufigkeit* (character error rate) werden alle Zeichen, die mindestens ein falsches Bit enthalten, gezählt und auf die gesendete Zeichenzahl bezogen.

Als *Blockfehlerhäufigkeit* (block error rate) gilt das Verhältnis von Anzahl der *gestörten Blöcke* (Zeichenfolgen, die mindestens ein falsches Bit enthalten) zu Anzahl der gesendeten Blöcke.

Für die *Messung der Fehlerhäufigkeit* (Bild 71) wurden vom CCITT in den Empfehlungen V 51 bis V 53 Meßpunkte und Schnittstellenbedingungen festgelegt. Darüber hinaus enthalten diese Empfehlungen Angaben über einen geeigneten Prüftext, die Meßzeit sowie zulässige Grenzwerte der Bitfehlerhäufigkeit. Der Prüftext (pseudo-random-text) wird aus einer scheinbar zufälligen Folge von 511 Binärschritten gebildet. Er muß am Empfangsort nochmals erzeugt und mit dem auf dem Übertragungsweg ankommenden Prüftext Bit für Bit verglichen werden. Voraussetzung für den Beginn der Fehlerzählung sind dabei Synchronisierung des Vergleichstextes am Empfangsort auf genaue Schrittgeschwindigkeit der ankommenden Schritte und Einphasung des Textes auf den richtigen Kom-

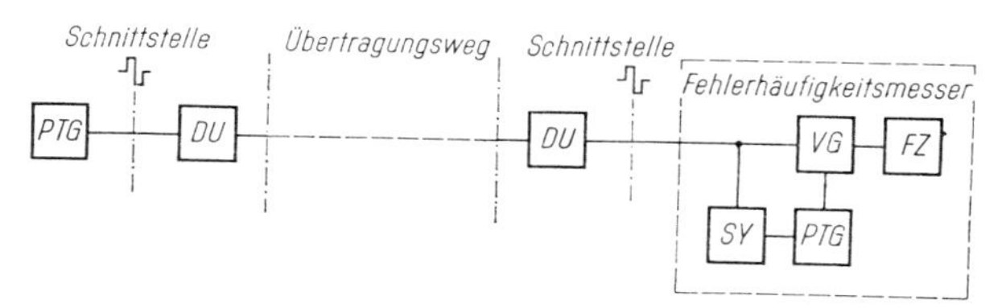

PTG Prüftextgenerator (511 bit); *DU* Datenübertragungseinrichtung (Modem); *SY* Synchronisiereinrichtung; *VG* Vergleicher; *FZ* Fehlerzähler

Bild 71 Messung der Fehlerhäufigkeit

binationsschritt. Die Messung soll 15 min dauern; die Bitfehlerhäufigkeit soll z.B. für gemietete 1200-Baud-Leitungen 5×10^{-5} nicht überschreiten. Die *Fehlerursachen* werden durch weitere Meßverfahren erfaßt:

An Fernmeldeleitungen für Datenübertragung wird neben der in der Fernsprechtechnik üblichen Dämpfungs-, Laufzeit- und Geräuschspannungsmessung eine vom CCITT in der Empfehlung V 55 beschriebene *Störimpulshäufigkeit* (number of impulsive noise) gemessen (Bild 72). Als *Störimpulse* (impulsive noise) sollen dabei auf einer Fernmeldeleitung ohne Nutzsignal alle durch ein Empfangsfilter bewerteten Impulse registriert werden, deren Amplituden eine einstellbare Ansprechschwelle überschreiten und deren zeitlicher Abstand voneinander größer als eine mit *Totzeit* (dead-time) bezeichnete Zeitdauer ist. Durch Einführen der Totzeit (z.B. 125 ms) wird die zu erwartende blockweise Übertragung von Daten berücksichtigt. Die Meßzeit soll 15 min betragen. Einzelheiten über Einstellwerte und Genauigkeit des zu benutzenden Störimpulszählers sowie die zulässigen Grenzwerte sind ebenfalls in der Empfehlung V 55 festgelegt.

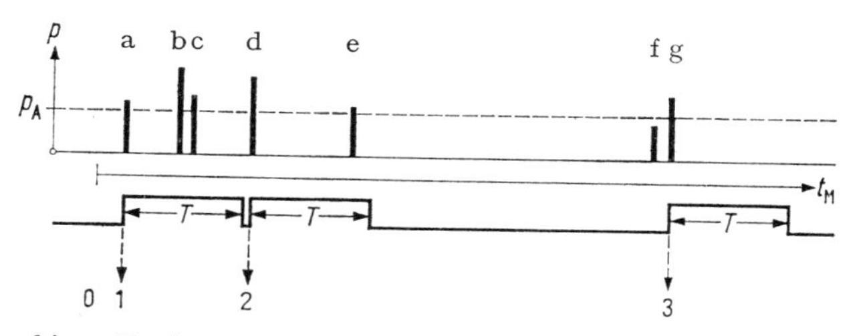

a bis g Störimpulse; *T* Dauer der Totzeit; 0 bis 3 Zählerstand zu verschiedenen Zeitpunkten während der Messung; *p* Pegel; p_A eingestellter Ansprechpegel des Geräts; t_M = Meßzeit

Bild 72 Zusammenhang von Störimpulsen und Totzeiten. Jede Totzeit wird gezählt. Das Zählergebnis in einer bestimmten Meßzeit ist ein Maß für die Bewertung von Datenübertragungswegen

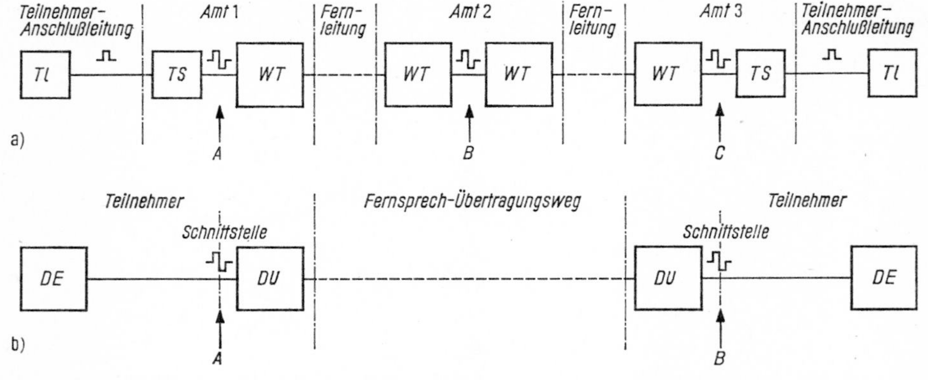

Bild 73a, b Beispiel für die Anschaltmöglichkeiten des Telegrafie-Verzerrungsmessers in Fernschreib- und Datenübertragungssystemen

a) Fernschreibübertragung

Tl	Teilnehmer
TS	Teilnehmeranschlußschaltung
WT	Wechselstromtelegrafie-Übertragungssystem
A, B, C	Meßstellen im Doppelstromkreis
A und *C*	Messen der Verzerrung der vom Teilnehmer gesendeten und der über die WT-Abschnitte empfangenen Zeichen
B	Messen der Verzerrung zwischen den WT-Abschnitten

b) Datenübertragung im Fernsprechnetz

DE	Datenendeinrichtung
DU	Datenübertragungseinrichtung (Modem)
A, B	Meßstellen an der Schnittstelle nach CCITT-Empfehlung V 24
A und *B*	Messen der Verzerrung der Sende- und Empfangsdaten

Bei transparenten Übertragungseinrichtungen wie WT-Kanälen und Modems nach Empfehlung V21 oder V23, die nicht an feste Takte gebunden sind, liefert die *Schrittverzerrung* (telegraph distortion) immer ein Maß für die Übertragungsqualität des gesamten Übertragungsweges, d.h. Leitung + Modulationseinrichtungen, dies auch weit unterhalb der Schwelle richtig/falsch. Ihre Messung (Bild 73a, b) ist deshalb vor allem zum optimalen Einstellen einzelner Übertragungsabschnitte oder zum routinemäßigen Überwachen während des Betriebes zweckmäßig. Das Bild auf S. 157 zeigt einen Verzerrungsmesser, der sowohl zum Einmessen als auch zum Überwachen von Fernschreib- und Datenkanälen geeignet ist.

Eine Modulation oder Wiedergabe ist mit Schrittverzerrung behaftet, wenn die Kennabschnitte des Signals nicht alle genau ihre festgelegte Dauer haben. Die Verzerrungsmessung beruht im Prinzip darauf, die ankommenden digitalen Signale mit einem im Meßgerät erzeugten *Sollzeitraster* zu vergleichen. Je nach Betriebsart und Meßverfahren werden die ermittelten Abweichungen vom Sollwert auf einer Kathodenstrahlröhre – als Marken über einer Prozentskale – oder als Ziffern angezeigt.

In den Empfehlungen V 51 bis V 53 für Verzerrungsmessungen an Datenleitungen sind Angaben für die Schnittstellenbedingungen, die Schrittgeschwindigkeiten, geeignete Prüfsignale und über zulässige Verzerrungsgrenzen festgelegt.

Der *Grad der individuellen Verzerrung eines einzelnen Kennzeitpunkts* (degree of individual distortion of a particular significant instant) ist definiert als das Verhältnis des algebraischen Wertes der Abweichung des Kennzeitpunkts vom idealen Kennzeitpunkt, bezogen auf den Sollwert der Schrittdauer. Die Abweichung gilt als positiv oder nacheilend, wenn der tatsächliche Kennzeitpunkt hinter dem idealen Kennzeitpunkt liegt, und als negativ oder voreilend, wenn er davor liegt.

Auf der Grundlage dieses Verzerrungsbegriffs hat das CCITT weitere Verzerrungsarten definiert, die für praktische Messungen leichter erfaßbar sind und vor allem die während eines Zeitraums auftretenden Maximalwerte erfassen:

Für Einstell- und Überwachungsmessungen am Übertragungsweg ist der *Isochronverzerrungsgrad* (degree of isochronous distortion) die algebraische Differenz zwischen dem größten und kleinsten Wert der individuellen Verzerrung der Kennzeitpunkte einer isochronen Modulation. Die Differenz ist unabhängig von der Lage des idealen Kennzeitpunkts. Für Meßgeräte, an denen man das Maximum der positiven und der negativen individuellen Verzerrung ablesen kann, ergibt sich der Isochronverzerrungsgrad als Summe der Absolutwerte beider Ergebnisse.

Zur Verzerrungsmessung in Systemen mit Start-Stop-Betrieb eignen sich besonders Geräte, die den *Start-Stop-Verzerrungsgrad* (degree of

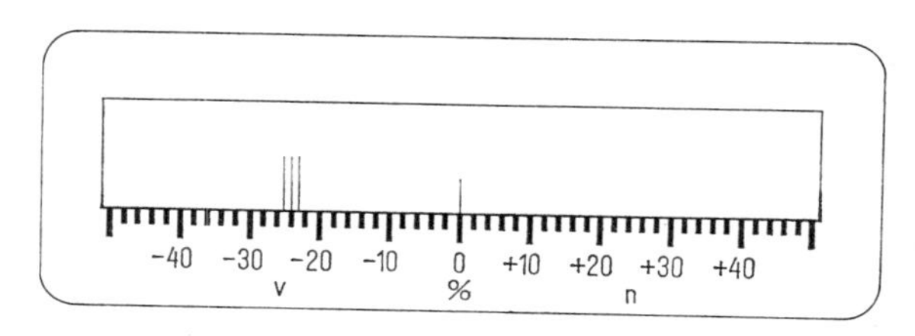

Bild 74 Beispiel für Meßwertanzeige bei Start-Stop-Betrieb. Ablesung: maximale Verzerrung 25% voreilend; Verzerrungsart: einseitige Verzerrung; alle Schritteinsätze mit Stoppolarität (hohe Marken) um etwa den gleichen Betrag in gleicher Richtung verzerrt, Schritteinsätze mit Startpolarität unverzerrt

start-stop distortion) erfassen (Bild 74). Er ist definiert als absoluter Höchstwert des Grades der individuellen Verzerrung der Kennzeitpunkte einer Start-Stop-Modulation. Man kann zwischen nacheilender (positiver) und voreilender (negativer) Verzerrung unterscheiden. Die idealen Kennzeitpunkte bei Start-Stop-Modulation werden für jede Schrittkombination durch den Einsatz des Startschritts erneut festgelegt.

Sowohl für Fehlerhäufigkeits- wie für Schrittverzerrungsmessungen müssen von einem Generator bestimmte Prüfsignale erzeugt werden. In den CCITT-Empfehlungen für die Messungen an Datenleitungen sind ein 511-Bit-Text, Prüfwechsel 1:1, 3:1, 1:3, 7:1 und 1:7 festgelegt.

Für Messungen an Fernschreibleitungen wird ein Text aus den Start-Stop-Signalen für A..., S, <, ≡, Q, 1..., Zwr, 9 gefordert; darüber hinaus Prüfwechsel 1:1, 2:2, 6:1, 1:6.

Fernschreib- und Datenübertragungswege sollen ein Minimum an Schrittverzerrung aufweisen. Mit dem Telegrafie-Verzerrungsmesser werden beispielsweise Wechselstromtelegrafie (WT)-Kanäle bei der Inbetriebnahme und nach bestimmten Betriebszeiten auf ihren Verzerrungswert überprüft. Das Bild zeigt den Einsatz des Geräts am System WT 1000. ▶

isochron | start - stop
Code
Baud
TELEGRAFIE-VERZERRUNGSMESSER
TELEGRAPH DISTORTION METER
ZH1

SWEEP GENERATOR 70MHz
SWEEP OSCILLATOR
SELECTIVE DETECTOR 70MHz
dBm
dBm
GHz

C. Meßverfahren der Richtfunktechnik

1. Besonderheiten der Mikrowellen-Meßtechnik

Für die Entwicklung und den Einsatz von Richtfunksystemen (Radiofrequenzbereich etwa 400 MHz bis über 13 GHz) mußte eine eigene Meßtechnik, die Mikrowellen-Meßtechnik, entwickelt werden. Ihr sind grundsätzlich die gleichen Meßaufgaben gestellt wie der NF- und TF-Meßtechnik bei gleichen Meßgrößen, wie Spannung, Strom, Leistung, Widerstand, Reflexionsfaktor und Frequenz.

Bei Messungen im Mikrowellenbereich (auch *UHF-Bereich* genannt) muß daran gedacht werden, daß wegen der sehr kurzen Wellenlänge der Meßspannung – sie beträgt 3 cm bei 10 GHz – der jeweils gewünschte Meßort für die Messung nicht mehr unmittelbar zugänglich ist. Der Messende muß sich bei allen Messungen wegen der Ortsabhängigkeit der Spannung, des Stromes und des Widerstands für eine *Bezugsebene* $z = 0$ entschließen (Bild 75). Der Generator G 1 erzeuge eine in $+z$-Richtung von A nach B fortlaufende Welle, für die in jeder Querschnittsebene

$$U_{t,z} = U_1 \cdot e^{j(\omega t + b_0 - b' z)} \tag{136}$$

gilt. ω ist die Kreisfrequenz, t die Zeitkoordinate, b_0 die Phase für $t = 0$,

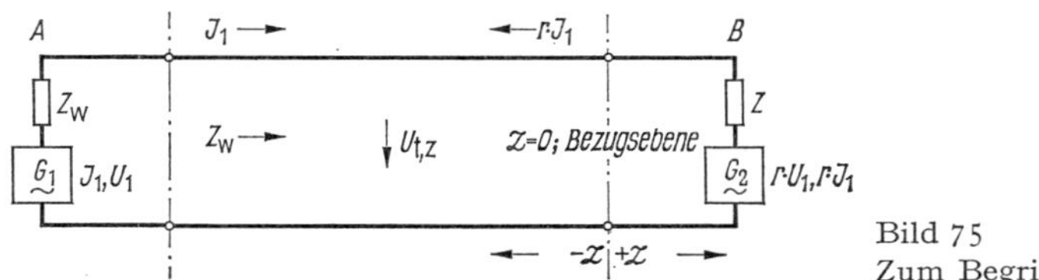

Bild 75
Zum Begriff Bezugsebene

◀ Für die Güte einer Breitband-Richtfunkverbindung sind außer richtiger Einpegelung in erster Linie die in den Modulatoren und Demodulatoren auftretenden Verzerrungen maßgebend (vgl. S. 179, 181).
Mit der abgebildeten Kombination: Selektiver Mikrowellen-Meßplatz plus Gruppenlaufzeit-Meßplatz ist erstmals die Möglichkeit gegeben, Dämpfung und Reflexion, Steilheits-, Amplituden- und Gruppenlaufzeit-Verzerrungen in der BF-, ZF- und RF-Ebene zu messen. BF-Bereich: 60 bis 8024 kHz; ZF-Bereich: 70 MHz ± 25 MHz; RF-Bereich: 5,8 bis 8,5 GHz. Bei voneinander unabhängiger Wahl der Speise- und Meßpunkte in diesen Ebenen sind gleichzeitig zwei Meßgrößen darstellbar.
Das besondere Merkmal des Meßempfängers ist seine Selbstabstimmung, die Messungen auch bei räumlich getrenntem Sender und Empfänger möglich macht.

$b' = \omega/v_p$ die Phasenkonstante, v_p die Phasengeschwindigkeit, z Ort der Querschnittsebene, bezogen auf $z = 0$.

In analoger Form kann man sich als Folge einer Reflexion in der Bezugsebene eine rücklaufende Welle (in $-z$-Richtung) vorstellen, die proportional dem Reflexionsfaktor r ist. Es gilt

$$U_{t,z} = r \cdot U_1 \cdot e^{j(\omega t + b_0 + b' z)}. \tag{137}$$

Der Anfangswinkel $b = 0$ gesetzt und die Effektivwerte gewählt, ergeben beide Gleichungen addiert

$$\tilde{U}_z = \tilde{U}_1 \cdot (1 + r \cdot e^{j 2 b' z}) = \tilde{U}_1 \left(1 + r \cdot e^{j 4 \pi \frac{z}{\lambda}}\right), \tag{138}$$

d. h., der Abstand zwischen Knoten und Bäuchen ist $\lambda/4$. Für den Strom folgt analog unter der Beachtung, daß der Strom der rücklaufenden Welle in Gegenphase zur vorlaufenden Welle ist:

$$\tilde{I}_z = \tilde{I}_1 \cdot (1 - r \cdot e^{j 2 b' z}) = \tilde{I}_1 \cdot \left(1 - r \cdot e^{j 4 \pi \frac{z}{\lambda}}\right), \tag{139}$$

Mit Gleichung (138) und (139) und Z_w = Leitungswellenwiderstand folgt der relative Widerstand

$$\frac{Z_z}{Z_w} = \frac{1 + r \cdot e^{j 2 b' z}}{1 - r \cdot e^{j 2 b' z}} = \frac{1 + r \cdot e^{j 4 \pi \frac{z}{\lambda}}}{1 - r \cdot e^{j 4 \pi \frac{z}{\lambda}}}. \tag{140}$$

Hierbei wird angenommen, daß in der Bezugsebene der Reflexionsfaktor reell ist. Die Gleichungen (136) bis (140) lassen erkennen, daß bei nicht vollkommener Anpassung die Spannung, der Strom und der Widerstand abhängig vom Meßort sind. Diese Ortsabhängigkeit ist nur dann vernachlässigbar klein, wenn die Leitungselemente und die Bauelemente sehr viel kürzer als $^1/_4$ der Wellenlänge sind. Bei der NF-, TF- und teilweise auch noch bei der HF-Technik ist das innerhalb des Meßplatzaufbaues der Fall; dort bilden sich in der Regel noch keine störenden stehenden Wellen aus. In besonderen Fällen sind bei höheren Frequenzen und für hohe Meßgenauigkeit u. U. der Wellenwiderstand, der Reflexionsfaktor, die Länge und die Art der Meßzuleitungen besonders zwischen Meßgerät und Meßobjekt zu beachten (vgl. S. 113). In der *UHF-Technik* hingegen beeinflussen bereits kleine geometrische Ungleichmäßigkeiten sehr kurzer Verbindungen innerhalb des Systems oder der Meßzuleitungen die Anpassung und rufen störende stehende Wellen hervor, die das Meßergebnis beeinflussen. Als Verbinder werden Kabel mit Voll- oder Hohlraumisolierung und Hohlleiter verwendet.

Kabel haben den Vorzug großen Frequenzbereichs; sie sind auch für mobilen Einsatz wegen ihrer Flexibilität günstig. Die Dämpfung ist bei Hohlraumisolierung nahezu proportional $\sqrt{\omega}$. Bei Vollisolierung nimmt sie stärker zu; zum Beispiel bei einem Kabel 2,7/9,4 mit $Z = 50\,\Omega$ steigt die Dämpfung bei $l = 10$ m von 2,2 dB bei 1 GHz auf 3,5 dB bei 2 GHz an; der Reflexionsfaktor der Kabel ist $\leqq 2\%$.

Hohlleiter haben nur einen begrenzten, je nach Querschnittsform verschieden großen eindeutigen Frequenzbereich, aber kleinere Dämpfung und kleineren Reflexionsfaktor. Die untere Grenzfrequenz ist durch die Querschnittsform und die Abmessungen gegeben. Der dieser Grenzfrequenz zugehörige Hohlleiterwellentyp heißt Grundwelle. Bei rechteckigem und quadratischem Querschnitt ist die Grenzwellenlänge $\lambda_{c\square}$ des Grundwellentyps (H_{10}-Welle), wenn a die lange Seite des Rechtecks oder die Seite des Quadrats ist:

$$\lambda_{c\square} = 2a. \tag{141}$$

Beim kreisförmigen Querschnitt ist mit D als Innendurchmesser die Grenzwellenlänge des Grundwellentyps (H_{11}-Welle):

$$\lambda_{c\bigcirc} = 1{,}706 D. \tag{142}$$

Die Gruppengeschwindigkeit v_{Gr} ist im Hohlleiter kleiner, die Phasengeschwindigkeit v_p größer als die Lichtgeschwindigkeit c.

$$v_p = \frac{c^2}{v_{Gr}} = \frac{c}{1 - (\lambda/\lambda_c)^2}. \tag{143}$$

In der Nähe der Grenzfrequenz ist danach die Frequenzabhängigkeit beider Geschwindigkeiten erheblich (Dispersion).

Unterhalb der Grenzfrequenz ist eine Übertragung praktisch nicht mehr möglich, und oberhalb des Eindeutigkeitsbereichs sind höhere Wellentypen als der Grundwellentyp übertragbar. Der Eindeutigkeitsbereich umfaßt beim Rechteckhohlleiter ein Verhältnis 1:2, beim quadratischen Hohlleiter $1:\sqrt{2}$ und beim Rundhohlleiter 1:1,305.

Im unteren Eindeutigkeitsbereich ist der Frequenzgang der Dämpfung schon sehr groß; weiterhin ist in der Nähe der Grenzwellenlänge die Dispersion erheblich. Oberhalb des Eindeutigkeitsbereichs kann an Störstellen, z.B. Krümmern, eine Umwandlung von der Grundwelle in einen höheren Wellentyp und zurück erfolgen. Dies hat wegen der verschiedenen Phasengeschwindigkeiten Phasen- und damit Laufzeitverzerrungen zur Folge. Daher wird z.B. beim Rechteckhohlleiter in der System- und Meßtechnik nur ein Bereich 1:1,5 ausgenutzt, wobei die kleinste Wellenlänge etwa der 1,05fachen oberen Eindeutigkeitsgrenze entspricht.

Zwischen der *Hohlleiter-Meßtechnik* und der Meßtechnik für Leitungspaare besteht kein Unterschied. Unter Beachtung der Eigenschaften der Hohlleiter kann man die gleichen Beziehungen anwenden.

Im Frequenzbereich der Richtfunktechnik stehen für *Wobbelverfahren* noch nicht allgemein Wobbelsender mit frequenzunabhängiger Sendespannung und Empfänger mit entsprechend unabhängiger Empfindlichkeit zur Verfügung. Da aber alle Messungen auf den Vergleich von Ausgangsgröße zu Eingangsgröße zurückgeführt werden können, braucht man nur die Quotienten anzuzeigen. Der *Quotienten-Bildempfänger* ist zum Darstellen des Reflexionsfaktors in Abhängigkeit der Frequenz unter Anwendung der Meßbrücke und des Richtungskopplers besonders geeignet, ferner zum Aufschreiben des Dämpfungsverlaufs von Bandsperren- und -pässen.

Ebenso wie in der Richtfunktechnik selbst ist es auch in der Meßtechnik nicht immer möglich, über einen größeren Frequenzbereich gute Anpassung zwischen dem Meßobjekt und den Meßgeräten zu erreichen. Zur Vermeidung von Rückwirkungen setzt man Dämpfungsglieder ein; diese setzen aber den Sendepegel und/oder die Empfindlichkeit des Empfängers herab. Zur nahezu verlustlosen Entkopplung bieten sich die *Richtungsleitungen* (isolators) an. Diese passiven Vierpole haben den Vorzug, daß sie in einer festgelegten Richtung nur geringe Durchlaßdämpfung und in der anderen Richtung große Sperrdämpfung haben. Die Wirkungsweise beruht auf dem nichtreziproken Verhalten vormagnetisierter Werkstoffe.

2. Messen des Widerstands, der Anpassung und des Reflexionsfaktors

Widerstand, Anpassung oder Reflexionsfaktor lassen sich mit Hilfe von Meßleitungen, Meßbrücken und Richtungskopplern ermitteln. Mit der *Meßleitung* können praktisch alle Meßaufgaben zur Bestimmung des Widerstands Z, der Anpassung m oder des Reflexionsfaktors r nach Wert und Charakter gelöst werden. Koaxiale Meßleitungen haben den Vorzug großen Frequenzbereichs (z.B. 1:10) bei hoher Genauigkeit; sie werden im Bereich von etwa 0,5 bis 20 GHz verwendet. Hohlleiter-Meßleitungen dagegen haben nur einen Frequenzbereich von etwa 1:1,5; ihr Anwendungsbereich liegt zwischen 2,5 und 40 GHz. Ihr Vorzug ist höhere Genauigkeit im Vergleich zum koaxialen Meßleiter. Die Mindestlänge der Meßleitungen muß etwa $\lambda/2$ betragen, damit sich bei allen möglichen Phasenzuständen des Meßobjekts ein eindeutiges U_{min} einstellen läßt. Die Verwendung der Meßleitung ist auf manuelles Messen beschränkt, wenn man von der Ringmeßleitung absieht, bei der die Meßsonde rotiert und die Welligkeit an einer Oszillographenröhre sichtbar gemacht wird.

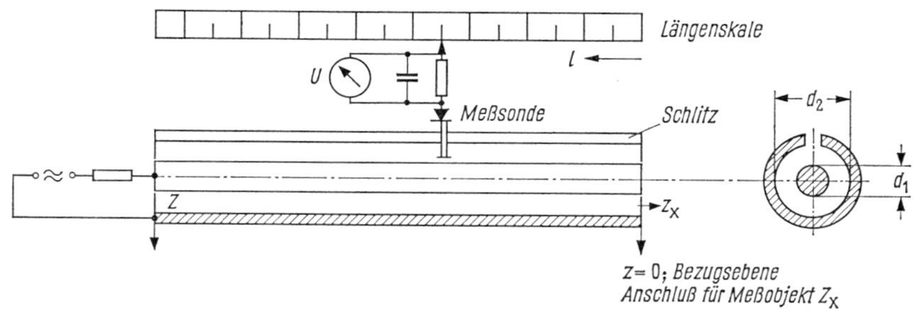

Bild 76 Prinzip der koaxialen Meßleitung

Die koaxiale Meßleitung (Bild 76) stellt ein genaues Widerstandsnormal dar, entsprechend der Beziehung $Z = \frac{60}{\sqrt{\varepsilon_r}} \cdot \ln \frac{d_2}{d_1}$, worin d_2 der Innendurchmesser des Außenleiters und d_1 der Durchmesser des Innenleiters sind; $\varepsilon_r = \varepsilon/\varepsilon_0$ ist die Dielektrizitätszahl. Bei Abweichung der Wellenwiderstände ($Z \neq Z_x$) bestehen längs der Meßleitung Spannungsunterschiede U_{min} bis U_{max}, die in der Regel mit einer abstimmbaren kapazitiven Meßsonde abgetastet werden. Dazu hat die Meßleitung einen möglichst schmalen Längsschlitz. Die Sonde kann unmittelbar einen Richtleiter enthalten; die von diesem abgegebene Gleichspannung ist an einem Instrument unmittelbar oder über Verstärker ablesbar. An einer Skale, die z.B. mit mechanischen oder optischen Hilfsmitteln genaue Längenablesungen ermöglicht, wird der Abstand zwischen Sonde und Bezugsebene = Anschlußebene bestimmt. Der Anpassungsfaktor folgt zu $m = \frac{U_{min}}{U_{max}}$ und der Betrag des Reflexionsfaktors zu $|r| = \frac{1-m}{1+m}$. Die Phase des Reflexionsfaktors wird aus dem Abstand des Ortes l für U_{min} von der Bezugsebene $z = 0$ ermittelt. Zur schnellen Auswertung der Meßwerte, z.B. zur Bestimmung der Komponenten des Widerstands, ist das SMITH-Diagramm (Bild 77, S. 165) besonders geeignet. Es sei kurz erläutert:

Eine allgemeine Beziehung für den relativen Widerstand analog zu Gleichung (140), S. 160, kann aus der Formel für den komplexen Reflexionsfaktor $r \cdot e^{j b_r} = \frac{Z_x e^{jb} - Z}{Z_x e^{jb} + Z}$ abgeleitet werden. b_r ist der Winkel des Reflexionsfaktors, b der Winkel des Meßobjekts und Z ein reeller Wellenwiderstand, z.B. der einer Meßleitung. In der Bezugsebene gilt:

$$\frac{Z_{z(0)}}{Z} = \frac{1 + r \cdot e^{j b_r}}{1 - r \cdot e^{j b_r}} = \frac{R}{Z} + j\frac{X}{Z} = R_{rel} + j X_{rel} \tag{144}$$

und

$$1 \geqq \left|\frac{Z_{z(0)}}{Z}\right| = \frac{1 - |r|}{1 + |r|} = m; \quad 1 \leqq \left|\frac{Z_{z(0)}}{Z}\right| = \frac{1 + |r|}{1 - |r|} = \frac{1}{m}. \tag{145}$$

Der Reflexionsfaktor r kann bei allen möglichen Winkeln b_r die Werte zwischen 0 bis 1 und formal die Vorzeichen $\pm$ annehmen. Damit ist jedem möglichen Reflexionsfaktor nur ein bestimmter Punkt in der Fläche des Einheitskreises der komplexen Ebene zugeordnet. Nach Gleichung (144) entspricht auch jedem Reflexionsfaktor $r \cdot e^{j\, b_r}$ nur ein bestimmter reeller Zahlenwert R_{rel} und imaginärer Zahlenwert $\pm j X_{rel}$. Der geometrische Ort konstanten R_{rel} bei beliebigem Winkel b_r ist ein Kreis, dessen Radius eine Funktion von $\frac{1}{1 + R_{rel}}$ ist und dessen Mittelpunkt auf der reellen Achse liegt. Für jeden möglichen Wert $R_{rel} = \frac{R}{Z}$ kann ein entsprechender Kreis geschlagen werden. In gleicher Weise entspricht jedem konstanten $\pm j X_{rel} = \pm j \frac{X}{Z}$ ein bestimmter Punkt auf einem Kreis mit dem Radius $\frac{1}{X_{rel}}$, dessen Mittelpunkt auf der positiven oder negativen imaginären Achse liegt. Trägt man für diskrete Werte R_{rel} und $\pm j X_{rel}$ die Kreise ein, so entsteht das SMITH-Diagramm. Der geometrische Ort für einen bestimmten Reflexionsfaktor ist durch den Schnittpunkt der R_{rel}- und X_{rel}-Kreise festgelegt. Die Länge der Verbindungslinie des Schnittpunktes mit dem Diagrammmittelpunkt entspricht dem Betrag des Reflexionsfaktors $|r|$, der mit der reellen Achse eingeschlossene Winkel dem Winkel b_r. In Abhängigkeit von b_r beschreibt also der Punkt konstanten $|r|$-Wertes einen Kreis. Nach Gleichung (145) ist der Anpassungsfaktor m mit dem Reflexionsfaktor $|r|$ fest verknüpft. Daher können in das Diagramm auch m-Kreise eingetragen werden, die $|r|$-Kreisen entsprechen. Ihre Schnittpunkte mit der reellen Achse fallen mit den entsprechenden Schnittpunkten der R_{rel}-Kreise zusammen. $1 \geqq R_{rel} = m$ gilt im Spannungsknoten (R_{min}) und $1 \leqq R_{rel} = \frac{1}{m}$ gilt im Spannungsbauch (R_{max}). Mit m und der relativen Leitungslänge $\frac{l}{\lambda^*}$ im Falle der Meßleitung oder mit $|r_{min}|$ und $\pm X_{rel}$ im Falle der Meßbrücke sind die Komponenten des Meßobjekts bestimmbar. Das Diagramm ist in gleicher Weise wie für relative Widerstände $R_{rel} \pm j X_{rel}$ auch für relative Leitwerte $G_{rel} \pm j B_{rel}$ anwendbar, ebenso zur Umwandlung relativer Widerstände in relative Leitwerte.

Am Umfang des Diagramms sind eine Skale für den Winkel des Reflexionsfaktors und zwei Skalen $\frac{l}{\lambda^*}$ aufgetragen, eine von diesen im, die andere entgegengesetzt dem Uhrzeigersinn. λ^* ist die Wellenlänge auf der Leitung bei der Meßfrequenz f_m. Die Skale im Uhrzeigersinn wird benötigt, wenn der Eingangswiderstand eines Objekts bestimmt

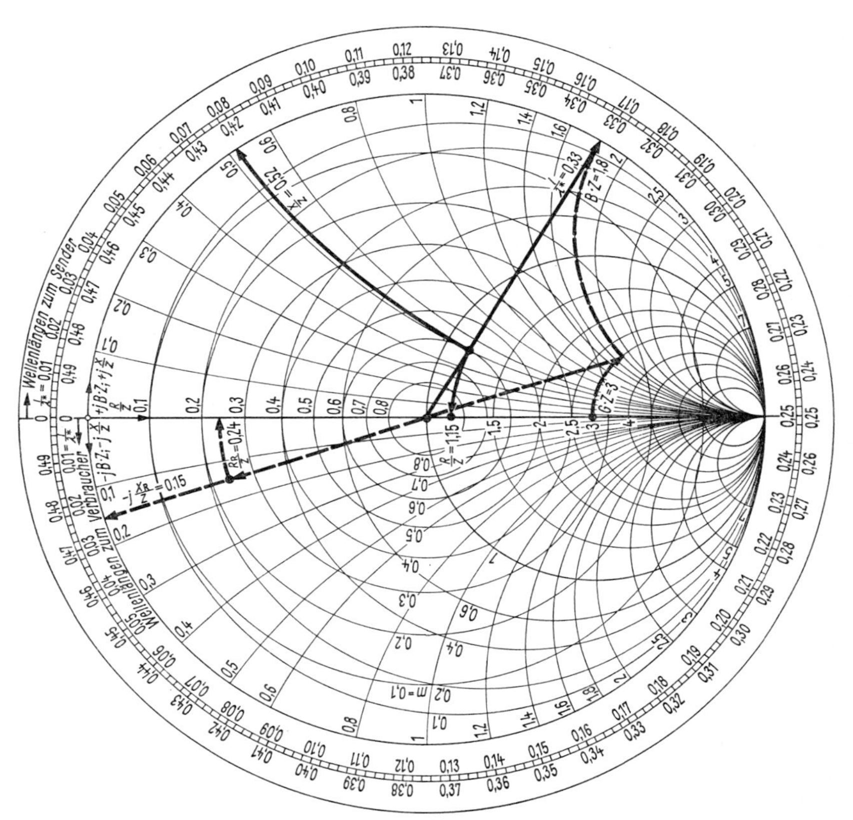

Bild 77 Zur Erläuterung des SMITH-Diagramms; —— Beispiel 1; – – Beispiel 2; wegen Hin- und Rücklauf entspricht $\frac{l}{\lambda^*} = 0{,}5$ einer Drehung um $360° \sphericalangle \mathrel{\hat{=}} 2\pi$

werden soll, dem eine relative Leitungslänge $\frac{l}{\lambda^*}$ vorgeschaltet ist; die andere Skale, wenn bei der vorgeschalteten Länge $\frac{l}{\lambda^*}$ der Widerstand des Objekts bestimmt werden soll. Die Skale im entgegengesetzten Sinn findet auch Anwendung beim Messen mit der Meßleitung, bei der ja auch im Meßfall dem Meßobjekt ($z = 0$) und dem Meßort – die Sondeneinstellung z_s für $U_{\min}$ – die Leitungslänge $l = z_s - z_0$ vorgeschaltet ist. Die relative Länge ist $\frac{l}{\lambda^*}$. Für λ^* gilt bei Koaxialleitern $\lambda^* = \frac{c}{\sqrt{\varepsilon_r} \cdot f_m}$, beim Rechteckhohlleiter $\lambda^* = \frac{\lambda}{\sqrt{1 - \left(\frac{\lambda}{2a}\right)^2}}$; a ist wieder die lange Seite des Rechtecks oder die Seite des Quadrats.

Meßbeispiel mit der koaxialen Meßleitung:

Bestimmen der Komponenten $R + \mathrm{j}X$. Die Meßfrequenz f_m sei 1 GHz, also $\lambda^*_\mathrm{m} = 30$ cm, $m = \frac{U_\mathrm{min}}{U_\mathrm{max}} = 0{,}6$; $l = l_\mathrm{min} = 10$ cm ist der Abstand des ersten Spannungsknotens U_min von der Bezugsebene $z(0)$. Damit ist die relative Leitungslänge $\frac{l_\mathrm{min}}{\lambda^*_\mathrm{m}} = 0{,}333$ bei $\varepsilon_\mathrm{r} = 1$. Vom Wert 0,333 der inneren Skale wird zum Mittelpunkt 1 ein Strahl gezogen, der den Kreis für $m = 0{,}6$ schneidet. In diesem Schnittpunkt liegen die Schnittpunkte der Kreise $\frac{R}{Z} = 1{,}15$ und $\mathrm{j}\frac{X}{Z} = \mathrm{j}\,0{,}52$. Damit folgt die reelle Komponente $R = 1{,}15 \cdot Z$ und die imaginäre Komponente $\mathrm{j}X = \mathrm{j}\,0{,}52\,Z$. Das Meßbeispiel ist im Diagramm mit —— eingetragen.

Mit der Meßleitung können praktisch alle Meßaufgaben gelöst werden; sie ist jedoch für Wobbelmessungen wenig geeignet. Hier bietet sich das Brückenverfahren an; allerdings war es notwendig, die aus der NF- und TF-Technik bekannten *Meßbrücken* in ihrem Frequenzgebiet zu erweitern. Besonders im Wobbelverfahren sind sie zur unmittelbaren Anzeige des Reflexionsfaktors $|r|$ geeignet. Interessieren die Komponenten des Widerstands, so sind diese z.B. bei manueller Messung des Reflexionsfaktors unter Zuhilfenahme zusätzlicher Blindwiderstände in Form von veränderbaren Kondensatoren im TF-, ZF- und unteren RF-Bereich ermittelbar. Im oberen RF-Bereich lassen sich positive und negative Blindwiderstände mit Kurzschlußleitungen abbilden (vgl. S. 29). In zunehmendem Maße werden auch im Wobbelverfahren die Komponenten oder der Betrag und der Winkel des Widerstands oder des Reflexionsfaktors z.B. mit Hilfe der winkelselektiven Gleichrichtung unmittelbar angezeigt.

Meßbeispiel mit der Reflexionsfaktor-Meßbrücke:

Bestimmen der Komponenten $R + \mathrm{j}X$ mit dem Meßwert r_m für den Reflexionsfaktor und dem Kapazitätswert C_m eines Kondensatornormals parallel dem Bezugswert Z. Mit dem Kondensatornormal wird so abgeglichen, daß ein erster Meßwert r_m1 ein Minimum wird. Für diesen Fall ist der relative Widerstand $\frac{R_\mathrm{m1}}{Z}$ und der Reflexionsfaktor r_m1 reell. Mit r_m1 als Radius folgen auf der reellen Achse die Schnittpunkte $\frac{R}{Z}$ und $G \cdot Z < 1$ und $\frac{R}{Z}$ und $G \cdot Z > 1$. Der richtige Schnittpunkt wird durch eine zweite Messung z.B. mit einem Bezugsnormal $Z' = 0{,}9\,Z$ ermittelt. Ist der zweite Meßwert $r_\mathrm{m2} < r_\mathrm{m1}$, so gilt der Schnittpunkt $\frac{R}{Z} < 1$ oder bei Leitwerten $G \cdot Z > 1$; für $r_\mathrm{m2} > r_\mathrm{m1}$ gilt das Umgekehrte. Mit dem Schnittpunkt ist der relative reelle Widerstand $\frac{R_P}{Z}$ oder der Leitwert $G_P \cdot Z$ im Parallelersatzschaltbild festgelegt. Die absoluten Werte sind $R_P = \frac{R_P}{Z} \cdot Z$ oder $G_P = \frac{G_P \cdot Z}{Z}$. Sollen die Parallelkomponenten in Reihenkomponenten umgebildet werden, so muß man von Leitwerten ausgehen; es gilt dann der Schnittpunkt $G_P \cdot Z$. Das Verhältnis der Blindleitwerte $\frac{B_X}{B}$ ist im Abstimmfall gleich dem Verhältnis $G_P \cdot Z$ der reellen Leitwerte. Damit gilt für den relativen Blindleitwert $\mathrm{j}\,B_X \cdot Z = G_P \cdot Z \cdot \mathrm{j}\omega_m \cdot C_m \cdot Z$. Zur Bildung der Reihenkomponenten wird mit dem Diagramm die Inversion $\frac{R_R}{Z} - \mathrm{j}\frac{X_R}{Z} = \frac{1}{G_P \cdot Z + \mathrm{j}\,B_P \cdot Z}$ durchgeführt. Hierzu wird durch den Schnittpunkt der Kreise $G_P \cdot Z$ und $G_P \cdot Z \cdot \mathrm{j}\omega_m \cdot C_m \cdot Z$ der zugehörige r-Kreis geschlagen und eine Gerade vom Schnittpunkt durch den Kreismittelpunkt gelegt. Der Schnittpunkt der verlängerten Geraden mit dem r-Kreis ist zugleich auch der Schnittpunkt der Kreise $\frac{R_R}{Z}$ und $-\mathrm{j}\,\frac{X_R}{Z}$. Damit sind die Reihenkomponenten des relativen Widerstands festgelegt. Die Absolutwerte ergeben sich zu $R_R = \frac{R_P}{Z}\,Z$ und $-\mathrm{j}X_R = -\mathrm{j}\,(B_P \cdot Z) \cdot Z$.

Zahlenbeispiel: $r_m = 0{,}5$; $r_{m2} < r_{m1}$; $f_m = 160\,\mathrm{MHz}$; $C_m = 10\,\mathrm{pF}$ parallel zu Z; $Z = 60\,\Omega$. Mit $C_m = 10$ pF parallel zu Z ist bei $G_P \cdot Z = 3$ die Parallelkapazität des Meßobjekts $C_P = 3\,C_m$. Damit ist die relative Blindkomponente $\mathrm{j}\,B_P \cdot Z = \mathrm{j}\omega_m \cdot 3\,C_m \cdot Z$. Mit den Meßwerten folgt $\mathrm{j}\,B_P \cdot Z = 1{,}8$. Der Schnittpunkt der Kreise $G_P \cdot Z = 3$ und $\mathrm{j}\,B_P \cdot Z = 1{,}8$ ist der geometrische Ort des relativen Komplexen Leitwerts. Der geometrische Ort des relativen Komplexen Widerstands ist hierzu um 180° gedreht. Die Reihenkomponenten sind damit: $R_R = 0{,}24 \cdot Z = 14{,}5\,\Omega$; $-\mathrm{j}X_R = -\mathrm{j}\,0{,}15 \cdot Z = -\mathrm{j}\,9\,\Omega$.

Das Beispiel ist im Diagramm mit – – – eingetragen.

Bild 78 zeigt den Meßplatzaufbau zum Bestimmen der *Reflexionsdämpfung im ZF- und BF-Bereich* mit einer Reflexionsfaktor-Meßbrücke. Das Ausgangssignal des Wobbelsenders wird der Meßbrücke, ein Steuersignal seines veränderbaren Oszillators zum Abstimmen dem selektiven Pegelmesser zugeführt. Das Ausgangssignal der Meßbrücke gelangt zu einem Pegelmesser mit angeschlossenem Pegelbildgerät. Zur Ablenkung dient die Wobbelspannung des Senders. Frequenzmarken können eingeblendet werden.

Ein für den gesamten Mikrowellenbereich geeignetes Meßgerät zum Bestimmen des Reflexionsfaktors ist der *Richtungskoppler*. Er kann heute mit hoher Präzision gefertigt werden, so daß z.B. bei Hohlleiter-

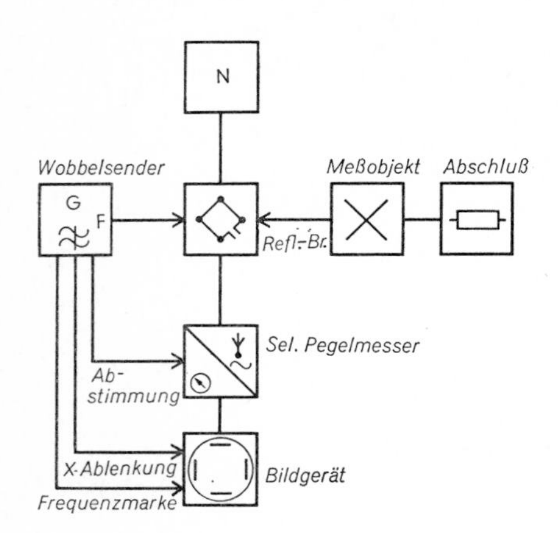

Bild 78 Meßplatzaufbau für selektive Reflexionsdämpfungsmessungen im ZF- und BF-Bereich mit einer Reflexionsfaktor-Meßbrücke

Richtungskopplern eine Richtdämpfung von 46 dB oder ein Eigenreflexionsfaktor $r_e \leqq 0{,}005$ erreicht wird. Das Prinzip des Richtungskopplers sei an der koaxialen Ausführung erklärt. Zwei nach Bild 79 parallellaufende koaxiale Leitungskreise sind über einen Schlitz der Länge l, der Breite b, der Tiefe a elektrisch und magnetisch miteinander gekoppelt. Der kapazitive Kopplungsbelag sei k' und der induktive m'. Die Hauptleitung ist mit ihrem Wellenwiderstand Z_1 und die Nebenleitung beidseitig mit ihrem Wellenwiderstand $Z_2 = Z_{21} = Z_{22}$ abgeschlossen.

Unter Vernachlässigung der Kopplungsströme in der Nebenleitung 2 und bei sehr kleiner Länge $l \ll \frac{\lambda}{4} \to \mathrm{d}z$ der verlustlosen Leitungen gilt nach Bild 79 bei $Z_2 = Z_{21} = Z_{22}$:

$$U_{21} = \frac{1}{2} U_1 \,\mathrm{j}\omega \left[k' \cdot Z_2 + \frac{m'}{Z_1}\right] \mathrm{d}z \tag{146}$$

$$U_{22} = \frac{1}{2} U_1 \,\mathrm{j}\omega \left[k' \cdot Z_2 - \frac{m'}{Z_1}\right] \mathrm{d}z. \tag{147}$$

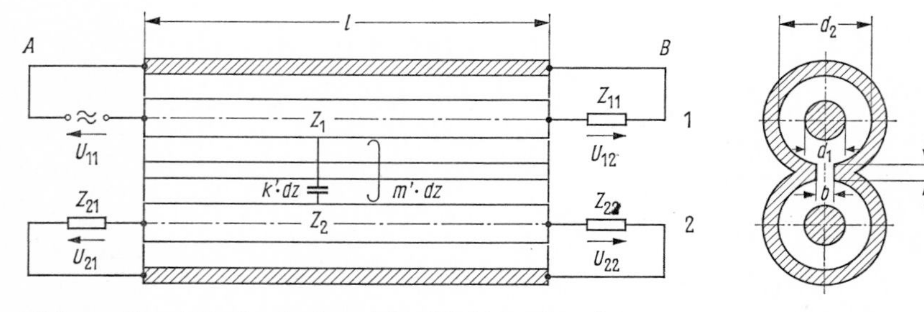

Bild 79 Zum Prinzip des koaxialen Richtungskopplers

Bei Frequenzen $f_m \to 1$ GHz (äquivalente Leitschichtdicke $\ll b$) sind die Wirkungen der kapazitiven und induktiven Kopplung einander gleich, d. h., $k' \cdot Z_2 = \frac{m'}{Z_1}$. Nach Gleichung (146) addieren sich auf der Sendeseite A die Kopplungswirkungen in der Nebenleitung und nach Gleichung (147) subtrahieren sie sich auf der gegenüberliegenden Seite B. Bei einem idealen Richtungskoppler mit dem Reflexionsfaktor $r_1 = 0$ der Hauptleitung 1 und Reflexionsfreiheit in der Nebenleitung 2 ($Z_{21} = Z_2$) ist $U_{22} = 0$. Das logarithmierte Verhältnis $\frac{U_{21}}{U_{22}}$ ist das Richtdämpfungsmaß und das von $\frac{U_{11}}{U_{21}}$ das Kopplungsdämpfungsmaß. Das Verhältnis $\frac{U_{22}}{U_{21}}$ nennt man auch den Eigenreflexionsfaktor des Richtungskopplers. Die Meßgrenze oder die Meßgenauigkeit für die Messung des Reflexionsfaktors ist durch den Eigenreflexionsfaktor bestimmt.

Ist für den Meßfall anstelle von Z_1 ein Meßobjekt Z mit dem Reflexionsfaktor $r = \frac{Z_1 - Z}{Z_1 + Z}$ angeschlossen, so entsteht wie im Falle der Meßleitung an Z eine reflektierte Welle der Spannung $r \cdot U_{12}$ in Richtung $-z$; analog Gleichung (146) gilt dann für U_{22} der Leitung 2 beim idealen Richtungskoppler

$$U_{22\,\mathrm{r}} = r \cdot \frac{1}{2} U_1 \cdot \mathrm{j}\omega \left[k' \cdot Z_2 + \frac{m'}{Z_1} \right] \mathrm{d}z. \tag{148}$$

Bildet man das Verhältnis von Gleichung (148) zu Gleichung (146), so folgt der Reflexionsfaktor r aus dem Verhältnis der beiden Spannungen $U_{22\,\mathrm{r}}$ zu U_{21}, also

$$r = \frac{U_{22\,\mathrm{r}}}{U_{21}}. \tag{149}$$

Hebt man die Vernachlässigung $l \ll \frac{\lambda}{4} \to \mathrm{d}z$ auf und führt die Länge l und die bezogenen Dämpfungsmaße g_1' und g_2' ein, so müssen die Kopplungswirkungen aller Teilelemente summiert werden; es ergibt sich:

$$U_{21} = \frac{1}{2} U_1 \frac{\mathrm{j}\omega}{g_1' + g_2'} \cdot \left(k' \cdot Z_2 + \frac{m'}{Z_1} \right) \cdot \left(1 - \mathrm{e}^{-(g_1' + g_2') l}\right) \tag{150}$$

und

$$U_{22\,\mathrm{r}} = r \frac{1}{2} U_1 \frac{\mathrm{j}\omega}{g_1' + g_2'} \cdot \left(k' \cdot Z_2 + \frac{m'}{Z_1} \right) \cdot \left(1 - \mathrm{e}^{-(g_1' + g_2') l}\right). \tag{151}$$

Für den Reflexionsfaktor folgt aus dem Verhältnis $U_{22\,\mathrm{r}}$ zu U_{21} wieder die Beziehung nach Gleichung (149).

Das Meßergebnis für r wird theoretisch durch die Ausdehnung des Richtungskopplers nicht beeinflußt. Aus den Beziehungen geht jedoch hervor, daß bei einer verlustlosen Leitung und $l = \frac{\lambda^*}{2}$ der Faktor $1 - e^{-(g_1' + g_2')l}$ – und damit U_{21} und U_{22r} – zu Null wird.

Die Wirkungsweise des koaxialen Richtungskopplers gilt im Grundsätzlichen für alle anderen Arten von Richtungskopplern. Es gibt sogenannte Schleifen-Richtungskoppler, die im Prinzip dem koaxialen Richtungskoppler entsprechen und – selten verwendet – den koaxialen Einloch- oder Kreuzkoppler, bei dem Haupt- und Nebenleitung mit $Z_1 = Z_2 = Z$ über ein Loch gekoppelt und um 60° ∢ gedreht sind, um die Bedingung $k \cdot Z = m/Z$ zuerfüllen. Bei Hohlleiter-Richtungskopplern sind Haupt- und Nebenleitung in der Regel über zwei gegeneinander versetzte Lochreihen gekoppelt, deren Lochdurchmesser sich nach den Enden zu verringern. Durch besondere Bemessungsregeln und hohe mechanische Präzision wird hohe Richtdämpfung erreicht. Die in die Nebenleitung übergekoppelte Welle hat gleiche Richtung wie die in der Hauptleitung; d. h. bei Reflexionsfreiheit besteht Spannungsminimum auf der Sendeseite.

Für hohe Richtdämpfung ist auch eine sehr genaue Anpassung von Z_{21} an Z_2 notwendig, damit die übergekoppelte vorlaufende Welle (U_{21}) nicht reflektiert wird. Der Meßkopf für U_{21} beeinflußt auch bei loser Ankopplung immer die bestmögliche Anpassung; daher werden in der Regel die Spannung U_{21} der vorlaufenden Welle und U_{22r} der reflektierten Welle mit verschiedenen Richtungskopplern gemessen. Da der Reflexionsfaktor gleich dem Quotienten U_{22r}/U_{21} ist, kann er mit einem Quotienten-Meßgerät – unabhängig vom Niveau der Spannungen – unmittelbar angezeigt werden.

Die Messung mit dem Richtungskoppler ähnelt der mit der Meßbrücke. Im Wobbelverfahren läßt sich der Reflexionsfaktor $|r|$ innerhalb des Frequenzbereiches der Richtungskoppler unmittelbar als Kurve mit einem Schreiber darstellen. Zur Anzeige ist der Quotienten-Bildempfänger geeignet, auch ein normales Bildgerät, wenn man die Sendespannung so regelt, daß U_{21} konstant bleibt. Zur Ermittlung der Phase des Reflexions-

Mit diesem Pegelbildgerät – einem Wobbelmeßplatz für den Frequenzbereich von 200 bis 4000 Hz – lassen sich alle wichtigen Betriebswerte von Fernsprechverbindungen ermitteln. Die hohe Empfindlichkeit des Empfängers läßt sogar Nebensprechmessungen zu. Die Meßgröße – Betriebs- Rest- oder Nebensprechdämpfung, Verstärkung, Pegel, Scheinwiderstand – wird in Abhängigkeit von der Frequenz auf dem Bildschirm einer Kathodenstrahlröhre aufgezeichnet. Bei einfacher Bedienbarkeit ergeben sich mit diesem Meßplatz sehr kurze Meßzeiten. Auch Messungen auf der Strecke sind durch die Stromversorgung aus eingesetzten Ni-Cd-Zellen möglich. ▶

HOR DEFL
LEVELING
LEVELING-40dB
IMP MEAS
IMP COMP
RETURN LOSS
TRANSM
REC LEVEL dBm
RETURN LOSS dB
RETURN LOSS
IMP MEAS
LINE
ILLUM
dB
kHz
TRANSM LEVEL dBm
BATT CHECK ON
SWEEP
MAN
EXT
ON
FOCUS
200Hz-4kHz
K2001

dB
D 2010
DIGITAL-PEGELMESSER DIGITAL LEVEL METER
dB
Meßart/MODE
STEUERBARER PEGELMESSER CONTROLLABLE LEVEL METER 1.6MHz
+019.3
CONTROLLABLE PHASE METER

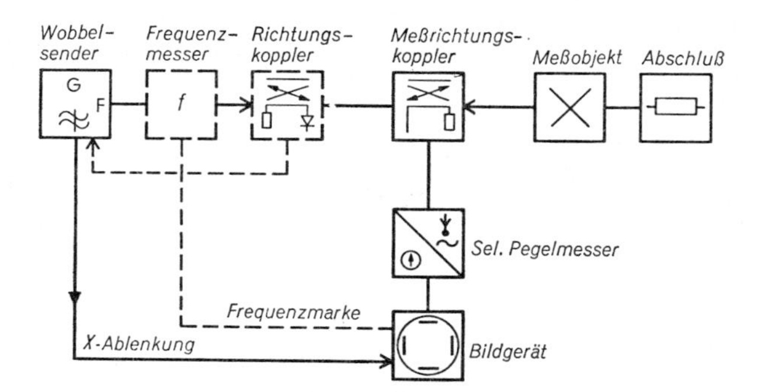

Bild 80
Meßplatzaufbau für selektive Reflexionsdämpfungsmessungen im RF-Bereich mit einem Richtungskoppler

faktors oder zur Bestimmung der Widerstandskomponenten benötigt man wie bei der Meßbrücke Blindwiderstände, die dem Meßobjekt zur Abstimmung parallelgeschaltet werden (im Mikrowellengebiet in der Regel Kurzschlußleitungen). Nach den Gleichungen (15), S. 29 können induktive und kapazitive Blindleitwerte eingestellt und damit der Reflexionsfaktor im Meßfall reell gemacht werden. Zum Bestimmen der Richtung der Abweichung $R_{\mathrm{rel}} \gtrless 1$ wird mit einer Transformationsleitung z.B. $\frac{\lambda}{4}$-Leitung ein Widerstand $R_{\mathrm{P}} = 10\,Z$ parallel zum Meßobjekt geschaltet. Ist bei der zweiten Messung der Meßwert $r_{\mathrm{m}2} < r_{\mathrm{m}1}$, so ist $\frac{R}{Z} > 1$ und $G \cdot Z < 1$, im umgekehrten Fall ist $\frac{R}{Z} < 1$ und $G \cdot Z > 1$ (Auswertung wie im Beispiel auf S. 167). Die Blindleitwerte der Kurzschlußleitung folgen aus den Gleichungen (15), S. 29.

Bild 80 zeigt den Meßplatzaufbau zum Bestimmen der Reflexionsdämpfung im RF-Bereich mit einem Richtungskoppler. Der Wobbelsender G speist unmittelbar oder über einen Durchgangsfrequenzmesser f und Richtungskoppler das Meßobjekt. Dem Frequenzmesser kann zum Zeichnen einer Frequenzmarke, z.B. der Mittenfrequenz

◀ Das Ermitteln der Stabilitätsreserve von Regelkreisen oder Verstärkern mit komplexen Gegenkopplungsnetzwerken wird wesentlich vereinfacht, wenn deren Übertragungsmaß frequenzabhängig nach Betrag *und* Phase gemessen werden kann. Diese Art der Vierpolmessung gewinnt immer mehr an Bedeutung, da sie sich bei der Entwicklung von Geräten für Übertragungssysteme ebenso vorteilhaft erweist wie bei der Serienprüfung von Baugruppen mit Meßautomaten. Mit dem Digital-Phasenmesser (unteres Gerät) kann man in Verbindung mit selektiver Pegelmeßplätzen – hier im PEGAMAT – deren Frequenzumsetzer von *einem* Grundgenerator gesteuert werden, die Phase ebenso genau wie den Pegel messen. Die Phasenmessung ist in einem weiten Frequenzbereich und bei kleinen Spannungen möglich.

eines Filters, das entsprechende Abstimmsignal entnommen werden. Den Richtungskoppler vor dem eigentlichen Meßrichtungskoppler wendet man an, wenn unmittelbar am Meßobjekt die vorlaufende Welle konstant gehalten werden soll. Das Meßobjekt ist mit seinem Wellenwiderstand abzuschließen. Das am Richtungskoppler abgegriffene Signal wird über einen selektiven Pegelmesser einem Bildgerät zugeführt; die Ablenkspannung dafür liefert der Pegelsender.

Besondere Vorzüge hat die *Messung der Anpassung mit Pulsen*, denn mit einer einzigen Messung erhält man innerhalb des Frequenzinhalts der Pulse eine Aussage über den Wert, Richtung und den Charakter der Widerstandsabweichungen. Auch der Ort der Abweichungen ist am Oszillogramm erkennbar (vgl. S. 103).

3. Messen der Leistung und Spannung, Dämpfung und Verstärkung

Im gesamten Frequenzbereich der Richtfunk- und Rundstrahltechnik sind kleine bis große Leistungen zu messen, sie lassen sich immer aufgrund der Beziehung $P = U^2/Z$ bestimmen.

Ein unmittelbares und sehr genaues *Messen der Leistung* ist auf thermischem Wege möglich. Für kleine Leistungen bieten sich dabei zwei Verfahren an: Beim *Thermischen Leistungsmesser* ergibt sich die jeweilige Leistung aus der Temperaturerhöhung eines Widerstands, der als reflexionsfreier Abschluß dient. Beim *Thermistor-Leistungsmesser* hingegen stellt sich der Thermistor, der von der UHF- und einer gesteuerten NF-Leistung gespeist wird, auf konstante Temperatur ein; gemessen wird jeweils die Änderung der NF-Leistung, denn diese ist unmittelbar ein Maß für die zu bestimmende UHF-Leistung. Bei größeren Leistungen werden den Meßgeräten Leistungsteiler, z.B. in Form ohmscher oder kapazitiver Teiler, vorgeschaltet. In höheren Frequenzbereichen sind dafür Richtungskoppler besonders geeignet; man erhält mit ihnen unmittelbar ein Maß für die Leistung, die ein Verbraucher (z.B. Sendeantenne) aufnimmt.

Der Thermische Leistungsmesser ist zugleich ein sehr genaues Normal für den ganzen Frequenzbereich der Übertragungstechnik, da sein Meßkopf bis >10 GHz sehr reflexionsarm gemacht werden kann und seine Eichung mit einer Gleichstromleistung möglich ist. Wegen seiner Reflexionsfreiheit läßt sich der Meßkopf auch als Abschlußwiderstand in der Nebenleitung des Richtungskopplers einsetzen; es ergibt sich sehr genau mit nur einem Richtungskoppler getrennt die vorlaufende und reflektierte Leistung, somit auch der Reflexionsfaktor.

Spannungsmessungen liefern bei Anpassung bereits richtige Meßwerte, z.B. zur Bestimmung des Übertragungsfaktors $|A|$ zwischen beliebigen Meßpunkten des Systems. Spannungen werden über Mikrowellen-Gleichrichter gemessen. Bei kleinen Spannungen verstärkt man die bei der Gleichrichtung gewonnene Gleich- oder Modulationsspannung vor der Anzeige. Induktivität und Kapazität der Gleichrichter samt Schaltung müssen sehr klein sein; den Einfluß einer Resonanz mindern Dämpfungswiderstände. Die Gleichrichterschaltung darf ferner, um die Anpassung nicht zu stören, nur lose angekoppelt sein. Bei der Reflexionsfaktormessung beispielsweise werden außerdem der Frequenzgang der Meßköpfe und je nach Meßverfahren auch die Charakteristik der Gleichrichterkreise paarweise gleichgemacht. Auf diese Weise sind UHF-Spannungen bis etwa 1 mV meßbar. Kleinere Spannungen bis in den µV-Bereich hinein mißt man mit Überlagerungsempfängern oder selektiven Pegelmessern, die das UHF-Signal in eine ZF-Lage umsetzen, in der sich das Signal leicht verstärken läßt.

Dämpfungsmessungen werden in der Regel in gleicher Weise durchgeführt wie in unteren Frequenzbereichen, bei Messungen in der Schleife in einfachster Weise im Vergleichsverfahren (S. 76) mit einer veränderbaren UHF-Eichleitung. Für den TF- und ZF-Bereich lassen sich die Eichleitungen mit höherer Genauigkeit bauen. Für sehr genaue Dämpfungsmessungen wird daher der Vergleich mit einer sehr genauen Eichleitung im ZF-Bereich z.B. eines Überlagerungsempfängers durchgeführt. Zur Eichung des Meßplatzes ist nur ein festes Bezugsnormal für den Mikrowellenbereich notwendig, das sich mit hoher Genauigkeit über großen Frequenzbereich herstellen läßt. Ist a_{N} das Dämpfungsmaß des Normals, a_{X} das des Meßobjekts und sind a_{NE} und a_{XE} die entsprechenden Einstellungen an der Eichleitung in der ZF-Ebene, so gilt bei Gleichheit der Spannungen

$$a_{\mathrm{N}} + a_{\mathrm{NE}} = a_{\mathrm{X}} + a_{\mathrm{XE}}; \qquad a_{\mathrm{X}} = a_{\mathrm{N}} + a_{\mathrm{NE}} - a_{\mathrm{XE}}. \tag{152}$$

Da in diesem Meßfall die Ausgangsspannungen des N- und X-Zweiges verschieden sind, muß über den Bereich der Spannungsunterschiede die Linearität des Überlagerungsempfängers oder Pegelmessers groß sein; bei hinreichend kleinen Eingangspegeln $\leqq -20$ dB ist das erfüllt. Der Eingangwiderstand des Empfängers wird durch Vorschalten eines Dämpfungsgliedes genau definiert und reell gemacht. Auch Richtungsleitungen können zur Entkopplung eingesetzt werden. Ferner sind über die Meßzeit die Spannung des Senders und die Empfindlichkeit des Empfängers oder die relative Genauigkeit konstant zu halten. Nach heutigem Stand ist das bei entsprechenden Geräten durch Regelung gewährleistet.

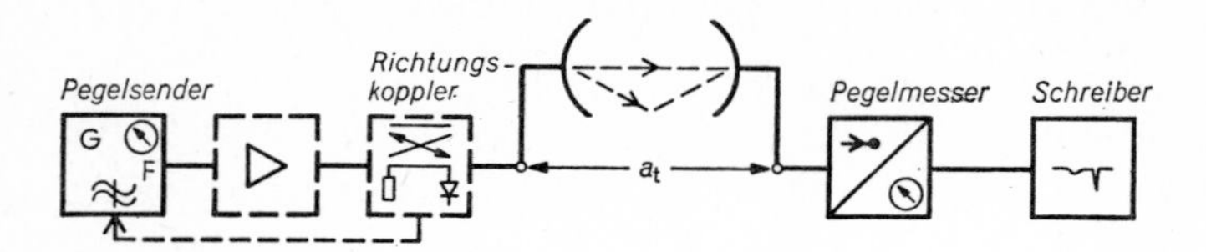

Bild 81 Meßplatzaufbau zum direkten Messen der Gesamtdämpfung a_t eines Funkfeldes

Beim Messen der Dämpfung über Funkstrecken (Funkfelddämpfung) müssen ebenso wie im NF- und TF-Bereich der Sendepegel und die Empfindlichkeit des Pegelmessers unabhängig von der Frequenz sein. Bei Wobbelmessungen mit selektivem Pegelmesser muß sich dieser auch automatisch auf die Empfangsfrequenz abstimmen, und zwar wird dazu durch einen Gleichlauf- und Mitziehmechanismus der Umsetzeroszillator in seiner Frequenz so beeinflußt, daß sich am Ausgang des Modulators eine nahezu konstante Zwischenfrequenz ergibt. Das Ergebnis dieser Abstimmung entspricht dem der Abstimmautomatik in den Pegelmessern für den TF-Bereich, bei denen bei Messungen in der Schleife die Oszillatorfrequenz für den Empfänger dem veränderbaren Oszillator des Pegelsenders (Schwebungssender) entnommen wird. Einen entsprechenden Dämpfungs-Wobbelmeßplatz für den Bereich 5,8 bis 8,5 GHz zeigt das Bild auf S. 158. An Beispielen sei die Verwendung eines solchen Meßplatzes für die verschiedenen Meßaufgaben gezeigt.

Ein Meßplatzaufbau zum Messen der Funkfelddämpfung a_t ist in Bild 81 dargestellt. Der Pegelsender G liefert sein frequenzunabhängiges Ausgangssignal direkt oder über einen Leistungsverstärker an die Sendeantenne. Ein etwaiger Frequenzgang der Ausgangsspannung des Leistungsverstärkers kann vom Pegelsender ausgeregelt werden; das Regelkriterium dazu liefert eine der vorlaufenden Welle proportionale Spannung eines nachgeschalteten Richtungskopplers. Auf der Gegenstelle ist der selektive Empfänger unmittelbar an die Antenne angeschlossen. Zur Aufnahme der Funkfelddämpfung in Abhängigkeit der Frequenz wird die Pegelsenderspannung gewobbelt und der Dämpfungsverlauf mit einem Schreiber aufgeschrieben.

Bild 82 zeigt den Meßplatzaufbau zum Bestimmen von Dämpfungen in der Schleife und über Strecke mit einem selektiven Empfänger. Der Wobbelsender G speist unmittelbar oder über einen Durchgangsfrequenzmesser f und einen Richtungskoppler das Meßobjekt. Dem Frequenzmesser kann zum Zeichnen einer Frequenzmarke, z.B. der Mittenfrequenz eines Filters, das entsprechende Abstimmsignal entnommen werden. Den Richtungskoppler wendet man an, wenn unmittelbar am Meßobjekt die vorlaufende Welle konstant gehalten

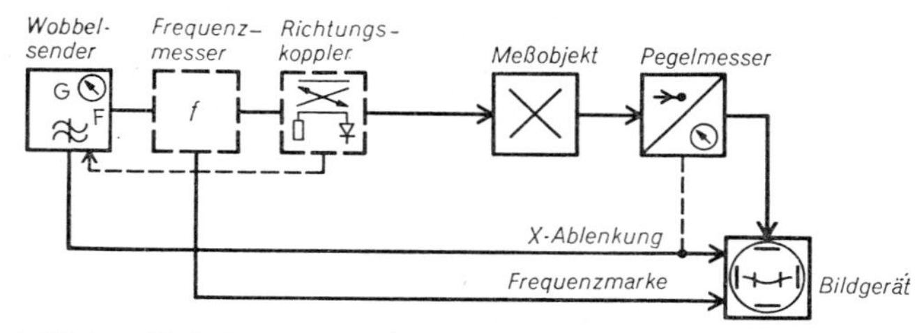

Bild 82 Meßplatzaufbau für selektive Dämpfungsmessungen im RF-Bereich

werden soll. Am Ausgang des Meßobjekts liegt ein selektiver Empfänger mit angeschlossenem Pegelbildgerät. Bei der Schleifenmessung wird die Wobbelspannung des Pegelsenders dem Pegelbildgerät als Ablenkspannung und dem Pegelmesser zur festen Nachführung seines Oszillators zugeführt; bei der Streckenmessung werden beide Spannungen aus dem Empfangssignal gewonnen. Diesen Meßplatzaufbau wählt man vorwiegend für die Dämpfungsmessungen an Sende- und Empfangssystemen sowie ihren Baugruppen, z.B. beim Abgleich der Filter auf vorgeschriebenen Dämpfungsverlauf. Der Meßplatz kann mit einem Umschalter so ergänzt werden, daß auch die Reflexionsdämpfung eines Filters zu dessen leichterem Abgleich im selben Wobbeltakt am Bildgerät sichtbar ist.

Bei Messungen in der Schleife, wo der Meßwert als Quotient von Eingangs- zu Ausgangsspannung dargestellt werden kann (z.B. alle Dämpfungsmaße), ist eine konstante Sendespannung nicht notwendig, wenn der Quotienten-Bildempfänger zur Anzeige benutzt wird.

Zum *genauen Messen kleiner Dämpfungen* (bis etwa 25 dB) über den gesamten Mikrowellenbereich ist wieder der Thermische Leistungsmesser (S. 174) geeignet. Stimmt der Wellenwiderstand des Vierpols mit dem Wellenwiderstand des Meßkopfes vom Leistungsmesser überein und ist P_1 die Leistung ohne und P_2 die Leistung mit vorgeschaltetem Vierpol, so gilt

$$a = 10 \lg \frac{P_1}{P_2} \, \mathrm{dB}, \quad a = \frac{1}{2} \ln \frac{P_1}{P_2} \, \mathrm{Np}.$$

Bei ungleichen Wellenwiderständen muß man entsprechend den verschiedenen Stoßdämpfungsmaßen den Meßwert korrigieren. Wie im Abschnitt B 2, S. 130 bereits erwähnt, ist der Leistungsmesser auch als sehr genaues Pegelnormal geeignet.

Eine besondere Aufgabe stellt die *genaue Messung kleiner Dämpfungsmaße* bis etwa 10 dB von Koaxialkabeln für das TF- und UHF-Gebiet und die Bestimmung des Verlustfaktors der dort verwendeten Isolierstoffe dar. Mit der auf S. 131 beschriebenen Pegeldifferenzmessung bleibt im TF-Bereich bis 100 MHz bei Dämpfungsmaßen < 10 dB die Meßunsicherheit $\leqq 0{,}04$ dB. Für den UHF-Bereich gilt ähnliche Genauigkeit mit dem auf S. 131 beschriebenen Vergleichsverfahren. In der Regel reichen diese Genauigkeiten auch zum Bestimmen der Wellendämpfungsmaße a_w von Leitungen aus. Für sehr kurze geometrische Leitungsabschnitte bis zur elektrischen Länge $\lambda^*/4$ bei einem Dämpfungsmaß a_w etwa < 1 dB sind Resonanzverfahren besonders gut zum Bestimmen von a_w geeignet; sie werden aber auch für Dämpfungsmaße bis 10 dB angewandt.

Beispiele für Resonanzverfahren zum Bestimmen von a_w

1. Beispiel. Sender und Empfänger werden über kleine Kapazitätswerte C lose an den Anfang der kurzgeschlossenen oder offenen Leitung angekoppelt und auf Resonanz abgestimmt. Man bestimmt die Resonanzbreite $\Delta f = f_1 - f_2$, bei der die Amplituden zu beiden Seiten der Resonanz um $\sqrt{2}$ kleiner sind. Es folgt

$$a_w = 8{,}686 \frac{\pi}{v} \cdot l \cdot \Delta f \cdot \mathrm{K}\ \mathrm{dB} \qquad a_w = \frac{\pi}{v} \cdot l \cdot \Delta f \cdot K\ \mathrm{Np} \tag{153}$$

mit l in km, v = Fortpflanzungsgeschwindigkeit in km/s und $K = \mathrm{f}\left(\frac{l}{v} \cdot \Delta f\right)$ als Korrekturfaktor. Die Ankopplung muß so lose sein, daß der erwartete Resonanzwiderstand des Meßobjekts nicht störend verfälscht wird.

Sind z. B. R_S der innere Widerstand des Senders, R_E der des Empfängers, C die Ankopplungskapazitäten, $\omega \cdot C \cdot R_S$ und $\omega \cdot C \cdot R_E \ll 1$, so betragen die wirksamen reellen Widerstände parallel zum Meßobjekt $R_{PS} = \frac{1}{\omega^2 C^2 R_S}$ und $R_{PE} = \frac{1}{\omega^2 C^2 R_E}$. Die Frequenzen f_1 und f_2 müssen sehr genau – z. B. mit einem Frequenzzähler – gemessen werden, ebenfalls der Amplitudenunterschied von $\sqrt{2}$.

Hier einige Korrekturfaktoren K:

$\frac{l}{v} \cdot \Delta f$	=0,04	0,08	0,12	0,16	0,2	0,24	0,28	0,32
K	=1,01	1,04	1,08	1,12	1,14	1,13	1,12	1,05

2. Beispiel. Das Dämpfungsmaß a_w kann z. B. auch mit einer Meßleitung bestimmt werden. Man ermittelt bei offenem oder kurzgeschlossenem Meßobjekt die Anpassung $m = \frac{U_{min}}{U_{max}}$. Bei gleichen Wellenwiderständen von Meßleitung und Meßobjekt gilt dann

$$\tanh a_w = \frac{U_{min}}{U_{max}} = m \quad \text{und} \quad a_w = 10 \lg \frac{1+m}{1-m}\ \mathrm{dB}. \tag{154) (155}$$

Es können auch die Eingangswiderstände des Vierpols im Resonanzfall bei Kurzschluß oder Leerlauf auf verschiedene Art bestimmt werden; dabei gilt immer

$$\tanh a_w = \sqrt{\frac{R_{min}}{R_{max}}}; \quad a_w = 10 \lg \frac{1+\sqrt{\frac{R_{min}}{R_{max}}}}{1-\sqrt{\frac{R_{min}}{R_{max}}}} \text{ dB}, \qquad (156)\ (157)$$

unabhängig davon, ob R_{min} und R_{max} bei Kurzschluß oder Leerlauf ermittelt werden.

Aus den Beziehungen für tanh a folgt, daß die Genauigkeit für a durch die relative Genauigkeit bei der Spannungs- oder Widerstandsmessung bestimmt ist. Mit $\tanh a \rightarrow 1$ strebt $a \rightarrow \infty$ und die Genauigkeit nach Null. Das Resonanzverfahren ist brauchbar für $a < 10$ dB. Bei $a < 2$ dB kann man mit einer Unsicherheit von $< 2\%$ für $a \approx 10m = 8{,}7\sqrt{\frac{R_{min}}{R_{max}}}$ setzen.

Zum Messen des Übertragungsmaßes $-a$ eignen sich in der Regel die gleichen Meßverfahren wie zur Bestimmung des Dämpfungsmaßes a; daher gelten hierfür die vorhergehenden Ausführungen.

4. Messen der Gruppenlaufzeitverzerrung $\Delta\tau_g$

Besondere Bedeutung hat bei FM-Richtfunksystemen die Gruppenlaufzeitverzerrung $\Delta\tau_g$, da sie Beiträge zum Systemgeräusch liefert. Ihre Ursache liegt vorwiegend in dem nichtlinearen Verlauf des Übertragungswinkels der Selektionsfilter im ZF- und RF-Bereich; ein linearer Verlauf im Bereich der Signalfrequenzen wird durch besonderen Phasenausgleich erzwungen. Auch Mehrfachreflexionen beeinträchtigen den Übertragungswinkel; sie werden durch Richtungsleitungen stark herabgesetzt. Die Richtfunksysteme sind außer zur Übertragung von Sprachsignalen auch für Fernsehübertragungen eingerichtet; damit haben auch die Gruppenlaufzeitverzerrungen im Basisband Bedeutung. In Richtfunksystemen ist also $\Delta\tau_g$ in den Frequenzlagen BF, ZF und RF zu messen. Als Meßverfahren eignet sich in allen Frequenzbereichen das Verfahren von Nyquist (S. 134). Einen Meßplatz, der außer zum Messen von $\Delta\tau_g$ und $\Delta\omega$ noch anderen Meßaufgaben dient, zeigt das Bild auf S. 158.

Mit dem Meßplatzaufbau nach Bild 83 lassen sich die Gruppenlaufzeitverzerrungen $\Delta\tau_g$ und/oder die Dämpfungsverzerrungen Δa der Strecke von Eingang ZF bis Ausgang ZF selektiv messen. Die Senderspannung

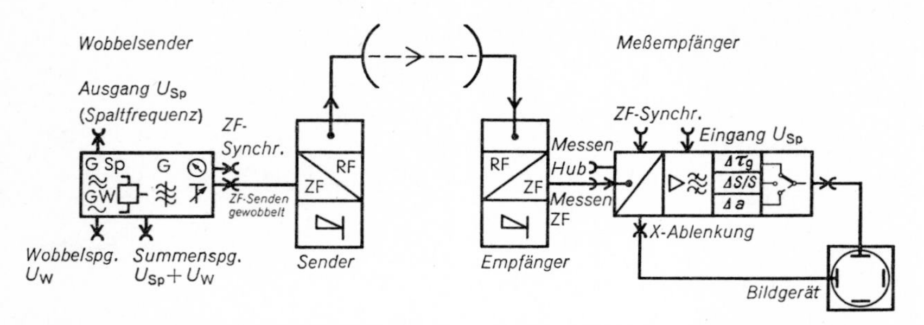

Bild 83 Meßplatzaufbau für selektive Streckenmessungen ZF–ZF der Gruppenlaufzeitverzerrungen $\Delta\tau_g$ und der Dämpfungsverzerrungen Δa

wird mit dem Spaltfrequenzsignal, z.B. 556 kHz, moduliert und in seiner Frequenz über den gewünschten Hubbereich gewobbelt. Sein Ausgangssignal liegt am Umsetzer ZF→RF des RF-Senders. Das ZF-Ausgangssignal des Empfängers wird einem selektiven Pegelmesser zugeführt. Dieser stimmt sich auf die Frequenz f_m des Pegelsenders ab, verstärkt das Eingangssignal und gewinnt durch Demodulation ein Signal mit der Spaltfrequenz f_{sp}, dessen Winkelverzerrung im Vergleich zum Bezugssignal das Maß für die Gruppenlaufzeitverzerrung $\Delta\tau_g$ gibt. Das bei diesem Vergleich gewonnene Signal wird verstärkt und einem Bildgerät zugeführt. Die Amplitudenschwankung des Empfangssignals ist ein Maß für die Dämpfungsverzerrung Δa. Laufzeit- und Dämpfungsverzerrung können mit einer Abtastautomatik gleichzeitig auf dem Bildschirm dargestellt werden.

Bei einer entsprechenden Messung nach Bild 84 werden auch Modulator und Demodulator der Strecke erfaßt. Der Sendeseite wird vom Pegelsender im BF-Band eine Wobbelspannung U_w und eine wesentlich kleinere Modulationsspannung U_{sp} der Spaltfrequenz f_{sp} zugeführt. Die sägezahnförmige Wobbelspannung U_w steuert den Modulator über den

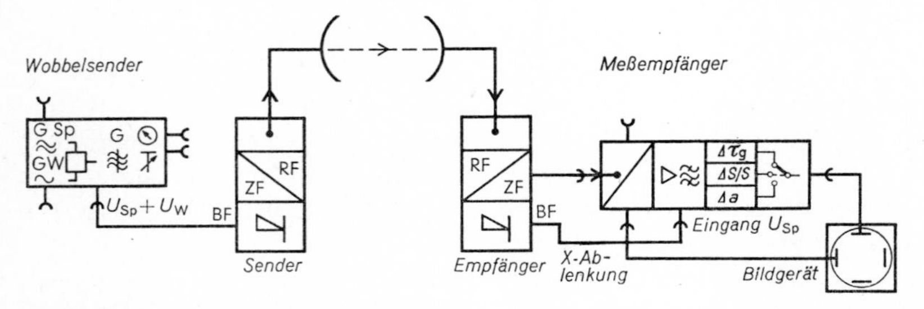

Bild 84 Meßplatzaufbau für Streckenmessungen BF–BF der Gruppenlaufzeitverzerrungen $\Delta\tau_g$ und der Steilheitsverzerrungen $\Delta S/S$

gesamten Hubbereich durch. Auf der Empfangsstelle steht dann am BF-Ausgang ein Signal zur Verfügung, dessen Winkelschwankung in Abhängigkeit des Hubes im Vergleich zum Bezugssignal das Maß für die Gruppenlaufzeitverzerrung über das gesamte Richtfunksystem gibt. Zur Synchronisation des Empfängers und des Bildgeräts wird zusätzlich dem ZF-Band ein Signal entnommen. Durch Abtastung können gleichzeitig Gruppenlaufzeit- und Steilheitsverzerrungen angezeigt werden.

5. Messen des Frequenzhubs, der Modulationssteilheit und der Steilheitsverzerrung

Bei der Frequenzmodulation einer Trägerschwingung f_T mit einer Modulationsschwingung f_{mod} entsteht (vgl. Bild 85) ein breites Spektrum mit den Frequenzen $f_T \pm n f_{mod}$ (n = 1; 2; 3 usw.); im Abstand $n f_{mod}$ vom Träger f_T entstehen also beliebig viele Teilschwingungen. Die Amplituden der Teilschwingungen sind abhängig vom Modulationsindex η = Frequenzhub Δf zu Modulationsfrequenz f_{mod}. Mit größerem η nehmen die Amplituden der höheren Modulationsprodukte $f_T \pm n f_{mod}$ in verwickelter Weise zu. Die Amplituden der Teilschwingungen des gesamten Spektrums folgen, in Abhängigkeit von η, aus den Besselschen Funktionen erster Art. Aus ihnen ergibt sich auch z.B., daß bei bestimmten Werten η die Amplitude der Trägerschwingung zu Null wird, und zwar ergibt sich eine erste Nullstelle bei $\eta = 2{,}405$, eine zweite bei $\eta = 5{,}52$ usw. Mit der ersten Nullstelle der Trägerschwingung ist ein fester Bezugspunkt zur Definition des Frequenzhubes gegeben; es gilt: Frequenzhub $\Delta f = 2{,}405\ f_{mod}$.

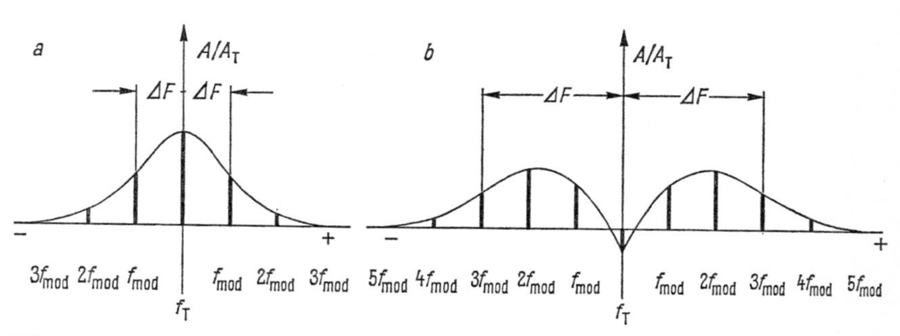

Bild 85a und b Amplitudenspektren frequenzmodulierter Signale; für Bild 85a gilt: $\eta = \frac{\Delta F}{f_{mod}} = 1$; für Bild 85b gilt: $\eta = \frac{\Delta F}{f_{mod}} = 3$; A_T Schwingung konstanter Amplitude und Frequenz (Trägerschwingung); A frequenzmoduliertes Signal

Zum Messen des *Frequenzhubs* Δf wird der Modulator von seiner Basisbandseite her mit einer Spannung U_{mod} der Frequenz f_{mod}, z.B. 556 kHz, angesteuert. Die Modulationsspannung erhöht man nun so, daß am Ausgang für die ZF die erste Nullstelle des Trägers f_T auftritt. Zur einfachen Erkennung der Träger-Nullstelle und zur Darstellung der Amplitudenverteilung des gesamten Modulationsspektrums kann der auf S. 158 erwähnte Wobbelmeßplatz mit Oszillograph dienen. Dazu wird dem Pegelmesser zur Steuerung seines ersten Frequenzumsetzers das gewobbelte ZF-Signal des Pegelsenders zugeführt und dem Meßsignaleingang des Pegelmessers das Ausgangssignal des Modulators. Ist durch entsprechende Einstellung des Wertes der Modulationsspannung $U_{\mathrm{mod}\,1}$ die erste Nullstelle der Trägerschwingung festgestellt, so ergibt sich mit dieser *Messung* zugleich die *Modulationssteilheit* S aus der Beziehung

$$S_{\mathrm{mod}} = \frac{\text{Frequenzhub}}{\text{Modulationsspannung}} = \frac{\Delta f}{U_{\mathrm{mod}}} \qquad (158)$$

Die Messung kann mit Sinussignalen oder mit Prüfsignalen der Fernsehmeßtechnik erfolgen.

Neben den dynamischen Verzerrungen, die durch Laufzeitverzerrungen vorwiegend im oberen Frequenzband entstehen, spielen auch die statischen Verzerrungen eine Rolle, die durch nichtlinearen Verlauf der Modulationssteilheit der Modulatoren gegeben sind. Zur Beurteilung dieser Verzerrungen ist die *Steilheitsverzerrung* $\Delta S/S$ über den Bereich der Modulationskennlinie ein Maß; es ist also die Steilheit in Abhängigkeit vom Frequenzhub zu bestimmen. Das ist in besonders eleganter Weise wieder im Wobbelverfahren (Meßplatz s. S. 158) nach Bild 84, S. 180 möglich. Zur Darstellung der Steilheitsverzerrung wird wie beim Messen der Gruppenlaufzeitverzerrung der Modulator im Basisfrequenzteil mit der Wobbelspannung U_w der Wobbelfrequenz f_w innerhalb seines Kennlinienbereiches durchgesteuert. Zur Abtastung der Kennlinie ist der Wobbelspannung U_w eine Spannung $U_{sp} \ll U_w$ mit der Frequenz $f_{sp} \gg f_w$ überlagert. Entsprechend der Steilheitsschwankung ist dann das demodulierte Abtastsignal amplitudenmoduliert; seine Schwankung entspricht der Steilheitsschwankung. Eine solche Messung über die Strecke ergibt die Summe der Steilheitsverzerrungen von Modulator und Demodulator.

Mit dem Meßplatz ist aber auch die getrennte Messung der Steilheitsverzerrung des Modulators und des Demodulators möglich. Bei der Messung am Modulator dient der Pegelmesser neben vielen anderen Funktionen zur Demodulation des ZF-Signals; sein Demodulator muß also sehr hohe Linearität haben, was durch Frequenzgegenkopplung erzielt wird. Bei der Messung am Demodulator liefert der Pegelsender ein mit einer Modulationsschwingung f_{sp} moduliertes Signal über den Hubbereich des Demodulators. Da die Modulationsfrequenz f_{sp} nur etwa das 10^{-3}fache des Trägers beträgt, ergibt sich eine ausreichend kleine Steilheitsverzerrung des Pegelsenders.

6. Messen des Intermodulationsgeräusches (Rauschklirr-Meßverfahren)

Neben dem thermischen, also dem belegungsunabhängigen Geräusch tritt in Richtfunkverbindungen als Folge der Gruppenlaufzeit- und Steilheitsverzerrungen ein unverständliches Nebensprechen als belegungsabhängiges Geräusch auf. Man strebt an, daß für einen Modulationsabschnitt beide Geräuschanteile etwa gleich groß sind. Dazu ist ein sorgfältiger Abgleich auf linearen Verlauf des Übertragungswinkels und Reflexionsfreiheit im ZF- und RF-Signalfrequenzbereich notwendig. Das Ergebnis genauen Abgleichs kann durch Messen der Gruppenlaufzeitverzerrungen unmittelbar dargestellt werden. Den genauen Abgleich der Modulator- und Demodulatorkennlinie auf kleinste Steilheitsverzerrungen erleichtert ebenfalls der auf S. 158 erwähnte Meßplatz.

Mit der Kenntnis der Steilheits- und Gruppenlaufzeitverzerrungen hat man ein Maß für das belegungsabhängige Geräusch, aber noch keine umfassende Aussage über das Geräusch, das bei tatsächlicher Belegung auftreten kann. Eine sehr gute Nachbildung der FDM-Belegung und die *Messung des* dabei entstehenden *Intermodulationsgeräusches* ist nach dem Rauschklirr-Meßverfahren möglich (vgl. S. 66). Dabei wird das System mit weißem Rauschen belegt und z.B. in einem oder mehreren mit Sperren ausgesparten Kanälen das Geräusch gemessen.

Bild 86 zeigt die Messung des Geräusches mit einem solchen Meßplatz über eine Funkverbindung. Der Sender wird im Basisband BF

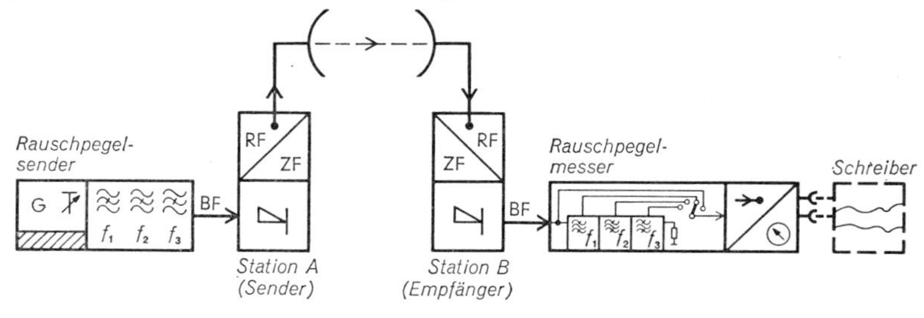

Bild 86 Meßplatzaufbau für Rauschklirrmessungen über die Strecke BF–BF

vom Rauschpegel des Rauschpegelsenders angesteuert. Durch drei Bandsperren für f_1, f_2, f_3 werden bestimmte Kanäle im unteren, mittleren und oberen Frequenzbereich von der Belegung mit Rauschen ausgespart. Die gesamte Belegung, bezogen auf den relativen Pegel Null, folgt aus den Festlegungen für das jeweilige System. Auf der Empfangsseite wird das Rausch-Summensignal in der BF-Ebene entnommen und vom Rauschpegelmesser angezeigt. Durch die Bandpässe für f_1, f_2, f_3, die mit den sendeseitigen Bandsperren korrespondieren, werden die Meßkanäle auf der Empfangsseite von den belegten Kanälen getrennt; somit lassen sich die durch Intermodulation in den ausgesparten Kanälen entstandenen Geräusche ebenfalls messen.

Zum Vergleich mit dem Geräusch des unbelegten Systems wird auch das Rauschen bei abgeschaltetem Rauschpegelsender gemessen. Die Messung des Rauschens im belegten und unbelegten Fall gibt Auskunft, wie weit das praktische Ergebnis mit dem Planungsziel übereinstimmt. Zum Überwachen der Strecke während des Betriebs kann die Summenbelastung und das Geräusch in den Außerbandkanälen registriert werden.

D. Meßverfahren der Fernseh-Übertragungstechnik

1. Spezielle Begriffe

Ein Fernsehsignal unterscheidet sich nach Frequenz und Amplitude wesentlich vom Sprachsignal; das führte zu einer großen Anzahl spezieller Begriffe. Die wichtigsten seien eingangs kurz erklärt:

Fernsehbild oder nur *Bild* (TV picture): die aus einer festgelegten Anzahl von helligkeitsmodulierten Zeilen zusammengesetzte vollständige *Bildfläche*, z. B. aus zwei (ineinander verschachtelten) *Halbbildern* (fields) mit $2 \times 312{,}5$ Zeilen $= 625$ Zeilen.

Zeile (line): ein waagerechter Bildausschnitt, der in *Zeilendauer* (line duration) abgetastet wird.

Bildelement (picture element, point): der kleinste Teil der Fläche eines Fernsehbildes, der bei einem gegebenen System noch übertragen wird.

Horizontalfrequenz (horizontal frequency, line frequency): die Anzahl der in einer Sekunde übertragenen Zeilen; sie ist also gleich dem Kehrwert der *Zeilendauer* (line duration) H.

Vertikalfrequenz (vertical frequency): die Anzahl der in einer Sekunde übertragenen Halbbilder; sie ist also gleich dem Kehrwert der *Halbbilddauer* (field duration) V.

Bildfolgefrequenz (picture frequency): die Anzahl der in einer Sekunde übertragenen Bilder; sie ist gleich dem Kehrwert der *Bilddauer* (picture duration).

Bildsignale (picture signal): Ströme und Spannungen, die sich beim Abtasten eines Bildes nach dessen Umwandlung in einem elektrooptischen Wandler ergeben; es enthält keine Austast- oder Synchronsignale; Kurzbenennung *B-Signal.*

Austastsignal (blanking signal): das aus Horizontal- und Vertikal-Austastpulsen zusammengesetzte Signal zur Austastung des Rücklaufs bei Zeilen- und Bildwechsel; Kurzbenennung *A-Signal.*

Synchronsignal (sync signal): das aus Horizontal- und Vertikal-Synchronpulsen und Ausgleichpulsen zusammengesetzte Signal zur Synchronisation des Empfängers auf den Abtaster; Kurzbenennung *S-Signal.*

Signalgemisch, Video-Signal (composite picture signal): aus Bildsignal B, Austastsignal A und Synchronsignal S zusammengesetzt. Kurzbenennung *BAS-Signal.*

Der *Aussteuerungsbereich* (control range) von Fernsehkanälen ist damit festgelegt, daß das Video-Signal am Video-Übergabepunkt 1 V Spitze-Spitze (1 Vss) zwischen Synchronwert und Weißwert beträgt. Bei Fern-

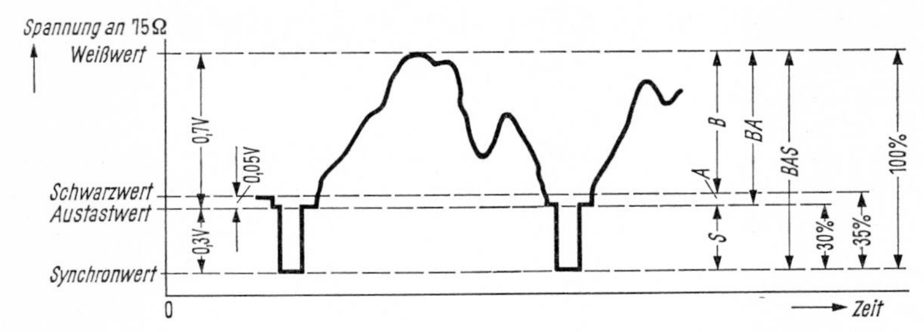

Bild 87 Zeitlicher Verlauf eines Fernsehsignals an Videoübergabepunkten

sehübertragung mit Restseitenbandmodulation auf Kabeln hat das modulierte Trägerfrequenzsignal am relativen Pegel Null eine Maximalamplitude von 0,719 Vss. In Bild 87 ist die absolute und die relative Verteilung des Aussteuerungsbereiches auf die Einzelwerte dargestellt.

Videofrequenztechnik (video techniques): die Technik zur Erzeugung und unmittelbaren Übertragung des Bildsignals einschließlich der Austast- und Synchronsignale; Kurzbenennung *VF-Technik.* Der Videoverstärker verstärkt das BAS-Signal in seiner Videofrequenzlage.

Austastwert (blanking level): der gemeinsame Bezugswert für den Schwarzwert, Weißwert und Synchronwert des Signalgemisches. Der *Schwarzwert* (black level) unterscheidet sich vom Austastwert durch einen konstanten Spannungs- oder prozentualen Wert, durch die sogenannte *Schwarzabhebung* (lift). Der *Weißwert* (white level) ist der festgesetzte Maximalwert des Bildsignals, der *Synchronwert* (sync level) der dem Synchronsignal zugeordnete höchste Spannungswert.

Schwarzwerthaltung (DC-restoring): die Bezeichnung für Verfahren, die den Schwarzwert direkt oder indirekt auf einem konstanten Wert halten; sie bestimmt die mittlere Bildhelligkeit. Man unterscheidet:

1. Schwarzwerthaltung mit nicht getasteter Einzeldiode (einfache Schwarzwerthaltung), bei der sich das Signal durch Spitzengleichrichtung auf den Synchronwert aufbaut, und
2. Schwarzwerthaltung mit getasteten Dioden (Klemmschaltung), bei der der Schwarzwert durch getastete Dioden festgehalten wird. Zur Tastung dienen Synchronpulse, die über Abtrenn- und Verstärkerstufen dem BAS-Signal entnommen werden.

Anstiegzeit und *Abfallzeit* von Rechteckwellen oder der im Signalgemisch enthaltenen Pulse: die Zeitspanne, in der der Augenblickwert des Signals von 10 auf 90% des im eingeschwungenen Zustand erreichten Endwertes ansteigt und umgekehrt abfällt; Kurzbenennungen *Steigzeit* (rise time), *Fallzeit* (decay time).

Dachschräge (tilt): die Verzerrung eines Rechteckimpulses, gekennzeichnet durch einen Anstieg oder Abfall des Impulsdaches.

Gradationsfehler (gradation errors): die durch die Übertragungseinrichtung bedingten Unterschiede in der Gradation des Fernsehbildes zu der des Eingangsbildes; sie sind gegeben durch nichtlinearen Verlauf des Komplexen Übertragungsfaktors in Abhängigkeit von der Amplitude z.B. von Schwarz→Weiß. Begriffe für diese Nichtlinearität sind *Differentieller Verstärkungsfehler* (differential amplification error) und *Differentieller Phasenfehler* (differential phase error): als Verstärkungsfehler gilt die prozentuale Abweichung des Verhältnisses der Verstärkungsfaktoren eines Vierpols an zwei verschiedenen Stellen der Aussteuerungskennlinie vom Verhältnis 1; der Phasenfehler ist die entsprechende Abweichung in Winkelgraden. Gemessen wird mit einer kleinen sinusförmigen Abtastspannung mittlerer Frequenz, die z.B. einem Sägezahn aufaddiert ist (Prüfsignal 3 nach CCITT; s. S. 195).

Bei der Übertragung von Farbfernsehsignalen führen nichtlineare Verzerrungen im Bereich der Farbträgerfrequenz zu sehr störenden Farbfehlern. Daher gelten bei dieser Frequenz besondere Anforderungen an die Unabhängigkeit des Übertragungsmaßes von der Amplitude. Man benutzt hier die Begriffe *Differentielle Verstärkung* (differential gain) und *Differentielle Phase* (differential phase); diese entsprechen den allgemein gültigen Begriffen Differentieller Verstärkungsfehler und Differentieller Phasenfehler. Es wird mit dem CCITT-Prüfsignal 3 gemessen, wobei die Frequenz der Abtastspannung der Farbträgerfrequenz entspricht, s. S. 194.

Farbträger (chrominance subcarrier): eine Schwingung festgelegter Frequenz, mit der in bestimmten Farbfernseh-Übertragungssystemen im Farbmodulator das trägerfrequente Farbsignal erzeugt und im Farbdemodulator das videofrequente Farbsignal zurückgewonnen wird.

Leuchtdichtesignal (luminace signal), ein Signal, das ausschließlich zur Übertragung der Leuchtdichteinformation bestimmt ist.

Farbartsignal (chrominance signal), der Anteil des Farbbildsignals, der die Farbinformation enthält.

Plastikeffekt (plastic effect): ein durch Überschwingen im Bildsignal verursachtes Hervorheben von Bildkonturen.

Geisterbild (ghost image): eine doppelte oder mehrfache Wiedergabe eines Fernsehbildes, die infolge von Laufzeitunterschieden im Signalweg entsteht. Diese Laufzeitunterschiede können hervorgerufen sein durch Reflexionen oder Mehrwegeübertragung oder durch reflektierte Elektronen in Bildaufnahmeröhren.

Einfügungsgewinn (insertion gain) oder *Einfügungsverstärkung* (insertion amplification): bei internationalen Fernseh-Fernleitungen soll zum Zeitpunkt ihrer Zusammenschaltung der Einfügungsgewinn gleich 0 dB sein mit einer zulässigen Abweichung von ± 1 dB. Er ist in Dezibel definiert als der zwanzigfache Briggssche Logarithmus des Verhältnisses der Spannung am Ausgang zu der am Eingang, wobei die Spannung der Dachhöhe vom Schwarzwert zum Weißwert entspricht.

Nyquist-Charakteristik (Nyquist characteristic): Fernseh-Bildsignale werden bei größeren Entfernungen aus technischen Gründen nicht in ihrer Videolage, sondern in einer trägerfrequenten Lage übertragen. Wegen ihres großen Frequenzbereichs ist man bei der Umsetzung in den Trägerfrequenzbereich daran interessiert, nur ein *Seitenband* zu übertragen. Eine vollkommene Trennung der beiden Seitenbänder, die nahe beim Träger beginnen, ist technisch nicht zu verwirklichen. Man wendet daher in der Übertragungs- und auch in der Rundstrahltechnik einen alten Vorschlag von Nyquist an, nämlich die Filterflanke *(Nyquistflanke)* symmetrisch zum Träger zu legen, so daß vom unterdrückten Seitenband die Frequenzen nahe dem Träger noch teilweise übertragen werden und ihre Amplituden bei der Demodulation die unterdrückten Amplituden des anderen Seitenbandes ergänzen. Eine genaue Einhaltung der Nyquistflanke stellt hohe Anforderungen. Zum einfachen Einstellen der Filter wird mit Hilfe einer *Seitenband-Meßeinrichtung* die Seitenband-Charakteristik auf dem Bildschirm des Kontrolloszillographen sichtbar gemacht.

Mit diesem handlichen Digital-Pegelmesser für den Frequenzbereich 30 Hz bis 60 kHz – hier eingesetzt zum Messen der Restdämpfung einer Leitung zwischen einer Datensichtstation und dem zentralen Rechner – vereinfachen sich Pegel- und Dämpfungsmessungen auf wenige Handgriffe. Die Pegelwerte (– 50 bis + 20 dB) lassen sich unmittelbar in Ziffern ablesen. Bei Bereichsüberschreitung erlischt die Ziffernanzeige; Fehlablesungen werden dadurch vermieden. Ein eingebauter 800-Hz-Normalgenerator ergänzt den Digital-Pegelmesser zu einem einfachen, aber genauen Meßplatz. ▶

dB
PEGELMESSER
DIG LEVEL METER 0.03-60kHz
D2012
SIEMENS

Raum 3
Trockenwarm-Klima
dBm
dB

2. Meßverfahren für die Übertragungstechnik

Bei der Übertragung von Fernseh-Bildsignalen werden besonders hohe Anforderungen an einen vorgeschriebenen Verlauf des Komplexen Betriebsdämpfungsmaßes $g_B = a_B + jb_B$ in Abhängigkeit von der Frequenz gestellt. Die einzelnen Frequenzgruppen der Signale müssen also die Übertragungsstrecken nicht nur amplitudengetreu, sondern auch mit gleicher Geschwindigkeit durchlaufen, da das Auge im Bild bereits Zeitunterschiede von 100 ns als störend empfindet. Bei der Einrichtung der Übertragungsstrecken ist daher eine genaue Entzerrung der Einzelabschnitte in bezug auf Betriebsdämpfungsmaß a_B und Laufzeit τ_g erforderlich (vgl. CCIR/CMTT, 1972, Rep. 486, Teil 3). Zur Messung eignet sich am besten ein Wobbelmeßplatz für Gruppenlaufzeit- und Dämpfungsverzerrungen, bei dem die Verzerrungskurven auf dem Bildschirm einer Kathodenstrahlröhre sichtbar gemacht werden. Mit einem solchen Meßplatz ist eine schnelle Entzerrung der Strecke nach Δa_B und $\Delta \tau_g$ und ein Aufschreiben der Verzerrungen möglich.

Es ist einleuchtend, daß sich das bei diesem Meßplatz angewandte analoge Meßverfahren nicht zur laufenden Überwachung der Qualität von Fernsehkanälen eignet. Man benötigt hier ein Verfahren, das unmittelbar vor der Belegung oder nach der Zusammenschaltung von internationalen Fernsehstrecken eine schnelle Kontrolle des Übertragungsfaktors ermöglicht. Dazu ist notwendig: die Kontrolle auf Übertragung der mittleren Bildhelligkeit oder auf deren Wiedereinführung, die Kontrolle auf Übertragung des Synchronsignals, die Kontrolle des Einschwingverhaltens im Bereich der Vertikalfrequenz (Dachschräge) und im Bereich der hohen Frequenzen des Bildsignals, ferner die Kontrolle auf Differentiellen Ver-

◀ Die besonderen technischen Kennzeichen dieses zu einem Wobbelmeßplatz erweiterbaren TF-Pegelmeßplatzes sind: hohe Frequenzgenauigkeit (Quarzeinrastung alle 100 kHz), einfache Frequenzeinstellung (APC), große Auflösung und Ablesegenauigkeit am Pegelmesser (Pegeldehnung), selektive Messungen besonders bequem (Abstimmautomatik), Einknopf-Eichung, Pilot- und Kanalpegelmessungen während des Betriebes. Mit seinem Frequenzbereich 6 kHz bis 18,6 MHz wird sowohl die Reihe der TF-Schmalbandsysteme als auch die Reihe der TF-Breitbandsysteme für Übertragungskapazitäten bis hin zu 3600 Sprechkanälen erfaßt.

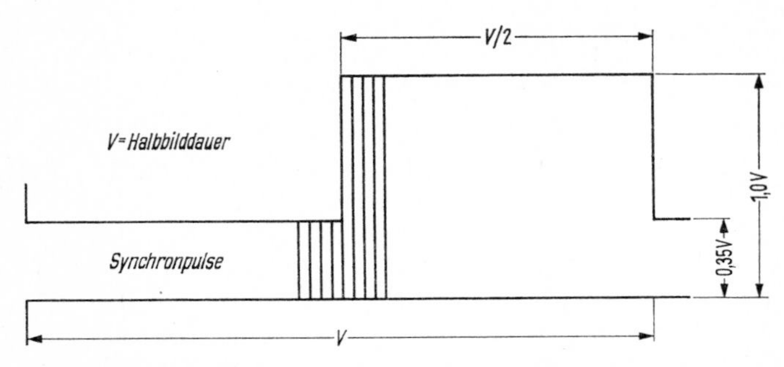

Bild 88 Prüfsignal Nr. 1. Im Bereich 250 µs nach dem Anstieg und vor dem Abfall des Weißsignals darf für den Bezugskreis 2500 km die Dachschräge ± 0,1 V betragen; Bezugspunkt für den Zeitbereich bei halber Amplitude des Weißsignals. Diese Toleranzbedingungen gelten für Systeme B, C, D, E, F, G, H, K und L

stärkungs- und Phasenfehler und die Messung des Einfügungsgewinns. Die Überwachungsmessungen sind mit verschiedenen Prüfsignalen möglich, die dem Charakter des Fernseh-Signalgemisches mit großem Frequenzband angepaßt sind. Im CCIR-Grünbuch, Band V, Teil 2, S. 179/186 sind dazu drei Prüfsignale und zugehörige Toleranzmasken festgelegt. Es ist auch bei 625- und 819-Zeilen-Systemen (s. CCIR-Grünbuch, Band V, Teil 2, S. 237 und folg.) eine laufende Überwachung während der Programmübertragung durch Einblendung von Prüfsignalen in bestimmte Zeilen des Bildes, die beim Heimempfänger abgedeckt sind, möglich.

Die linearen Übertragungseigenschaften werden mit den Prüfsignalen 1 und 2 überwacht:

Das *Prüfsignal 1* (Bild 88) dient zum Prüfen des Einschwingverhaltens für Signale von Teilbilddauer oder zum Messen der Dachschräge. Es ist ein Rechtecksignal mit Vertikalfrequenz, das den normalen Synchron- und Austastsignalen überlagert ist. Ein Vertikal-Synchronsignal kann eingefügt oder weggelassen werden.

Das *Prüfsignal 2* (Bild 89) dient zum Messen des Einfügungsgewinns und zum Prüfen des Einschwingverhaltens für Signale von Zeilendauer oder für solche von sehr kurzer Dauer. Bild 90 zeigt als Beispiel die Toleranzmaske für dieses Prüfsignal; in dort angegebenen Grenzen darf sich das Einschwingen beim 625-Zeilen-System (höchste Videofrequenz 6 MHz) bewegen. Das Prüfsignal 2 besteht aus Weißpulsen von etwa halber Zeilendauer und Horizontal-Synchronpulsen. Man kann die Schwarzabhebung weglassen und auch ein Vertikalsignal einfügen. Die Zeit zwischen dem Impuls von halber Zeilendauer und dem folgenden Synchronimpuls kann 0,1 H oder 0,2 H betragen (H = Zeilendauer).

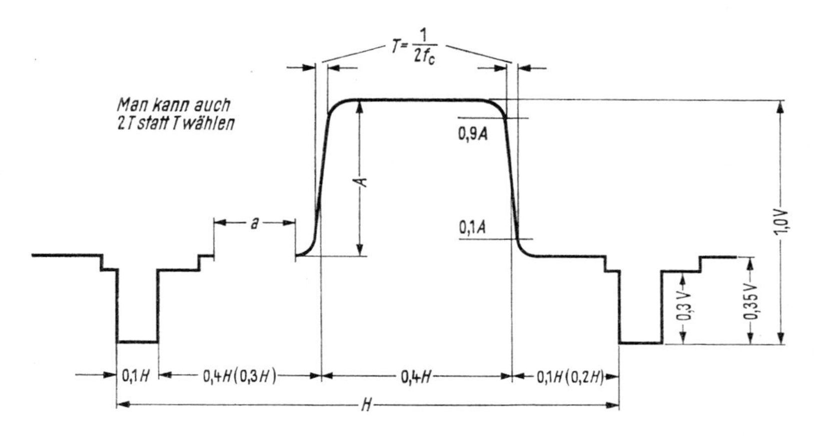

Bild 89 Prüfsignal Nr. 2; A Amplitude, H Zeilendauer, a Zeitraum für die Einfügung zusätzlicher Signale (z. B. $\sin^2$-Impulse, Reihe von Schwingungen höherer Frequenz); zulässige Dachschräge $\pm$ 0,05 V (für den Bezugskreis 2500 km) im Bereich 1 µs nach dem Anstieg und vor dem Abfall des Weißsignals; Bezugspunkt für den Zeitbereich bei halber Amplitude des Weißsignals

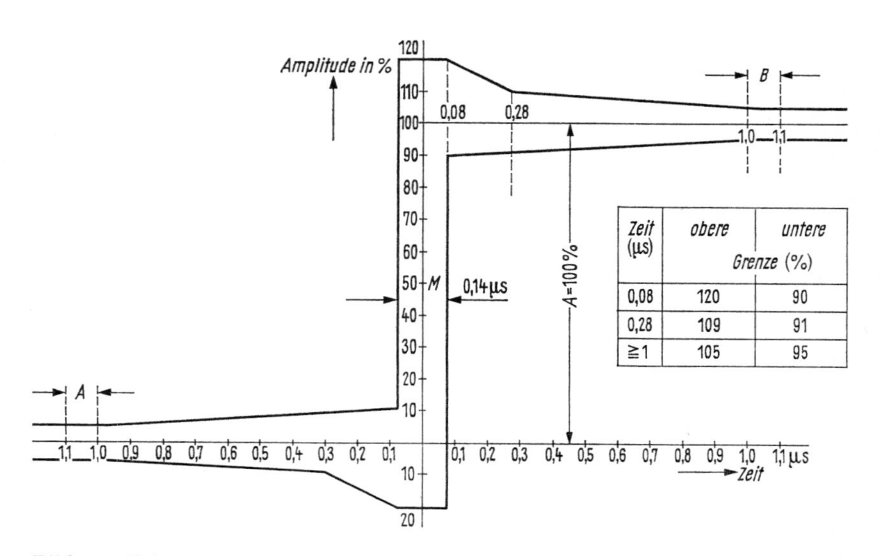

Zeit (µs)	obere	untere
	Grenze (%)	
0,08	120	90
0,28	109	91
≧1	105	95

Bild 90 Toleranzmaske Nr. 7 zum Prüfsignal Nr. 2 für 625-Zeilen-System D und K ($f_c = 6$ MHz); engere Toleranzen werden erwogen (vgl. CCIR-Grünbuch, Band V, S. 182, Bild 7). Für 625-Zeilen-Systeme B, C, G, H ($f_c = 5$ MHz) und 819-Zeilen-Systeme F und E ($f_c = 5$ und 10 MHz) gilt Toleranzmaske Nr. 8 nach CCIR-Grünbuch, Band V, Teil 2, S. 183, Bild 8

Die genaue Form und die Anstiegs- und Abfallzeit der Flanken des Weißimpulses von halber Zeilendauer sind mit Hilfe eines Netzwerks nach Thomson zu erhalten (Lösung 3, Proc. IEE, Bel. 99, 1952 T. III, S. 373). Dabei kann zwischen zwei Netzwerken gewählt werden, die die Anstiegs- und Abfallzeit T oder $2T$ ergeben ($T = \frac{1}{2f_c}$, mit f_c als obere Normgrenzfrequenz des Videobandes des betreffenden Systems). Bei Bedarf wird bei a in Bild 89 z.B. ein $\sin^2$-Impuls eingefügt, dessen Form und Halbwertdauer sich mit Hilfe der genannten Netzwerke ergeben.

Mit den Signalen 1 und 2 sind Übertragungsstrecken auf Einfügungsgewinn und verzerrungsfreies Einschwingverhalten im ganzen Frequenzband, d.h. auf scharfe Wiedergabe von Schwarzweißkanten oder Flächen, überprüfbar, die Anstiegs- und Abfallzeiten, die Dachschräge, das Überschwingen meßbar. Damit ist eine Aussage über den vorgeschriebenen Verlauf des Übertragungsfaktors im gesamten Video-Frequenzbereich gegeben. Mit dem $\sin^2$-Impuls T oder $2T$ wird eine Aussage über die Grenzfrequenz f_c des Übertragungssystems erleichtert. Seine Amplitude ist umgekehrt proportional zu f_c. Beim System mit 625 Zeilen ist $f_c = 5$ oder 6 MHz.

Bild 91 zeigt die Hüllkurve des mit dem Prüfsignal 2 modulierten Trägers, z.B. zur Messung des Einfügungsgewinns.

Die Überprüfung auf richtige Übertragung der Helligkeitswerte (Gradation), d.h. die Messung des Differentiellen Verstärkungs- und Phasenfehlers, ist mit dem zusammengesetzten Prüfsignal 3 möglich (Bild 92).

In jeder 4. Zeile schiebt eine Sägezahnschwingung, der eine Sinusschwingung von 0,1 Vss, 0,2 f_c überlagert ist, die Aussteuerung von Schwarz nach Weiß. Die übrigen drei Zeilen können am Sendeort durch

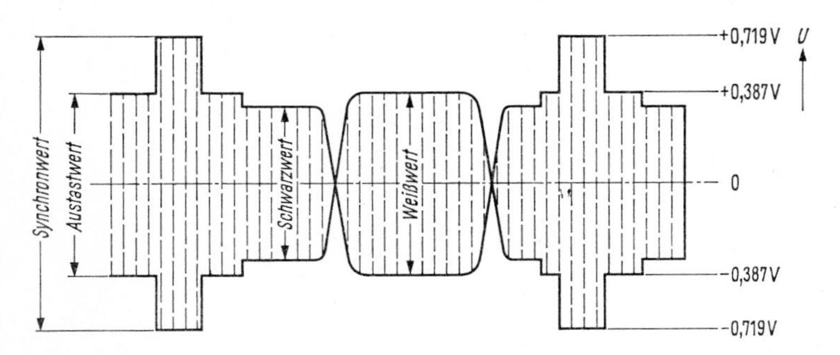

Bild 91 Beispiel einer Hüllkurve des mit Prüfsignal Nr. 2 modulierten Trägers, gemessen am Ausgang der Modulationseinrichtung

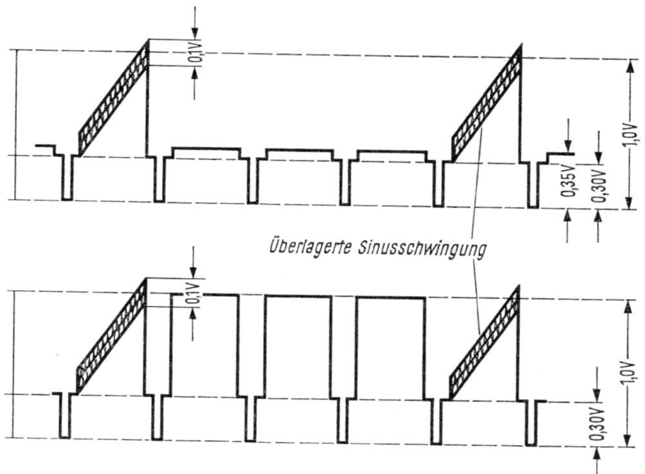

Bild 92 Prüfsignal Nr. 3

Umschaltung auf Weiß- oder Schwarzwert gesteuert werden. Man kann ein Vertikal-Synchronsignal einfügen oder die Schwarzabhebung weglassen. Am Empfangsort wird die Sinusschwingung durch Filter von der Sägezahnschwingung abgetrennt und am Kontrolloszillographen in Abhängigkeit von *H* dargestellt. Der Amplitudenverlauf ihrer Hüllkurve ist ein Maß für den Differentiellen Verstärkungsfehler. Stellt man durch Synchronisierung mit der Sinusschwingung eine Bezugsphase her, dann liefert der Phasenvergleich mit der abgetrennten Sinusschwingung den Phasengang längs der Aussteuerungskennlinie. Differentielle Verstärkung und Differentielle Phase werden mit dem gleichen Signal gemessen, wobei die Frequenz der Sinusschwingung der Farbträgerfrequenz entspricht. Ein Signal zur groben Überprüfung der nichtlinearen Verzerrungen ist ein Treppensignal, das sich beim Schwarzweißempfänger in Graustufen darstellt.

Neben den vom CMTT für Messungen in Betriebspausen empfohlenen Prüfsignalen 1, 2, 3 wird von dieser Kommission zu laufenden Betriebsüberwachungen ein *weiteres Prüfsignal* empfohlen (CCIR, Band V/2, S. 237, 238), das am Anfang internationaler Verbindungen zur Übertragung von monochromen Fernsehsignalen im Bildaustastbereich in den Zeilen 17 und 330 des 625-Zeilen-Systems eingefügt werden soll. Dieses Signal besteht aus einem Weißbalken von 6/32 bis 11/32 H, einem $\sin^2$-Puls mit einer Dauer von 180 ns $\pm$ 20 ns bei halber Amplitude und 13/32 H sowie einer Treppe mit fünf Stufen von $5 \cdot 0{,}14$ V von 21/32 H bis 31/32 H. (Zu den Prüfsignalen: s. auch CCITT-Weißbuch, Band IV, S. 228 und folgende.)

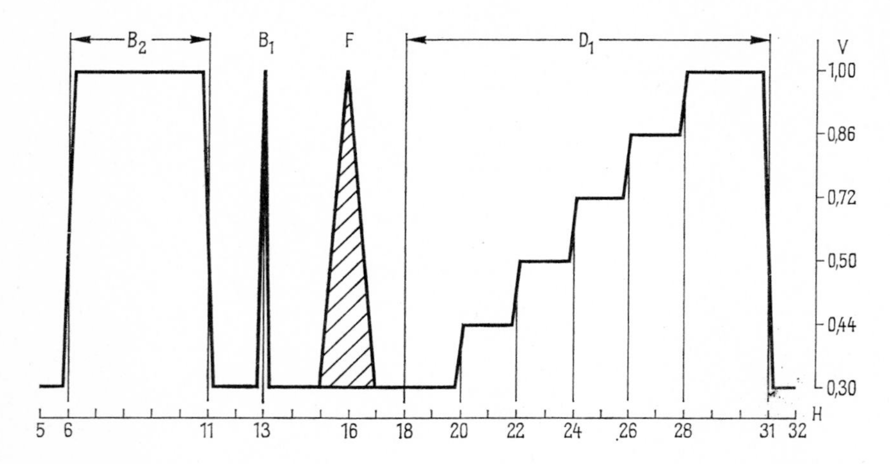

Bild 93a Prüfsignal, eingefügt in die Zeile 17; es besteht aus dem Leuchtdichtesignal B_2 von 6/32 bis 11/32 H (Amplitude 0,7 V ± 0,007 V, Steig- und Fallzeit etwa 100 ns), dem $\sin^2$-2T-Puls B_1 bei 13/32 H, dem geträgerten 20-T-Puls F bei 16/32 H und der Treppe D_1 mit fünf Stufen von 0,14 V bei 21/32 bis 31/32 H

Die Übertragung von Farbsignalen stellt erweiterte Anforderungen an eine internationale Verbindung; daher werden hierfür in der Empfehlung 473, S. 239 bis 249, weitere vier Prüfsignale (Bild 93a, b, c, d) empfohlen, (CCIR/CMTT, 1972, Rep. 486, Teil 3), die in den fest zugeordneten Zeilen

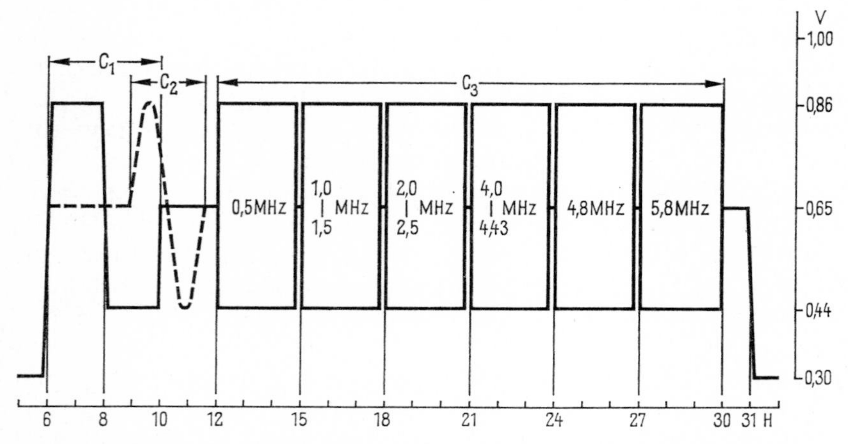

Bild 93b Prüfsignal, eingefügt in die Zeile 18; es besteht wahlweise aus dem Referenz-Rechtecksignal (C_1) oder dem Referenz-Sinussignal 200 kHz (C_2) und dem Signalbereich C_3, in den gleichzeitig sechs Sinussignale verschiedener Frequenz eingefügt werden können

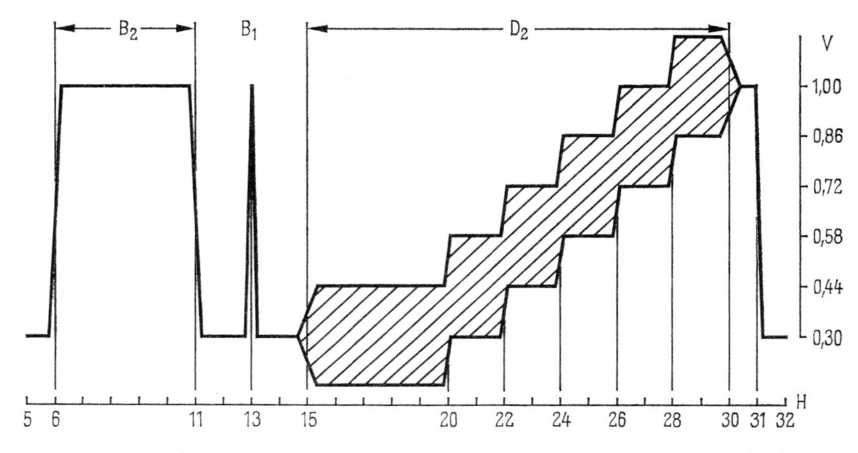

Bild 93c Prüfsignal, eingefügt in die Zeile 330; es besteht aus dem Leuchtdichtesignal B_2, dem $\sin^2$-2T-Puls B_1 und dem fünfstufigen Leuchtdichte-Treppensignal D_2, dem als Farbartsignal Sinussignale der Farbträgerfrequenz aufaddiert werden können

17, 18, 330, 331 des 625-Zeilen-Systems eingefügt werden. Mit diesen Signalen sind 14 charakteristische Größen, deren Messung und Überwachung die Übertragung von Farbsignalen erfordert, erfaßbar (s. Tafel 5 auf S. 198).

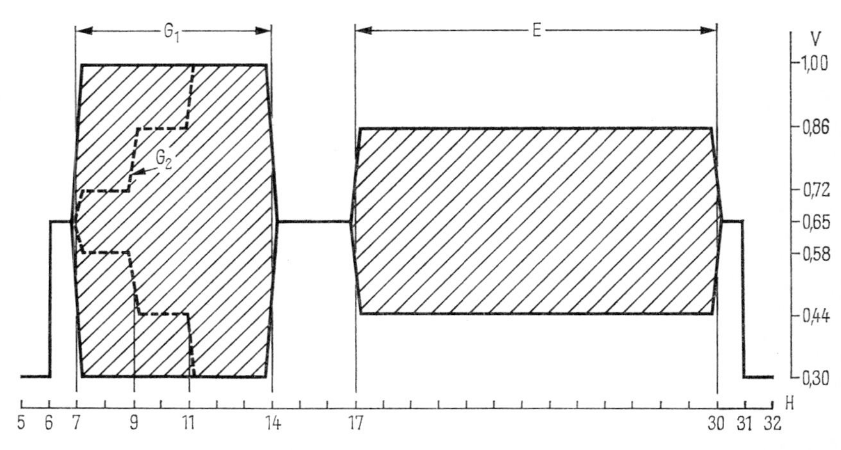

Bild 93d Prüfsignal, eingefügt in Zeile 331; es besteht aus einem Rechteck- oder Dreistufen-Farbartsignal (G_1, G_2) und dem Signalbereich E für ein Sinussignal, vorzugsweise mit Farbträgerfrequenz als Referenzsignal

Tafel 5. Meßaufgaben, die mit den Prüfsignalen der Bilder 93a, b, c, d lösbar sind

Meßaufgabe	Signalform	Zeile
Lineare Verzerrungen		
Einfügungsgewinn	B_2	17, 330
Amplituden-Frequenzgang	C_3 und C_1 od. C_2	18
Verzerrung von Rechteckpulsen mit Zeilendauer	B_2	17, 330
Verzerrung von Signalstufen } Steig- und Fallzeit $2T$	B_2	17, 330
Verzerrung von Pulsen } Steig- und Fallzeit $2T$	B_1	17, 330
Zwischen Leuchtdichte- und Farbartsignal		
Verstärkungsungleichmäßigkeit	B_2 und G_1 od. G_2	17 u. 330, 331
	B_2 und F	17
	C_3 und C_1 od. C_2	18
Laufzeitungleichmäßigkeit	F	17
Nichtlineare Verzerrungen		
Zeilenzeit-Nichtlinearität	D_1	17
Farbartsignal-Nichtlinearität	G_1, G_2 und E oder F	331, 17
Intermodulation von Leuchtdichte-, auf Farbartkanal		
Differentielle Verstärkung	D_2	330
Differentielle Phase	D_2 und E	330, 331
Farbart-, Leuchtdichte-Intermodulation	G_1, G_2 oder F	331, 17

Eine Meßstromquelle für Fernseh-Übertragungseinrichtungen muß also Prüfsignale abgeben, die außer Rechteck-, Sägezahn- und auch Treppenspannungen noch Austast- und Synchronpulse enthalten. Die Verformung durch das Meßobjekt kann mit einem Fernseh-Kontrolloszillographen sichtbar gemacht werden. Für die verschiedenen Prüfsignale sind Toleranzmasken vorgesehen. Mit solchen Meßeinrichtungen lassen sich schnell und in einfacher Weise die Eigenschaften des Weges zwischen Video-Eingang und Video-Ausgang mit Prüfsignalen überwachen und messen. Selbst während der Programmsendung wird die Übertragungsstrecke überwacht, und zwar mit Programmzeilen, die – für den Fernsehteilnehmer unsichtbar – an der Oberkante des Fernsehbildes übertragen werden.

Für besondere Messungen, z.B. zur Fehlereingrenzung, gibt es im Bild- und Ton-Frequenzband wobbelbare Pegelsender und Pegelmesser. Der auf S. 191 erwähnte Meßplatz zur Messung der Dämpfungs- und Gruppenlaufzeitverzerrungen hat hierfür besondere Bedeutung. Kennzeichnend für die Güte einer Fernsehverbindung ist auch die Größe des Rauschens im Band 10 kHz $\ldots f_c$, die Größe des Brummens und die einzelner Störsignale. Das Verhältnis Signal: Geräusch ist bei Rauschen das in Dezibel ausgedrückte Verhältnis der Amplitude des Bildsignals (Bild 87, S. 186) zum Effektivwert der Rauschspannung im Frequenzband von 10 kHz $\ldots f_c$.

Zu messen ist mit einem geeigneten Tiefpaß, mit Bewertungsfilter nach CCIR-Grünbuch, Band V, Teil 2, Seite 187/188, und mit einem Effektivwertmesser mit der Integrationsdauer von 1 s. Das zulässige bewertete, logarithmierte Verhältnis beträgt 52 dB beim 625-Zeilensystem und bei $f_c = 5$ MHz, 57 dB bei $f_c = 6$ MHz. Bei diskreten Störsignalen der Frequenz f_s gilt 30 dB für $f_s < 1$ kHz; 50 dB für $f_s = 1$ kHz bis 1 MHz und linear abnehmend auf 30 dB für 1 MHz bis f_c.

Die Übertragung von Fernsehsignalen stellt auch große Anforderungen an die Reflexionsfreiheit der Verbindung. Durch Mehrfachreflexionen als Folge von Wellenwiderstandsfehlern des Kabels und Anpassungsfehlern an den Übergangsstellen am Eingang und Ausgang der Verstärker können Geisterbilder auftreten. Die Reflexions-Dämpfungsmaße und die Nennwerte der Wellenwiderstände der Koaxialkabel sind nach CCITT Weißbuch III, Rec. G331 und G 342 festgelegt. Gemessen wird mit einem nach dem Impuls-Radarverfahren (S. 101) arbeitenden Meßplatz. Die Reflexionsdämpfungsmaße zwischen Kabel und Verstärkereingang und -ausgang können mit Pulsverfahren oder im Wobbelverfahren mit nicht abgestimmter Brücke gemessen werden.

3. Meßverfahren für Gemeinschaftsantennenanlagen

Für Planungsmessungen und zum Prüfen und Einpegeln der Antennenanlagen verwendet man Antennenmeßgeräte, mit denen neben einer Beurteilung der Bildqualität auch eine genaue Bestimmung des Kanalpegels möglich ist.

Als *Einheit für den Pegel* ist hier das dBµV gebräuchlich, und zwar wird damit der Leistungspegel angegeben, bezogen auf 1 µV an 75 Ω. Diese Einheit bietet den Vorteil, daß man in der Praxis nur mit positiven Pegelwerten zu rechnen braucht. Mit der Einheit dBm (s. S. 14) ist die Einheit dBµV verknüpft durch die Beziehung

$$0\ \text{dB}\mu\text{V} = -108{,}8\ \text{dBm}. \tag{159}$$

Umrechnungsbeispiel: 54 dBµV entsprechen (−108,8 + 54) dBm = −54,8 dBm.

In den angelsächsischen Ländern wird die Einheit dBmV benutzt; die Leistungspegelangaben werden hier auf 1 mV an 75 Ω bezogen; es gilt die Beziehung

$$0\ \text{dB}\mu\text{V} = -60\ \text{dBmV}. \tag{160}$$

Der *Kanalpegel* (signal level) – bei Negativmodulation als Effektivwert des Bildträgers während der Synchronimpulse definiert – wird am sichersten oszillographisch durch Amplituden- oder Helligkeitsvergleich am Bildschirm ermittelt, weil bei diesem Verfahren Störeinflüsse im zu messenden Signal oder Fehler in der Abstimmung vor der Messung sofort erkannt und beseitigt werden können. Als Vergleichsnormal dient ein Impulsgenerator, dessen Amplitude unmittelbar in Kanalpegelwerten geeicht ist. Das Schirmbild (s. Bild 94) zeigt die Negativdarstellung eines Testbildes; sie ist so weit phasenverschoben, daß der Zeilensynchronpuls als heller senkrechter Balken sichtbar wird. Der waagerechte Balken bildet den Meßimpuls ab; er ist auf gleiche Helligkeit eingestellt. Meßpuls und Synchronpuls sind also amplitudengleich, so daß sich der Kanalpegel an der linken Skale ablesen läßt.

Zum Bestimmen des günstigsten Antennenstandorts und zur Klärung des notwenigen Verstärkeraufwands sind oft *Messungen der Feldstärke* notwendig. Sie lassen sich in einfacher Weise auf die oben beschriebene Kanalpegelmessung zurückführen, indem man die Fußpunktspannung an einer Bezugsantenne (diese z.B. nach VDE 0855) oder einer anderen geeigneten Antenne mit bekannten Eigenschaften mißt.

Bild 94 Antennenmeßgerät mit Schirmbild (Kanalpegelmessung)

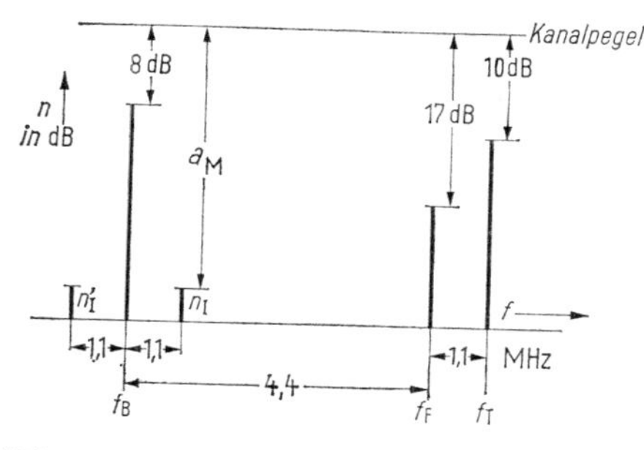

a_M Moirédämpfung
n_I, n'_I Pegel der Intermodulationsprodukte

f_B Bildträger
f_F Bildseitenfrequenz
f_T Tonträger

Bild 95 Messen der Moirédämpfung nach dem Drei-Meßsender-Verfahren K; Spektrum am Ausgang des Prüflings

Beim Einsatz von Verstärkern und Umsetzern in Empfangsantennenanlagen kommt es vor allem auf eine genaue *Bestimmung der Aussteuergrenzen* an. Diese sind durch den maximal zulässigen Kanalpegel am Verstärkerausgang gegeben. Bei Verstärkern oder Umsetzern für nur einen Fernsehkanal (z.B. Kanalverstärker) begrenzen Intermodulationsstörungen die Aussteuerfähigkeit; man mißt die *Moirédämpfung* (signal-to-intermodulation ratio). Bei dem Drei-Meßsender-Verfahren K (DIN 45004) wird dazu das Frequenzspektrum während der Übertragung mit Hilfe dreier Sinusspannungen frequenz- und amplitudengerecht nachgebildet (Bild 95) und dem Prüfling zugeführt. Die Pegelwerte des Prüfspektrums müssen sehr sorgfältig eingestellt werden. Mit einem selektiven Pegelmesser läßt sich der Pegel n_I messen und daraus die Moirédämpfung bestimmen. Beim Erhöhen des Kanalpegels um 1 dB verringert sich die Dämpfung theoretisch um 2 dB und umgekehrt. Die Aussteuergrenze ist erreicht, wenn der entstehende Intermodulationspegel n_I am Ausgang um 54 dB unter dem Kanalpegel liegt ($a_M = 54$ dB).

Verstärker für mehrere Kanäle dürfen nicht so hoch ausgesteuert werden, weil bei gleichzeitiger Verstärkung von mehreren Kanälen zu den Moiréstörungen innerhalb jedes Kanals nun auch Kreuzmodulationsstörungen zwischen den Kanälen und andere Intermodulationsstörungen auftreten. Wegen dieser gegenseitigen Störungen ist der maximal zulässige Ausgangspegel eines Verstärkers, wenn er mit zwei Kanälen belegt ist, rechnerisch um 14,5 dB geringer, als wenn er nur mit einem belegt wäre. Bei der Belegung mit mehr als zwei Kanälen muß der Ausgangspegel noch weiter gesenkt werden. Bei Bereichs- und Breitbandverstärkern gibt man deshalb den maximal zulässigen Ausgangskanalpegel bei Belegung mit zwei Kanälen gleichen Pegels an; er gilt als erreicht, wenn der *Intermodulationsabstand* (signal-to-intermodulation

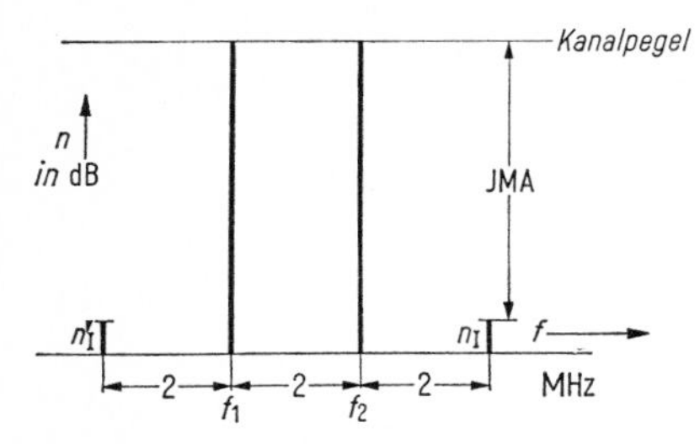

IMA Intermodulationsabstand
n_I, n'_I Pegel der Intermodulationsprodukte

Bild 96 Messen des Intermodulationsabstands nach dem Zwei-Meßsender-Verfahren; Spektrum am Ausgang des Prüflings

ratio) nach dem Zwei-Meßsender-Verfahren 54 dB beträgt. Wird der Prüfling mit zwei Sinuspegeln gleicher Größe in 2-MHz-Abstand gespeist, so entsteht an seinem Ausgang ein Spektrum entsprechend Bild 96. Hier werden beide Intermodulationspegel n_I und n'_I gemessen, und nur der größere von beiden wird zur Berechnung des Intermodulationsabstands herangezogen. Sonst gilt für das Messen nach dem Zwei-Meßsender-Verfahren das gleiche wie für das Drei-Meßsender-Verfahren. Der Meßaufbau ist einfacher, ein Sender wird gespart. Da der Intermodulationsabstand im allgemeinen frequenzabhängig ist, sind zum Bestimmen des maximal zulässigen Ausgangspegels in der Regel mehrere Messungen in verschiedenen Fernsehkanälen erforderlich, beispielsweise in Bandmitte und an den Bandgrenzen eines Breitbandverstärkers.

Bei aktiven Vierpolen, die mit Filterschaltungen kombiniert sind und dementsprechend wie z.B. Mehrbereichsverstärker eine frequenzabhängige Verstärkung aufweisen, versagt die einfache Zwei-Sender-Methode. Eine echte *Nachbildung des Kreuzmodulationsverhaltens* gibt hier das Meßverfahren mit drei Sendern. Bild 97 zeigt das Spektrum am Ausgang des Prüflings, dessen Eingang mit drei Sinuspegeln mit

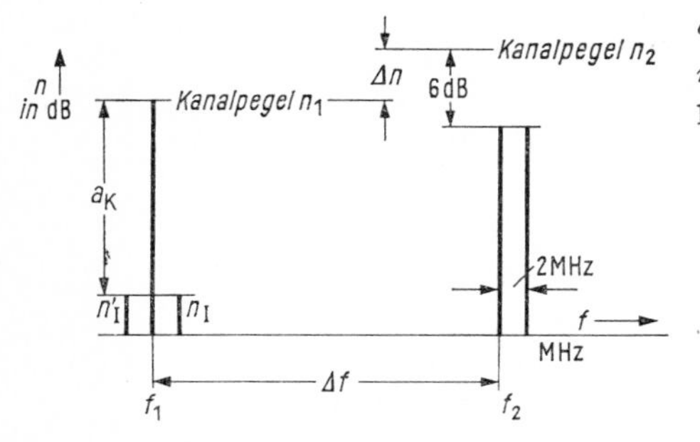

a_K Kreuzmodulationsabstand
n_I, n'_I Pegel der Intermodulationsprodukte

Bild 97 Messen des Kreuzmodulationsabstands mit Hilfe von drei Sendern; Spektrum am Ausgang des Prüflings

den Frequenzen f_1, f_2 und $f_2 + 2$ MHz gespeist wird. Das Frequenzpaar f_2 und $f_2 + 2$ MHz ist dabei als 100% moduliertes Signal im Kanal 2 mit dem Kanalpegel n_2 aufzufassen, dessen Modulation auf den nicht eigenmodulierten Kanal 1 als Kreuzmodulation übergeht. Die Pegel n_I und n_I' der danach am Ausgang neu erscheinenden Seitenfrequenzen $f_1 \pm 2$ MHz lassen sich selektiv messen und als Maß für die im Prüfling entstandene Kreuzmodulation ansehen. Der *Kreuzmodulationsabstand* (x-modulation) a_K hängt nur vom Pegel n_2 ab und verkleinert sich theoretisch um 2 dB, wenn n_2 um 1 dB erhöht wird. Für Fernsehbereichs-Verstärker wird in DIN 45004 empfohlen, mit gleich großen Pegeln $n_1 = n_2$ zu messen. Der maximal zulässige Ausgangspegel ist dann bei $a_K = 60$ dB erreicht.

Das Verfahren gibt auch Aufschluß darüber, wie groß der Pegel n_2 eines im Kanal 2 gelegenen Signals sein darf, damit ein vorgegebener Kreuzmodulationsabstand a_K im Kanal 1 von z.B. 60 dB gewahrt bleibt. Der Frequenzabstand Δf zwischen den Kanälen kann den praktischen Verhältnissen entsprechend gewählt werden. Damit lassen sich also nicht nur die nichtlinearen Eigenschaften des Systems, sondern auch dessen effektive Selektion erfassen. Die Durchführung des Verfahrens erfordert allerdings den Einsatz eines hochwertigen selektiven Meßempfängers oder eines Panoramageräts mit außergewöhnlich hoher Dynamik.

Bei frequenzunabhängiger kubischer Kennlinie und gleichen Ausgangspegeln gilt: $a_M - 29\ \text{dB} = IMA = a_K - 6\ \text{dB}$.

E. Verfahren der Funkstörmeßtechnik

In den die Funkstörmeßtechnik behandelnden CISPR-Publ. I-IV unterscheidet man wie in der Funktechnik die drei Frequenzteilbereiche 10 bis 150 kHz; 0,15 bis 30 MHz und 30 bis 1000 MHz. Die Störmeßgeräte sind in ihren elektrischen Werten den in diesen Teilbereichen üblichen Übertragungseinrichtungen angepaßt. Sie messen die Störspannungen oder -ströme auf Leitungen oder elektromagnetische Störfelder. Von anderen Meßempfängern unterscheiden sich die Störmeßgeräte insbesondere durch eine Impulsbewertungsschaltung und eine Frequenzselektion in ihrem Eingangskreis.

1. Messen der Funkstörspannungen auf Leitungen

In den Frequenzbereichen 10 bis 150 kHz und 0,15 bis 30 MHz breiten sich Funkstörungen hauptsächlich über das Leitungsnetz aus. Als Maß für die Beurteilung der Störquelle dient daher die Höhe der vom störenden Gerät an ein genormtes künstliches Netz abgegebenen Störspannungen. Um bei der Messung Fremdstörungen aus dem Versorgungsnetz sowie Einstrahlungen aus der Umgebung auf den Meßkreis auszuschließen, ist der Meßplatz möglichst in einem geschirmten Raum mit störspannungsfreier Netzversorgung aufzustellen.

Störspannungsmessungen mit Netznachbildungen

Der Standardmeßplatz für Funkstörspannungen besteht aus einem Funkstörmeßempfänger, einer Netznachbildung mit einwandfreier HF-Erdung und Störeranschlußkabeln (Bild 98).

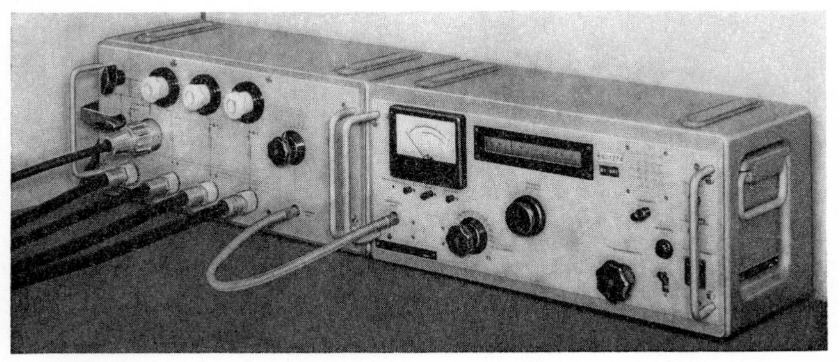

Bild 98 Meßplatz für Funkstörspannungen auf Leitungen (0,15 bis 30 MHz); links: Netznachbildung; rechts: Störmeßempfänger

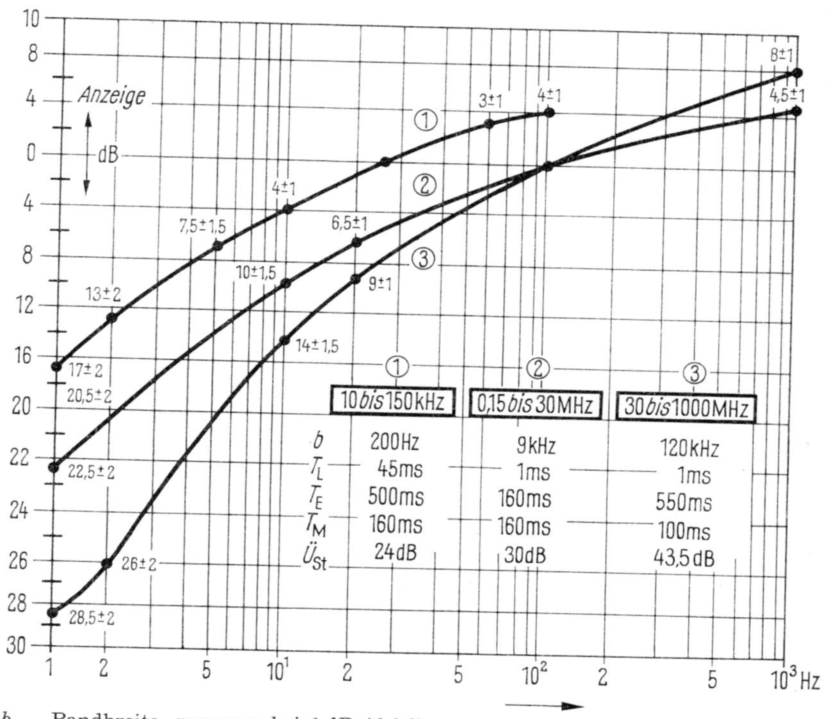

b Bandbreite, gemessen bei 6 dB Abfall
T_L Ladezeitkonstante des Detektorkreises
T_E Entladezeitkonstante des Detektorkreises
T_M mechanische Zeitkonstante des Anzeigeinstruments
$Ü_{St}$ Übersteuerungsfestigkeit des Meßempfängers

Bild 99 Solldaten von Störmeßempfängern für die Frequenzbereiche 10 bis 150 kHz; 0,15 bis 30 MHz und 30 bis 1000 MHz

Funkstörmeßempfänger sind selektive HF-Empfänger mit vorgegebenen Daten (Bild 99). Sinusförmige Spannungen werden in Effektivwerten, Pulse im gemessenen Frequenzspektrum als Quasispitzenwerte (quasipeak) angezeigt.

Netznachbildungen schließen den Störer praxisnahe ab. Bild 100 zeigt eine sogenannte V-Netznachbildung. Der Tiefpaß L, C verhindert das Eindringen von Störungen aus dem Netz A, B. Von der Störquelle D, E her gesehen tritt der Netzwiderstand durch den hochfrequenten Widerstand ωL für den Meßkreis nicht in Erscheinung. Die über C_k ausgekoppelte HF-Energie trifft auf den Nachbildwiderstand $R_1 + R_2$, der z.B. $150\,\Omega \pm 20\,\Omega$ bei einem Phasenwinkel von max. 20° im Frequenzbe-

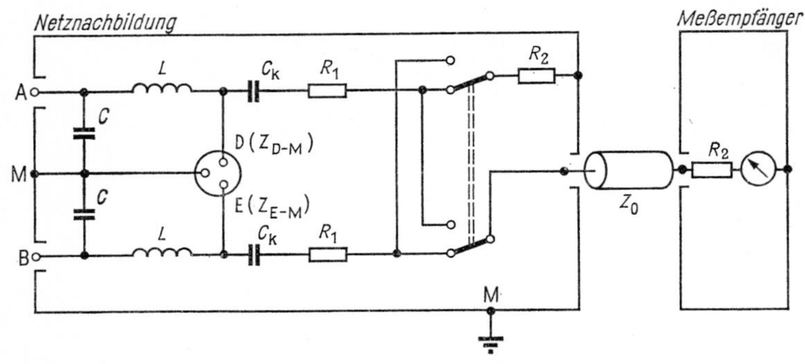

A, B	Anschluß für die Versorgung der Störquelle
D, E	Anschluß der Störquelle an die Versorgungsspannung
Z_{D-M}	Nachbildwiderstand (Scheinwiderstand) zwischen D und M
Z_{E-M}	Nachbildwiderstand (Scheinwiderstand) zwischen E und M
L, C	Tiefpaß
M	Bezugsmasse (Schutzleiteranschluß)
R_1 und R_2	Nachbildwiderstände
$Z_0 = R = R_2$	Eingangswiderstand des Meßempfängers

Bild 100 Beispiel einer V-Netznachbildung für den Frequenzbereich 0,15 bis 30 MHz

reich 0,15 bis 30 MHz beträgt. Bild 101 zeigt eine sogenannte Delta-Netznachbildung, wie sie zum Messen symmetrischer Funkstörspannungen benutzt wird. Die Verbindungskabel zwischen Netznachbildung und störendem Gerät müssen geschirmt sein, den Betriebsstrom führen können und dem Z-Wert der Nachbildung entsprechen.

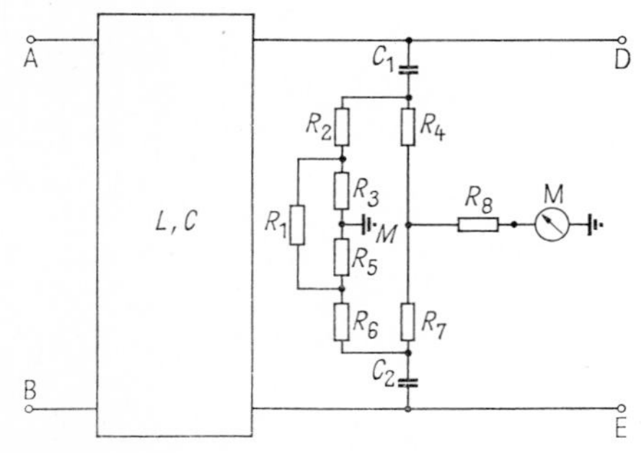

A, B	Anschluß für die Versorgung der Störquelle
D, E	Anschluß der Störquelle an die Versorgungsspannung
C_1, C_2	HF-Auskoppelkondensatoren
L, C	Tiefpaß
M	Meßempfänger
$R_1, \ldots, R_8$	Nachbild- und Symmetrierwiderstände

Bild 101 Delta-Netznachbildung für den Frequenzbereich 0,15 bis 30 MHz

Bei der Montage, Wartung und Fehlersuche werden – insbesondere für Messungen auf der Strecke – leichte, netzunabhängige Meßgeräte benötigt.

Der Meßkoffer (200 bis 4000 Hz) enthält einen Pegelsender und einen Pegelmesser sowie Zusätze für Reflexionsdämpfungs- und Scheinwiderstandsmessungen, wiegt nur 10 kg und kann aus dem Netz, aber auch aus einem eingebauten Ni–Cd-Akkumulator betrieben werden. Bei Streckenmessungen ist ein Schaltfeld mit zwei- und vierdrähtiger Abfrageeinrichtung eine zeitsparende Hilfe.

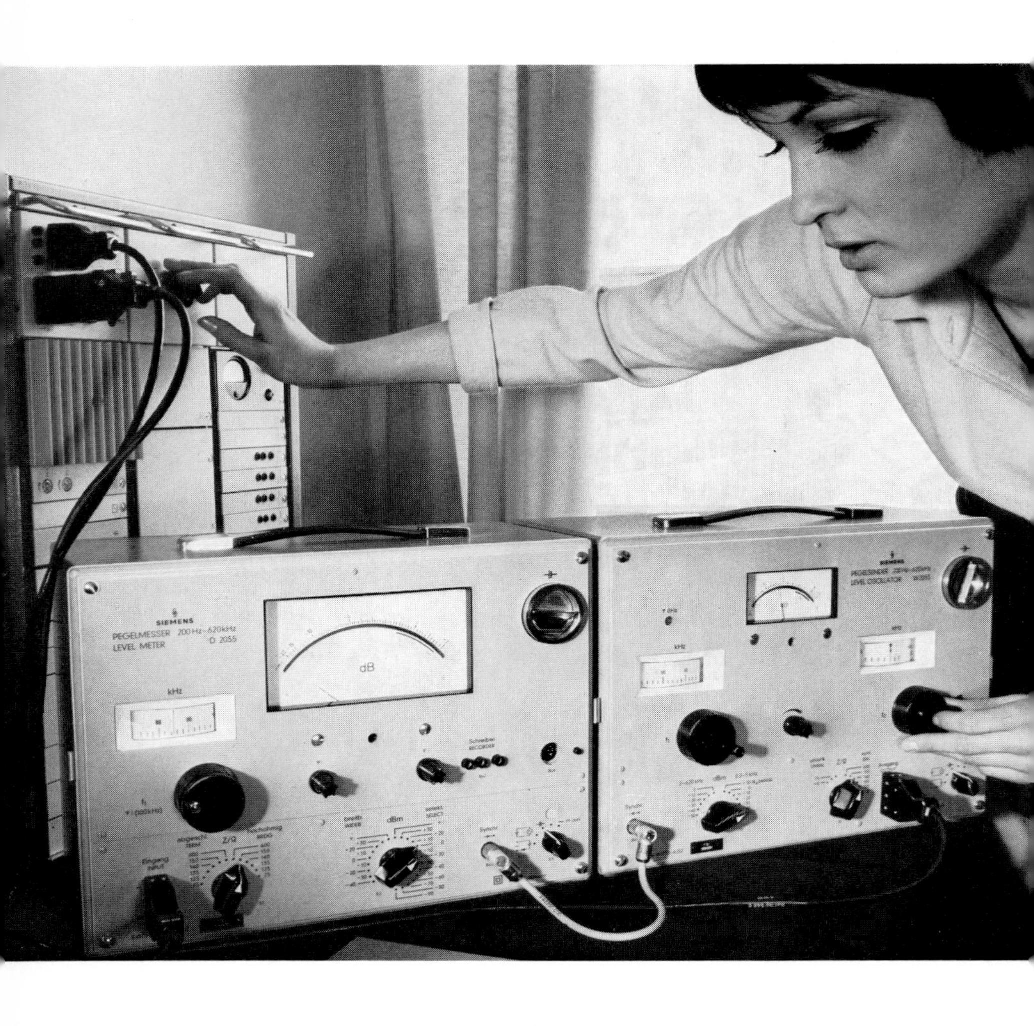

Dieser TF-Pegelmeßplatz ist – wie der auf der vorhergehenden Seite abgebildete NF-Meßkoffer – ein Beispiel aus der Reihe leichter und netzunabhängiger Meßplätze. Sein Frequenzbereich (0,2 bis 620 kHz) umschließt die Bereiche der TF-Systeme für 3 bis 120 Sprechkreise. Andere Ausführungen entsprechen den TF-Schmalbandsystemen für 3 bis 24 Sprechkreise (0,2 bis 160 Hz) oder den Systemen für 300 Sprechkreise (0,2 bis 1620 kHz). Stromversorgung: aus dem Netz oder – für etwa 8 Stunden Dauerbetrieb – aus eingesetzten Kleinakkumulatoren. Gemessen werden können: Pegel, Dämpfung und Verstärkung, dies sowohl breitbandig als auch selektiv, ferner über kleine Meßzusätze Scheinwiderstand und Reflexionsdämpfung; die Empfindlichkeit der Pegelmesser reicht auch für Nebensprechmessungen aus.

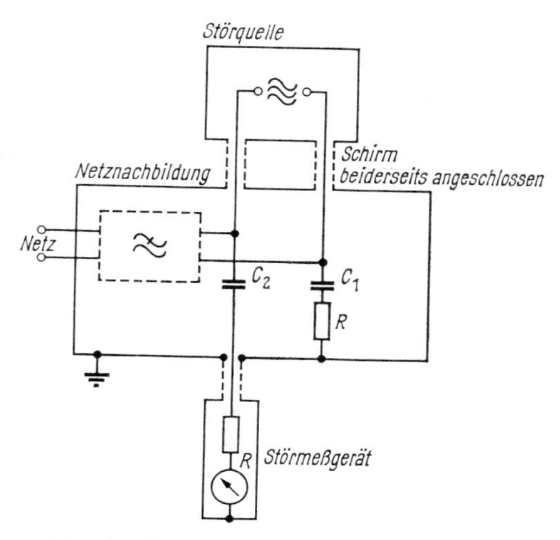

Bild 102 Meßanordnung für Störspannungen im Frequenzbereich 0,15 bis 30 MHz; Störquelle geerdet

Bei der Aufstellung der einzelnen Geräte des Meßplatzes müssen auch in der geometrischen Anordnung bestimmte Bedingungen eingehalten werden, da nur gleiche Erdkapazitäten und Kopplungsverhältnisse eine Reproduzierbarkeit der Meßergebnisse ermöglichen (s. VDE 0877, Teil 1).

Meßanordnungen für Geräte mit geerdetem oder schutzisoliertem Gehäuse sind in den Bildern 102 und 103 dargestellt. Die Verwendung der Delta-Netznachbildung wird am Beispiel der Meßanordnung für Störspannungsmessungen an einer Fernsprechstelle gezeigt (Bild 104).

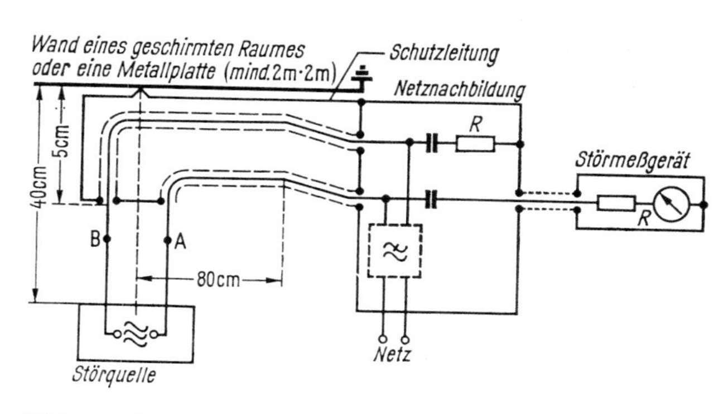

Bild 103 Meßanordnung für Störspannungen im Frequenzbereich 0,15 bis 30 MHz; Störquelle schutzisoliert

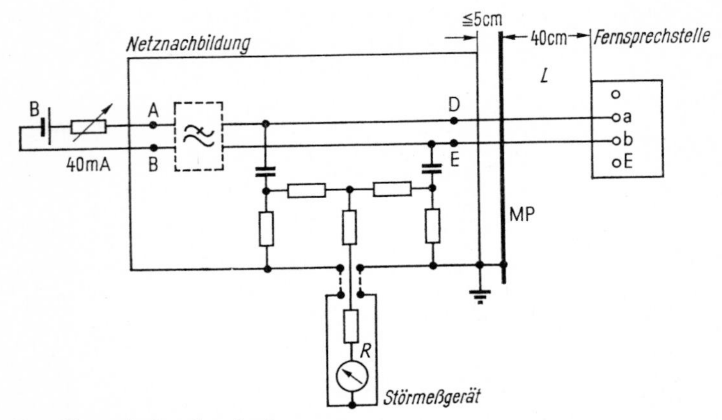

B Batterie für den Speisestrom
L verdrillte ungeschirmte Doppelleitung von etwa 40 cm Länge
MP Metallplatte 2 m × 2 m oder Wand eines geschirmten Raumes

Bild 104 Anordnung zum Messen des unsymmetrischen Anteils der Funkstörspannung an Fernsprechstellen

Messen von Störspannungen mit Tastköpfen

Die Verwendung von Standard-Netznachbildungen ist meist auf Betriebsströme bis 25 A beschränkt. Diese Begrenzung ergibt sich durch die Sättigung der Drosseln und – wie z.B. bei batteriebetriebenen Geräten – durch den Spannungsabfall in der Netznachbildung. Ferner sind Netznachbildungen nicht an hochohmigen Meßpunkten (z.B. Signalleitungen) verwendbar. Für solche Messungen gibt es Tastköpfe (vgl. Bild 105). An netzspannungsführenden Teilen – z.B. bei größeren Anlagen – wird mit dem Nachbildwiderstand von 150 Ω gemessen.

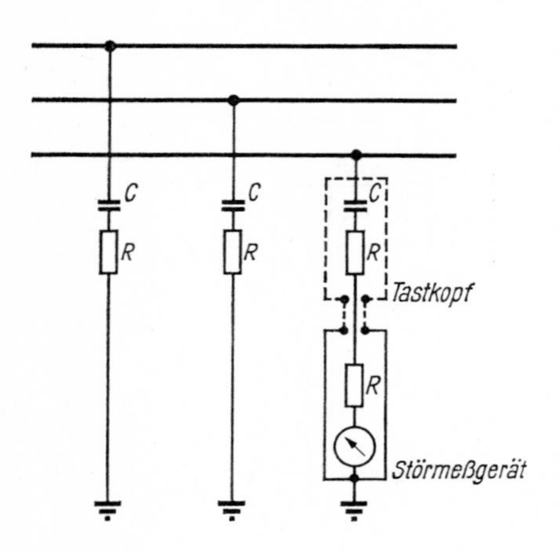

C Auskoppelkondensatoren
R Nachbildwiderstände

Bild 105 Messen der Funkstörspannung in einem Starkstromnetz mit Tastkopf

Soll die auf den Leitungen unter den jeweiligen Belastungsverhältnissen des Netzes vorhandene Funkstörspannung gemessen werden, dann wird, um Rückwirkungen durch einen niedrigen Belastungswiderstand zu vermeiden, ein Meßwiderstand von 1500 Ω verwendet.

Bei Störspannungsmessungen an Antennen mißt man im Frequenzbereich 0,15 bis 3,0 MHz mit 2,5 kΩ Eingangswiderstand, im Bereich 3,0 bis 30 MHz mit 150 Ω Eingangswiderstand.

2. Messen der Funkstörfeldstärke

Funkstörungen breiten sich durch Strahlung aus, sofern die räumlichen Abmessungen der Geräte, Anlagen und Leitungen $\geqq \lambda/4$ der jeweiligen Störwelle sind. Dies gilt auch für die Spektrumsanteile pulsförmiger Störspannungen. Die Störfähigkeit eines Geräts wird deshalb auch nach der mit einer vorgegebenen Meßanordnung ermittelten Feldstärke beurteilt.

Feldstärke-Meßgelände und -Meßanordnung

Die Messung der Störfeldstärke eines Geräts bedingt eine Meßplatzanordnung, bei der die zu messende Störstrahlung weder durch Fremdeinstrahlung noch durch Reflexion auf die in einer bestimmten Entfernung vom störenden Gerät befindliche Empfangsantenne beeinflußt wird. Eine solche Meßplatzanordnung (Bild 106) liegt innerhalb einer

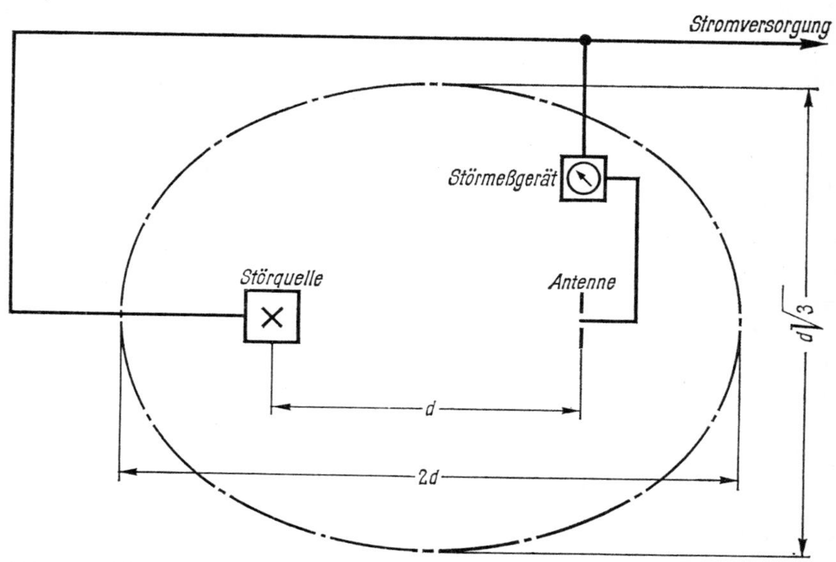

Bild 106 Meßgelände für Störstrahlungen; Ellipse umschließt das Mindestgelände

Ellipse, und zwar wird in dem einen ihrer Brennpunkte das störende Gerät, im anderen die Empfangsantenne mit dem Störspannungsmeßgerät angeordnet. Die Entfernung *d* ist mit 3, 10, 30 und 100 m genormt. Reflexionsfreiheit bedingt ein ebenes Gelände ohne jeden Bewuchs. Die erforderliche Ausmessung des Geländes wird z.B. im Frequenzbereich 30 bis 300 MHz mit Dipolen vorgenommen, wobei eine Änderung der Entfernung zwischen Meßstromquelle und Meßantenne keine Abweichungen größer 3 dB vom errechneten Wert ergeben darf.

Das zu untersuchende Gerät ist drehbar in einer Höhe von 0,6 bis 0,8 m angeordnet. Die Netzanschlußleitung wird senkrecht in das unterirdisch verlegte und störspannungsfreie Versorgungsnetz geführt.

Störfeldstärkemessungen im Frequenzbereich 0,01 bis 30 MHz

Entsprechend der in diesem Frequenzbereich vorherrschenden Störausbreitung wird die magnetische Störfeldstärke mit einer Rahmenantenne und die elektrische Störfeldstärke mit einer Stabantenne gemessen. Die Unterkante der drehbaren, senkrecht stehenden Rahmenantenne soll 1 m vom Erdboden entfernt sein. Bei der Messung mit der vertikalen Stabantenne soll deren Fußpunkt 1,2 m über dem Erdboden liegen. Als Gegengewicht ist ein guter Flächenerder (Metallgeflecht) zu verwenden.

Da Störstrahlungsmessungen im Bereich 0,01 bis 30 MHz meist im Nahfeld ausgeführt werden müssen, ist sowohl die magnetische als auch die elektrische Feldstärke zu messen. Für die Beurteilung gilt der Maximalwert.

Störfeldstärkemessungen im Frequenzbereich 30 bis 1000 MHz

Die Störfeldstärke wird in diesem Bereich ebenfalls in den genormten Meßentfernungen 3, 10, 30 und 100 m mit abgestimmten Dipolen oder Breitbandantennen und einem Störmeßempfänger gemessen. Die Meßantenne kann dabei entweder konstant in 3 m Höhe angeordnet sein oder zwischen 1 und 4 m, und zwar jeweils in einer solchen Höhe, daß sich eine maximale Anzeige ergibt. Bei vertikaler und horizontaler Polarisation gilt der jeweilige Maximalwert.

Bei größeren Anlagen muß man am Betriebsort messen. Die durch die elektrisch unbekannte Umgebung bedingte Meßunsicherheit läßt sich durch zusätzliche Anordnung eines Meßsenders und einer Eichantenne am Betriebsort und Auswertung einer zusätzlichen Messung verringern: Man stellt die Ausgangsspannung des Meßsenders so ein, daß sich am Störmeßempfänger die gleiche Anzeige ergibt, wie sie der Störer dort hervorruft. Die am Meßsender eingestellte Ausgangsspannung wird nun mit der auf einem reflexionsfreien Gelände für den gleichen Ausschlag errechenbaren Ausgangsspannung verglichen und der (umgebungsbedingte) Differenzbetrag als Korrektur am Meßergebnis berücksichtigt.

3. Messen der Funkstörleistung mit der Absorptions-Meßwandlerzange

Störfeldstärkemessungen sind mit einem hohen Aufwand verbunden, weil das Gelände von anderen Störern frei sein muß. Für Messungen im Frequenzbereich 30 bis 300 MHz hat sich ein einfacheres Meßverfahren bewährt; es arbeitet mit einer Absorptions-Meßwandlerzange. Ihre Anwendung ist jedoch auf Geräte kleinerer geometrischer Abmessungen ($< \lambda/4$) beschränkt.

Das Meßverfahren beruht darauf, daß bei elektrischen Geräten mit räumlichen Abmessungen kleiner $\lambda/4$ die Störenergie über die Netzzuführung abgestrahlt wird. Die Messung des auf diesen Leitungen fließenden Störstroms ergibt daher die maximal abstrahlbare Störleistung eines Geräts. Die Netzleitung N der Störquelle ist durch die Ferritabsorber F1 und F3 geführt (Bild 107). Die HF-Impedanz der Netzleitung wird durch den Ferritabsorber F1 bestimmt, und zwar so, daß gegenüber dem HF-Innenwiderstand der Störquelle eine Fehlanpassung gegeben ist. Gleichzeitig bewirkt der Ferritabsorber F1 eine Dämpfung der von der Netzseite kommenden Hochfrequenzenergie. Dies geschieht zusätzlich durch den Absorber F3; er wird dann benötigt, wenn das Störmeßgerät auch bei abgeschalteter Störquelle anspricht.

Der HF-Störstrom wird über den Auskoppelübertrager A und eine geschirmte Leitung dem Störmeßgerät zugeführt. Die Leitung ist zur Vermeidung hoher Wandströme auf ihrem Schirm mit dem Ferritabsorber F2 umgeben.

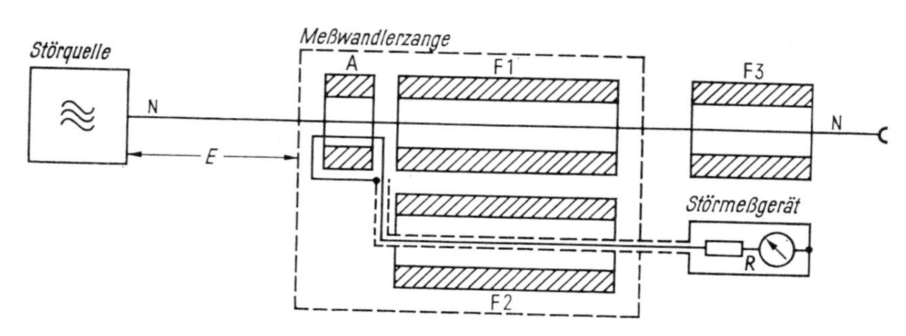

A HF-Auskoppelübertrager
E variabler Abstand zwischen Störquelle und Meßzange
F1, F2 Ferritabsorber
F3 zusätzlicher Ferritabsorber
N Netzzuführung

Bild 107 Aufbau der Absorptions-Meßwandlerzange

Als Folge der gewollten HF-Fehlanpassung der Netzzuleitung ergeben sich stehende Wellen, die sich beim Verschieben der Zange am Störmeßgerät pegelmäßig erfassen lassen. Die maximal abstrahlbare Störleistung wird dann gemessen, wenn man das der Störquelle nächstgelegene Strommaximum erfaßt.

Durch geeignete Wahl der Übersetzungsverhältnisse im Auskoppler A kann die in Dezibel oder Mikrovolt gegebene Meßwertanzeige direkt in Pikowatt Störleistung abgelesen werden.

Das Meßverfahren ist nur dort anwendbar, wo die Störquelle keine Störenergie direkt abstrahlt. Es hat neben dem Vorzug der einfacheren Durchführbarkeit auch den einer großen Unempfindlichkeit gegen Fremdfelder in der Umgebung des Meßorts (zulässig etwa 500 μV/m).

Tafeln IV

1a. Tafel der $10^{\frac{x}{20\,\mathrm{dB}}}$-Werte

Mit x in Dezibel liefert diese Tafel z.B. Spannungsverhältnisse U_1/U_2 oder Schal druckverhältnisse I_1/I_2 mit $U_1 > U_2$ und $I_1 > I_2$. Leistungs- oder Schallstärkenve hältnisse für x liest man bei dem Wert $2x$ ab (vgl. S. 13).

$\frac{x}{\mathrm{dB}}$	0	1	2	3	4	5	6	7	8	9
0,	1,0000	1,0116	1,0233	1,0352	1,0471	1,0593	1,0715	1,0839	1,0965	1,109
1,	1,1220	1,1350	1,1482	1,1615	1,1749	1,1885	1,2023	1,2162	1,2303	1,244
2,	1,2589	1,2735	1,2883	1,3032	1,3183	1,3335	1,3490	1,3646	1,3804	1,396
3,	1,4125	1,4289	1,4454	1,4622	1,4791	1,4962	1,5136	1,5311	1,5488	1,566
4,	1,5849	1,6032	1,6218	1,6406	1,6596	1,6788	1,6982	1,7179	1,7378	1,757
5,	1,7783	1,7989	1,8197	1,8408	1,8621	1,8836	1,9055	1,9275	1,9498	1,972
6,	1,9953	2,0184	2,0417	2,0654	2,0893	2,1135	2,1380	2,1627	2,1878	2,213
7,	2,2387	2,2646	2,2909	2,3174	2,3442	2,3714	2,3988	2,4266	2,4547	2,483
8,	2,5119	2,5410	2,5704	2,6002	2,6303	2,6607	2,6915	2,7227	2,7542	2,786
9,	2,8184	2,8510	2,8840	2,9174	2,9512	2,9854	3,0200	3,0549	3,0903	3,126
10,	3,1623	3,1989	3,2359	3,2734	3,3113	3,3497	3,3884	3,4277	3,4674	3,507
11,	3,5481	3,5892	3,6308	3,6728	3,7154	3,7584	3,8019	3,8459	3,8905	3,935
12,	3,9811	4,0272	4,0738	4,1210	4,1687	4,2170	4,2658	4,3152	4,3652	4,415
13,	4,4668	4,5186	4,5709	4,6238	4,6774	4,7315	4,7863	4,8417	4,8978	4,954
14,	5,0119	5,0699	5,1286	5,1880	5,2481	5,3088	5,3703	5,4325	5,4954	5,559
15,	5,6234	5,6885	5,7544	5,8210	5,8884	5,9566	6,0256	6,0954	6,1659	6,237
16,	6,3096	6,3826	6,4565	6,5313	6,6069	6,6834	6,7608	6,8391	6,9183	6,998
17,	7,0795	7,1614	7,2444	7,3282	7,4131	7,4989	7,5858	7,6736	7,7625	7,852
18,	7,9433	8,0353	8,1283	8,2224	8,3176	8,4140	8,5114	8,6099	8,7096	8,810
19,	8,9125	9,0157	9,1201	9,2257	9,3325	9,4406	9,5499	9,6605	9,7724	9,885
20,	10,000	10,116	10,233	10,352	10,471	10,593	10,715	10,839	10,965	11,092

Für Werte > 20 dB ist je 20 dB ein Zehnerfaktor zu berücksichtigen, also für 30 (= 20 + 10) dB gilt $10 \cdot 3{,}1623 = 31{,}623$, für 62 dB der Wert $10 \cdot 10 \cdot 10 \cdot 1{,}2589 = 1258{,}9$.

1b. Tafel der $10^{-\frac{x}{20\,\mathrm{dB}}}$-Werte

Mit x in Dezibel liefert diese Tafel z. B. Spannungsverhältnisse U_1/U_2 oder Schalldruckverhältnisse I_1/I_2 mit $U_1 < U_2$ und $I_1 < I_2$. Leistungs- oder Schallstärkenverhältnisse für x liest man bei dem Wert $2x$ ab (vgl. S. 13).

$\frac{x}{\mathrm{dB}}$	0	1	2	3	4	5	6	7	8	9
0,	1000,0	988,55	977,24	966,05	954,99	944,06	933,25	922,57	912,01	901,57
1,	891,25	881,05	870,96	860,99	851,14	841,40	831,76	822,24	812,83	803,53
2,	794,33	785,24	776,25	767,36	758,58	749,89	741,31	732,82	724,44	716,14
3,	707,95	699,84	691,83	683,91	676,08	668,34	660,69	653,13	645,65	638,26
4,	630,96	623,73	616,59	609,54	602,56	595,66	588,84	582,10	575,44	568,85
5,	562,34	555,90	549,54	543,25	537,03	530,88	524,81	518,80	512,86	506,99
6,	501,19	495,45	489,78	484,17	478,63	473,15	467,74	462,38	457,09	451,86
7,	446,68	441,57	436,52	431,52	426,58	421,70	416,87	412,10	407,38	402,72
8,	398,11	393,55	389,04	384,59	380,19	375,84	371,54	367,28	363,08	358,92
9,	354,81	350,75	346,74	342,77	338,84	334,97	331,13	327,34	323,59	319,89
10,	316,23	312,61	309,03	305,49	302,00	298,54	295,12	291,74	288,40	285,10
11,	281,84	278,61	275,42	272,27	269,15	266,07	263,03	260,02	257,04	254,10
12,	251,19	248,31	245,47	242,66	239,88	237,14	234,42	231,74	229,09	226,46
13,	223,87	221,31	218,78	216,27	213,80	211,35	208,93	206,54	204,17	201,84
14,	199,53	197,24	194,98	192,75	190,55	188,36	186,21	184,08	181,97	179,89
15,	177,83	175,79	173,78	171,79	169,82	167,88	165,96	164,06	162,18	160,32
16,	158,49	156,68	154,88	153,11	151,36	149,62	147,91	146,22	144,54	142,89
17,	141,25	139,64	138,04	136,46	134,90	133,35	131,83	130,32	128,83	127,35
18,	125,89	124,45	123,03	121,62	120,23	118,85	117,49	116,15	114,82	113,50
19,	112,20	110,92	109,65	108,39	107,15	105,93	104,71	103,52	102,33	101,16
20,	100,00	98,855	97,724	96,605	95,499	94,406	93,325	92,257	91,201	90,157

(Alle Werte $\times 10^{-3}$)

Für Werte > 20 dB ist je 20 dB der Faktor 10^{-1} zu berücksichtigen, also für 30 ($= 20 + 10$) dB gilt $10^{-1} \cdot 316{,}23 \cdot 10^{-3} = 31{,}623 \cdot 10^{-3}$, für 67 dB der Wert $10^{-1} \cdot 10^{-1} \cdot 10^{-1} \cdot 446{,}68 \cdot 10^{-3} = 446{,}68 \cdot 10^{-6}$.

2a. Spannungspegel n_U in Dezibel, bezogen auf 0,7746 V*) und Spannung U_x

n_U / dB	∓0	1	2	3	4	5	6	7	8	9
— 120	0,78	0,69	0,62	0,55	0,49	0,44	0,39	0,35	0,31	0,27
110	2,4	2,2	1,9	1,7	1,5	1,4	1,2	1,1	1,0	0,9
100	7,8	6,9	6,2	5,5	4,9	4,4	3,9	3,5	3,1	2,7
90	24,5	21,8	19,5	17,3	15,5 µV	13,8	12,3	10,9	9,75	8,69
80	77,5	69,0	61,5	54,8	48,9	43,6	38,8	34,6	30,8	27,5
70	245	218	195	173	155	138	123	109	97,5	86,9
60	775	690	615	548	489	436	388	346	308	275
50	2,45	2,18	1,95	1,73	1,55	1,38	1,23	1,09	975	869
40	7,75	6,90	6,15	5,48	4,89	4,36	3,88	3,46	3,08	2,75
30	24,50	21,83	19,46	17,34	15,46 mV	13,77	12,28	10,94	9,75	8,69
20	77,46	69,04	61,53	54,84	48,87	43,56	38,82	34,60	30,84	27,48
10	245,0	218,3	194,6	173,4	154,6	137,7	122,8	109,4	97,51	86,91
— 0	774,6	690,4	615,3	548,4	488,7	435,6	388,2	346,0	308,4	274,8
+ 0	774,6	869,1	975,1	1,094	1,228	1,377	1,546	1,734	1,946	2,183
10	2,450	2,748	3,084	3,460	3,882	4,356	4,887	5,484	6,153	6,904
20	7,746	8,691	9,751	10,94	12,28	V 13,77	15,46	17,34	19,46	21,83
30	24,50	27,48	30,84	34,60	38,82	43,56	48,87	54,84	61,53	69,04
40	77,46	86,91	97,51	109,4	122,8	137,7	154,6	173,4	194,6	218,3
50	245,0	274,8	308,4	346,0	388,2	435,6	488,7	548,4	615,3	690,4
+ 60	774,6	869,1	975,1	1094	1228	1377	1546	1734	1946	2183

Ganz allgemein gilt: Für Werte > 20 dB ist je 20 dB der Faktor 10 zu berücksichtigen; dem Spannungspegel 26 (= 20 + 6) dB entspricht also die Spannung 10 · 1,546 V = 15,46 V und dem Spannungspegel 76 dB die Spannung 10 · 10 · 10 · 4,887 V = 4887 V.

Entsprechend gilt für Werte < — 20 dB der Faktor 10^{-1} je — 20 dB.

*) Bezugsleistung $P_1 = 1$ mW an 600 Ω, damit Bezugsspannung $U_1 = \sqrt{1 \text{ mW} \cdot 600\ \Omega} = 0{,}7746$ V; vgl. S. 3

2b. Leistungspegel n in Dezibel dBm, also bezogen auf 1 mW, und Leistung P_x

n / dBm	∓0	1	2	3	4	5	6	7	8	9	
— 100	100	79,4	63,1	50,1	39,8	31,6	25,1	20,0	15,9	12,6	fW
90	1000	794	631	501	398	316	251	200	159	126	
80	10	7,94	6,31	5,01	3,98	3,16	2,51	2,00	1,59	1,26	
70	100	79,4	63,1	50,1	39,8	31,6	25,1	20,0	15,9	12,6	pW
60	1000	794	631	501	398	316	251	200	159	126	
50	10	7,94	6,31	5,01	3,98	3,16	2,51	2,00	1,59	1,26	
40	100	79,4	63,1	50,1	39,8	31,6	25,1	20,0	15,9	12,6	nW
30	1000	794	631	501	398	316	251	200	159	126	
20	10	7,94	6,31	5,01	3,98	3,16	2,51	2,00	1,59	1,26	
10	100	79,43	63,10	50,12	39,81	31,16	25,12	19,95	15,85	12,59	µW
— 0	1000	794,3	631,0	501,2	398,1	316,2	251,2	199,5	158,5	125,9	
+ 0	1	1,259	1,585	1,995	2,512	3,162	3,981	5,012	6,310	7,943	
10	10	12,59	15,85	19,95	25,12	31,62	39,81	50,12	63,10	79,43	mW
20	100	126	159	200	251	316	398	501	631	794	
30	1	1,26	1,59	2,00	2,51	3,16	3,98	5,01	6,31	7,94	
40	10	12,6	15,9	20,0	25,1	31,6	39,8	50,1	63,1	79,4	W
50	100	126	159	200	251	316	398	501	631	794	
+ 60	1	1,26	1,59	2,00	2,51	3,16	3,98	5,01	6,31	7,94	kW

Ganz allgemein gilt: Für Werte > 10 dBm ist je 10 dBm der Faktor 10 zu berücksichtigen; dem Leistungspegel 36 (= 10 + 10 + 10 + 6) dBm entspricht also die Leistung 10 · 10 · 10 · 3,981 mW = 3,981 W.

Entsprechend gilt für Werte < — 10 dBm der Faktor 10^{-1} je — 10 dBm.

2c. Leistungspegel n in Dezibel dBm, also bezogen auf 1 mW, und Spannung U_x, gemessen an einem Quellen-Widerstand $Z = 50\ \Omega$

n / dBm	∓0	1	2	3	4	5	6	7	8	9
− 100	2,24	1,99	1,78	1,58	1,41	1,26	1,12	1,00	0,89	0,79
90	7,07	6,30	5,62	5,01	4,46	3,98	3,54	3,16	2,82	2,51
80	22,4	19,9	17,8	15,8	14,1	12,6	11,2	9,99	8,90	7,93
70	70,7	63,0	56,2	50,1	44,6	39,8	35,4	31,6	28,2	25,1
60	224	199	178	158	141	126	112	99,9	89,0	79,3
50	707	630	562	501	446	398	354	316	282	251
40	2,24	1,99	1,78	1,58	1,41	1,26	1,12	999	890	793
30	7,07	6,30	5,62	5,01	4,46	3,98	3,54	3,16	2,82	2,51
20	22,36	19,93	17,76	15,83	14,11	12,57	11,21	9,99	8,90	7,93
10	70,72	63,02	56,17	50,06	44,61	39,76	35,44	31,58	28,15	25,04
− 0	223,6	199,3	177,6	158,3	141,1	125,7	112,1	99,87	89,01	79,34
+ 0	223,6	250,9	281,5	315,8	354,4	397,6	446,1	500,6	561,7	630,2
10	707,2	793,4	890,1	998,7	1,121	1,257	1,411	1,583	1,776	1,993
20	2,236	2,509	2,815	3,158	3,544	3,976	4,461	5,006	5,617	6,302
30	7,072	7,934	8,901	9,987	11,21	12,57	14,11	15,83	17,76	19,93
40	22,36	25,09	28,15	31,58	35,21	39,76	44,61	50,06	56,17	63,02
50	70,72	79,34	89,01	99,87	112,1	125,7	141,1	158,3	177,6	199,3
+ 60	223,6	250,9	281,5	315,8	352,1	397,6	446,1	500,6	561,7	630,2

μV

mV

V

Ganz allgemein gilt: Für Werte > 20 dBm ist je 20 dBm der Faktor 10 zu berücksichtigen.

Entsprechend gilt für Werte < − 20 dBm der Faktor 10^{-1} je − 20 dBm; dem Leistungspegel − 36 dBm entspricht also (bei $Z = 50\ \Omega$) die Spannung $10^{-1} \cdot 35{,}44$ mV = 3,544 mV.

d. Leistungspegel n in Dezibel dBm, also bezogen auf 1 mW, und Spannung U_x, gemessen an einem Quellen-Widerstand $Z = 60\ \Omega$

n / dBm	∓0	1	2	3	4	5	6	7	8	9
– 100	2,45	2,18	1,95	1,73	1,55	1,38	1,23	1,09	0,98	0,87
90	7,75	6,90	6,15	5,48	4,89	4,36	3,88	3,46	3,08	2,75
80	24,5	21,8	19,5	17,3	15,5	13,8	12,3	10,9	9,75	8,69
70	77,5	69,0	61,5	54,8	48,9	43,6	38,8	34,6	30,8	27,5
60	245	218	195	173	155	138	123	109	97,5	86,9
50	775	690	615	548	489	436	388	346	308	275
40	2,45	2,18	1,95	1,73	1,55	1,38	1,23	1,09	975	869
30	7,75	6,90	6,15	5,48	4,89	4,36	3,88	3,46	3,08	2,75
20	24,49	21,83	19,46	17,34	15,46	13,77	12,28	10,94	9,75	8,69
10	77,46	69,04	61,53	54,84	48,87	43,56	38,82	34,60	30,84	27,48
– 0	244,9	218,3	194,6	173,4	154,6	137,7	122,8	109,4	97,51	86,91
+ 0	244,9	274,8	308,4	346,0	388,2	435,6	488,7	548,4	615,3	690,4
10	774,6	869,1	975,1	1,094	1,228	1,377	1,546	1,734	1,946	2,183
20	2,449	2,748	3,084	3,460	3,882	4,356	4,887	5,484	6,153	6,904
30	7,746	8,691	9,751	10,94	12,28	13,77	15,46	17,34	19,46	21,83
40	24,49	27,48	30,84	34,60	38,82	43,56	48,87	54,84	61,53	69,04
50	77,46	86,91	97,51	109,4	122,8	137,7	154,6	173,4	194,6	218,3
+ 60	244,9	274,8	308,4	346,0	388,2	435,6	488,7	548,4	615,3	690,4

Ganz allgemein gilt: Für Werte > 20 dBm ist je 20 dBm der Faktor 10 zu berücksichtigen.

Entsprechend gilt für Werte < – 20 dBm der Faktor 10^{-1} je – 20 dBm; dem Leistungspegel – 36 dBm entspricht also (bei $Z = 60\ \Omega$) die Spannung $10^{-1} \cdot 38{,}82$ mV = 3,882 mV.

2e. Leistungspegel *n* in Dezibel dBm, also bezogen auf 1 mW, und Spannung U_x, gemessen an einem Quellen-Widerstand $Z = 75\ \Omega$

n / dBm	∓0	1	2	3	4	5	6	7	8	9
−100	2,74	2,44	2,18	1,94	1,73	1,54	1,37	1,22	1,09	0,97
90	8,66	7,72	6,88	6,13	5,46	4,87	4,34	3,87	3,45	3,07
80	27,4	24,4	21,8	19,4	17,3	15,4	13,7	12,2	10,9	9,72
70	86,6	77,2	68,8	61,3	54,6	48,7	43,4	38,7	34,5	30,7
60	274	244	218	194	173	154	137	122	109	97,2
50	866	772	688	613	546	487	434	387	345	307
40	2,74	2,44	2,18	1,94	1,73	1,54	1,37	1,22	1,09	972
30	8,66	7,72	6,88	6,13	5,46	4,87	4,34	3,87	3,45	3,07
20	27,38	24,41	21,76	19,39	17,28	15,39	13,73	12,23	10,90	9,71
10	86,60	77,19	68,79	61,31	54,64	48,70	43,40	38,68	34,48	30,72
− 0	273,8	244,1	217,6	193,9	172,8	153,9	137,3	122,3	109,0	97,19
+ 0	273,8	307,2	344,8	386,8	434,0	487,0	546,4	613,1	687,9	771,9
10	866,0	971,7	1,090	1,223	1,373	1,539	1,728	1,939	2,176	2,44
20	2,738	3,072	3,448	3,868	4,340	4,870	5,464	6,131	6,879	7,71
30	8,660	9,717	10,90	12,23	13,73	15,39	17,28	19,39	21,76	24,41
40	27,38	30,72	34,48	38,68	43,40	48,70	54,64	61,31	68,79	77,19
50	86,60	97,17	109,0	122,3	137,3	153,9	172,8	193,9	217,6	244,1
+ 60	273,8	307,2	344,8	386,8	434,0	487,0	546,4	613,1	687,9	771,9

Ganz allgemein gilt: Für Werte > 20 dBm ist je 20 dBm der Faktor 10 zu berücksichtigen.

Entsprechend gilt für Werte < −20 dBm der Faktor 10^{-1} je −20 dBm; dem Leistungspegel −36 dBm entspricht also (bei $Z = 75\ \Omega$) die Spannung $10^{-1} \cdot 43{,}40$ mV = 4,340 mV.

2f. Spannung U_x und Spannungspegel n_U an verschiedenen Widerständen *Z* für Leistungspegel 0 dBm

Z / Ω	50	60	75	124	135	150	300	600	900	1200
U_x / mV	223,6	244,9	273,9	352,1	367,4	387,3	547,7	774,6	948,7	1095,4
n_U / dB	−10,79	−10,00	−9,03	−6,85	−6,48	−6,02	−3,01	±0	+1,76	+3,0

g. Spannungspegel n_V in Dezibel, bezogen auf 1 µV, und Spannung U_x

n_V / dB	± 0	1	2	3	4	5	6	7	8	9
						nV				
− 30	31,6	28,2	25,1	22,4	20,0	17,8	15,8	14,1	12,6	11,2
− 20	100	89,1	79,4	70,8	63,1	56,2	50,1	44,7	39,8	35,5
− 10	316	282	251	224	200	178	158	141	126	112
− 0	1000	891	794	708	631	562	501	447	398	355
						µV				
+ 0	1,00	1,12	1,26	1,41	1,58	1,78	2,00	2,24	2,51	2,82
+ 10	3,16	3,55	3,98	4,47	5,01	5,62	6,31	7,08	7,94	8,91
+ 20	10,0	11,2	12,6	14,1	15,8	17,8	20,0	22,4	25,1	28,2
+ 30	31,6	35,5	39,8	44,7	50,1	56,2	63,1	70,8	79,4	89,1
+ 40	100	112	126	141	158	178	200	224	251	282
+ 50	316	355	398	447	501	562	631	708	794	891
						mV				
+ 60	1,000	1,122	1,259	1,413	1,585	1,778	1,995	2,239	2,512	2,818
+ 70	3,162	3,548	3,981	4,467	5,012	5,623	6,310	7,080	7,943	8,913
+ 80	10,00	11,22	12,59	14,13	15,85	17,78	19,95	22,39	25,12	28,18
+ 90	31,62	35,48	39,81	44,67	50,12	56,23	63,10	70,80	79,43	89,13
+ 100	100,0	112,2	125,9	141,3	158,5	177,8	199,5	223,9	251,2	281,8
+ 110	316,2	354,8	398,1	446,7	501,2	562,3	631,0	708,0	794,3	891,3
						V				
+ 120	1,000	1,122	1,259	1,413	1,585	1,778	1,995	2,239	2,512	2,818
+ 130	3,162	3,548	3,981	4,467	5,012	5,623	6,310	7,080	7,943	8,913
+ 140	10,00	11,22	12,59	14,13	15,85	17,78	19,95	22,39	25,12	28,18
+ 150	31,62	35,48	39,81	44,67	50,12	56,23	63,10	70,80	79,43	89,13

Ganz allgemein gilt: Für Werte > 20 dB ist je 20 dB der Faktor 10 zu berücksichtigen; dem Spannungspegel 36 (= 20 + 16) dB entspricht also die Spannung $10 \cdot 6{,}31$ µV = 63,1 µV und dem Spannungspegel 136 dB die Spannung $10^6 \cdot 6{,}31$ µV = 6,31 V.

Entsprechend gilt für Werte < −20 dB der Faktor 10^{-1} je −20 dB.

3a. Tafel der $e^{\frac{x}{\mathrm{Np}}}$-Werte

Mit x in Neper liefert diese Tafel z. B. Spannungsverhältnisse U_1/U_2 mit $U_1 > U_2$. Leistungsverhältnisse für x liest man bei dem Wert $2x$ ab (vgl. S. 14).

$\frac{x}{\mathrm{Np}}$	0	1	2	3	4	5	6	7	8	9
0,0	1,0000	1,0101	1,0202	1,0305	1,0408	1,0513	1,0618	1,0725	1,0833	1,0942
0,1	1,1052	1,1163	1,1275	1,1388	1,1503	1,1618	1,1735	1,1853	1,1972	1,2093
0,2	1,2214	1,2337	1,2461	1,2586	1,2712	1,2840	1,2969	1,3100	1,3231	1,3364
0,3	1,3499	1,3634	1,3771	1,3910	1,4049	1,4191	1,4333	1,4477	1,4623	1,4770
0,4	1,4918	1,5068	1,5220	1,5373	1,5527	1,5683	1,5841	1,6000	1,6161	1,6323
0,5	1,6487	1,6653	1,6820	1,6989	1,7160	1,7333	1,7507	1,7683	1,7860	1,8040
0,6	1,8221	1,8404	1,8589	1,8776	1,8965	1,9155	1,9348	1,9542	1,9739	1,9937
0,7	2,0138	2,0340	2,0544	2,0751	2,0959	2,1170	2,1383	2,1598	2,1815	2,2034
0,8	2,2255	2,2479	2,2705	2,2933	2,3164	2,3396	2,3632	2,3869	2,4109	2,4351
0,9	2,4596	2,4843	2,5093	2,5345	2,5600	2,5857	2,6117	2,6379	2,6645	2,6912
1,0	2,7183	2,7456	2,7732	2,8011	2,8292	2,8577	2,8864	2,9154	2,9447	2,9743
1,1	3,0042	3,0344	3,0649	3,0957	3,1268	3,1582	3,1899	3,2220	3,2544	3,2871
1,2	3,3201	3,3535	3,3872	3,4212	3,4556	3,4903	3,5254	3,5609	3,5966	3,6328
1,3	3,6693	3,7062	3,7434	3,7810	3,8190	3,8574	3,8962	3,9354	3,9749	4,0149
1,4	4,0552	4,0960	4,1371	4,1787	4,2207	4,2631	4,3060	4,3492	4,3929	4,4371
1,5	4,4817	4,5267	4,5722	4,6182	4,6646	4,7115	4,7588	4,8066	4,8550	4,9037
1,6	4,9530	5,0028	5,0531	5,1039	5,1552	5,2070	5,2593	5,3122	5,3656	5,4195
1,7	5,4739	5,5290	5,5845	5,6407	5,6973	5,7546	5,8124	5,8709	5,9299	5,9895
1,8	6,0496	6,1104	6,1719	6,2339	6,2965	6,3598	6,4237	6,4883	6,5535	6,6194
1,9	6,6859	6,7531	6,8210	6,8895	6,9588	7,0287	7,0993	7,1707	7,2427	7,3155
2,0	7,3891	7,4633	7,5383	7,6141	7,6906	7,7679	7,8460	7,9248	8,0045	8,0849
2,1	8,1662	8,2482	8,3311	8,4149	8,4994	8,5849	8,6711	8,7583	8,8463	8,9352
2,2	9,0250	9,1157	9,2073	9,2999	9,3933	9,4877	9,5831	9,6794	9,7767	9,8749
2,3	9,9742	10,074	10,176	10,278	10,381	10,486	10,591	10,697	10,805	10,913
2,4	11,023	11,134	11,246	11,359	11,473	11,588	11,705	11,822	11,941	12,061
2,5	12,182	12,305	12,429	12,554	12,680	12,807	12,936	13,066	13,197	13,330
2,6	13,464	13,599	13,736	13,874	14,013	14,154	14,296	14,440	14,585	14,732
2,7	14,880	15,029	15,180	15,333	15,487	15,643	15,800	15,959	16,119	16,281
2,8	16,445	16,610	16,777	16,945	17,116	17,288	17,462	17,637	17,814	17,993
2,9	18,174	18,357	18,541	18,728	18,916	19,106	19,298	19,492	19,688	19,886
3,0	20,086	20,287	20,491	20,697	20,905	21,115	21,328	21,542	21,758	21,977
3,1	22,198	22,421	22,646	22,874	23,104	23,336	23,571	23,807	24,047	24,288
3,2	24,532	24,779	25,028	25,280	25,534	25,790	26,050	26,311	26,576	26,843
3,3	27,113	27,385	27,660	27,938	28,219	28,503	28,789	29,079	29,371	29,666
3,4	29,964	30,265	30,569	30,877	31,187	31,500	31,817	32,137	32,460	32,786
3,5	33,115	33,448	33,784	34,124	34,467	34,813	35,163	35,517	35,874	36,234
3,6	36,598	36,966	37,338	37,713	38,092	38,475	38,861	39,252	39,646	40,045
3,7	40,447	40,854	41,264	41,679	42,098	42,521	42,948	43,380	43,816	44,256
3,8	44,701	45,150	45,604	46,063	46,525	46,993	47,465	47,942	48,424	48,911
3,9	49,402	49,899	50,400	50,907	51,419	51,935	52,457	52,985	53,517	54,055

x / Np		0	1	2	3	4	5	6	7	8	9
4,0		54,598	55,147	55,701	56,261	56,826	57,397	57,974	58,557	59,145	59,740
4,1		60,340	60,947	61,559	62,178	62,803	63,434	64,072	64,715	65,366	66,023
4,2		66,686	67,357	68,033	68,717	69,408	70,105	70,810	71,522	72,240	72,966
4,3		73,700	74,440	75,189	75,944	76,708	77,478	78,257	79,044	79,838	80,640
4,4		81,451	82,269	83,096	83,931	84,775	85,627	86,488	87,357	88,235	89,121
4,5		90,017	90,922	91,836	92,759	93,691	94,632	95,583	96,544	97,514	98,494
4,6		99,484	100,48	101,49	102,51	103,54	104,58	105,64	106,70	107,77	108,85
4,7		109,95	111,05	112,17	113,30	114,43	115,58	116,75	117,92	119,10	120,30
4,8		121,51	122,73	123,97	125,21	126,47	127,74	129,02	130,32	131,63	132,95
4,9		134,29	135,64	137,00	138,38	139,77	141,17	142,59	144,03	145,47	146,94
5,0		148,41	149,90	151,41	152,93	154,47	156,02	157,59	159,17	160,77	162,39
5,1		164,02	165,67	167,34	169,02	170,72	172,43	174,16	175,91	177,68	179,47
5,2		181,27	183,09	184,93	186,79	188,67	190,57	192,48	194,42	196,37	198,34
5,3		200,34	202,35	204,38	206,44	208,51	210,61	212,72	214,86	217,02	219,20
5,4		221,41	223,63	225,88	228,15	230,44	232,76	235,10	237,46	239,85	242,26
5,5		244,69	247,15	249,64	252,14	254,66	257,24	259,82	262,43	265,07	267,74
5,6		270,43	273,14	275,89	278,66	281,46	284,29	287,15	290,03	292,95	295,89
5,7		298,87	301,87	304,90	307,97	311,06	314,19	317,35	320,54	323,76	327,01
5,8		330,30	333,62	336,97	340,36	343,78	347,23	350,72	354,25	357,81	361,41
5,9		365,04	368,71	372,41	376,15	379,93	383,75	387,61	391,51	395,44	399,41
6,		403,43	445,86	492,75	544,57	601,85	665,14	735,10	812,41	897,85	992,27
7,		1096,6	1212,0	1339,4	1480,3	1636,0	1808,0	1998,2	2208,3	2440,6	2697,3
8,		2981,0	3294,5	3641,0	4023,9	4447,1	4914,8	5431,7	6002,9	6634,2	7332,0
9,	$\times 10^3$	8,103	8,955	9,897	10,94	12,09	13,36	14,76	16,32	18,03	19,93
10,	$\times 10^3$	22,03	24,34	26,90	29,73	32,86	36,31	40,13	44,35	49,02	54,17
11,	$\times 10^3$	59,87	66,17	73,13	80,82	89,32	98,71	109,1	120,6	133,2	147,3
12,	$\times 10^3$	162,8	179,9	198,8	219,7	242,8	268,3	296,5	327,7	362,2	400,3
13,	$\times 10^6$	0,4424	0,4889	0,5404	0,5972	0,6600	0,7294	0,8061	0,8909	0,9846	1,089
14,	$\times 10^6$	1,203	1,329	1,469	1,623	1,794	1,983	2,191	2,422	2,676	2,958
15,	$\times 10^6$	3,269	3,613	3,993	4,413	4,877	5,390	5,956	6,583	7,275	8,040
16,	$\times 10^6$	8,886	9,820	10,85	11,99	13,26	14,65	16,19	17,89	19,78	21,86
17,	$\times 10^6$	24,15	26,69	29,50	32,60	36,03	39,82	44,01	48,64	53,76	59,41
18,	$\times 10^6$	65,66	72,56	80,20	88,63	97,95	108,3	119,6	132,2	146,1	161,5
19,	$\times 10^6$	178,5	197,2	218,0	240,9	266,3	294,3	325,2	359,4	397,2	439,0
20,	$\times 10^6$	485,2	536,2	592,6	654,9	723,8	799,9	884,0	977,0	1080	1193

3b. Tafel der $e^{-\frac{x}{\mathrm{Np}}}$-Werte

Mit x in Neper liefert diese Tafel z.B. Spannungsverhältnisse U_1/U_2 mit $U_1 < U_2$. Leistungsverhältnisse für x liest man bei dem Wert $2x$ ab (vgl. S. 14).

$\times 10^{-3}$

$\frac{x}{\mathrm{Np}}$	0	1	2	3	4	5	6	7	8	9
0,0	1000,0	990,0	980,2	970,4	960,8	951,2	941,8	932,4	923,1	913,9
0,1	904,8	895,8	886,9	878,1	869,4	860,7	852,1	843,7	835,3	827,0
0,2	818,7	810,6	802,5	794,5	786,6	778,8	771,1	763,4	755,8	748,3
0,3	740,8	733,4	726,1	718,9	711,8	704,7	697,7	690,7	683,9	677,1
0,4	670,3	663,7	657,0	650,5	644,0	637,6	631,3	625,0	618,8	612,6
0,5	606,5	600,5	594,5	588,6	582,7	576,9	571,2	565,5	559,9	554,3
0,6	548,8	543,4	537,9	532,6	527,3	522,0	516,9	511,7	506,6	501,6
0,7	496,6	491,6	486,8	481,9	477,1	472,4	467,7	463,0	458,4	453,8
0,8	449,3	444,9	440,4	436,0	431,7	427,4	423,2	419,0	414,8	410,7
0,9	406,6	402,5	398,5	394,6	390,6	386,7	382,9	379,1	375,3	371,6
1,0	367,9	364,2	360,6	357,0	353,5	349,9	346,5	343,0	339,6	336,2
1,1	332,9	329,6	326,3	323,0	319,8	316,6	313,5	310,4	307,3	304,2
1,2	301,2	298,2	295,2	292,3	289,4	286,5	283,7	280,8	278,0	275,3
1,3	272,5	269,8	267,1	264,5	261,8	259,2	256,7	254,1	251,6	249,1
1,4	246,6	244,1	241,7	239,3	236,9	234,6	232,2	229,9	227,6	225,4
1,5	223,1	220,9	218,7	216,5	214,4	212,2	210,1	208,0	206,0	203,9
1,6	201,9	200,0	197,9	195,9	194,0	192,0	190,1	188,2	186,4	184,5
1,7	182,7	180,9	179,1	177,3	175,5	173,8	172,0	170,3	168,6	167,0
1,8	165,3	163,7	162,0	160,4	158,8	157,2	155,7	154,1	152,6	151,1
1,9	149,6	148,1	146,6	145,1	143,7	142,3	140,9	139,5	138,1	136,7
2,0	135,3	134,0	132,7	131,3	130,0	128,7	127,5	126,2	124,9	123,7
2,1	122,5	121,2	120,0	118,8	117,7	116,5	115,3	114,2	113,0	111,9
2,2	110,8	109,7	108,6	107,5	106,5	105,4	104,4	103,3	102,3	101,3
2,3	100,3	99,26	98,27	97,30	96,33	95,37	94,42	93,48	92,55	91,63
2,4	90,72	89,82	88,92	88,04	87,16	86,29	85,44	84,58	83,74	82,91
2,5	82,08	81,27	80,46	79,66	78,87	78,08	77,30	76,54	75,77	75,02
2,6	74,27	73,53	72,80	72,08	71,36	70,65	69,95	69,25	68,56	67,88
2,7	67,21	66,54	65,87	65,22	64,57	63,93	63,29	62,66	62,04	61,42
2,8	60,81	60,21	59,61	59,01	58,43	57,84	57,27	56,70	56,13	55,58
2,9	55,02	54,48	53,93	53,40	52,87	52,34	51,82	51,30	50,79	50,29
3,0	49,79	49,29	48,80	48,32	47,83	47,36	46,89	46,42	45,96	45,50
3,1	45,05	44,60	44,16	43,72	43,28	42,85	42,43	42,00	41,59	41,17
3,2	40,76	40,36	39,96	39,56	39,16	38,77	38,39	38,01	37,63	37,25
3,3	36,88	36,52	36,15	35,79	35,44	35,08	34,74	34,39	34,05	33,71
3,4	33,37	33,04	32,71	32,39	32,06	31,75	31,43	31,12	30,81	30,50
3,5	30,20	29,90	29,60	29,30	29,01	28,72	28,44	28,16	27,88	27,60
3,6	27,32	27,05	26,78	26,52	26,25	25,99	25,73	25,48	25,22	24,97
3,7	24,72	24,48	24,23	23,99	23,75	23,52	23,28	23,05	22,82	22,60
3,8	22,37	22,15	21,93	21,71	21,49	21,28	21,07	20,86	20,65	20,45
3,9	20,24	20,04	19,84	19,64	19,45	19,25	19,06	18,87	18,69	18,50

x / Np		0	1	2	3	4	5	6	7	8	9
4,0	$\times 10^{-3}$	18,32	18,13	17,95	17,77	17,60	17,42	17,25	17,08	16,91	16,74
4,1		16,57	16,41	16,24	16,08	15,92	15,76	15,61	15,45	15,30	15,15
4,2		15,00	14,85	14,70	14,55	14,41	14,26	14,12	13,98	13,84	13,70
4,3		13,57	13,43	13,30	13,17	13,04	12,91	12,78	12,65	12,53	12,40
4,4		12,28	12,16	12,03	11,91	11,80	11,68	11,56	11,45	11,33	11,22
4,5		11,11	11,00	10,89	10,78	10,67	10,57	10,46	10,36	10,25	10,15
4,6		10,05	9,952	9,853	9,755	9,658	9,562	9,467	9,372	9,279	9,187
4,7		9,095	8,983	8,915	8,827	8,739	8,652	8,566	8,480	8,396	8,313
4,8		8,230	8,148	8,067	7,987	7,907	7,828	7,751	7,673	7,597	7,521
4,9		7,447	7,373	7,299	7,227	7,155	7,083	7,013	6,943	6,874	6,806
5,0		6,738	6,671	6,605	6,539	6,474	6,409	6,346	6,282	6,220	6,158
5,1		6,097	6,036	5,976	5,917	5,858	5,799	5,742	5,685	5,628	5,572
5,2		5,517	5,462	5,407	5,354	5,300	5,248	5,195	5,144	5,092	5,042
5,3		4,992	4,942	4,893	4,844	4,796	4,748	4,701	4,654	4,608	4,562
5,4		4,517	4,472	4,427	4,383	4,340	4,296	4,254	4,211	4,169	4,128
5,5		4,087	4,046	4,006	3,966	3,927	3,888	3,849	3,811	3,773	3,735
5,6		3,698	3,661	3,625	3,589	3,553	3,518	3,483	3,448	3,414	3,380
5,7		3,346	3,313	3,280	3,247	3,215	3,183	3,151	3,120	3,089	3,058
5,8		3,028	2,997	2,968	2,938	2,909	2,880	2,851	2,823	2,795	2,767
5,9		2,739	2,712	2,685	2,659	2,632	2,604	2,580	2,554	2,529	2,504
6,		2,479	2,243	2,029	1,836	1,662	1,503	1,360	1,231	1,114	1,008
7,	$\times 10^{-6}$	911,9	825,1	746,6	675,5	611,3	553,1	500,5	452,8	409,7	370,7
8,		335,5	303,5	274,7	248,5	224,9	203,5	184,1	166,6	150,7	136,4
9,		123,4	111,7	101,0	91,42	82,72	74,85	67,73	61,28	55,45	50,18
10,		45,4	41,1	37,2	33,6	30,4	27,5	24,9	22,6	20,4	18,5
11,		16,7	15,1	13,7	12,4	11,2	10,1	9,17	8,29	7,50	6,79
12,		6,15	5,56	5,03	4,55	4,12	3,72	3,37	3,05	2,76	2,50
13,		2,23	2,04	1,85	1,67	1,52	1,37	1,24	1,12	1,01	0,92
14	$\times 10^{-9}$	831	752	681	616	557	504	457	413	373	338
15,		306	277	250	224	205	186	168	152	138	124
16,		113	102	92,1	83,4	75,4	68,2	61,8	55,9	50,6	45,7
17,		41,4	37,5	33,9	30,7	27,8	25,1	22,7	20,5	18,6	16,8
18,		15,2	13,8	12,5	11,3	10,2	9,23	8,36	7,56	6,84	6,19
19,		5,60	5,07	4,59	4,15	3,76	3,40	3,08	2,79	2,52	2,28
20,		2,06	1,87	1,69	1,53	1,38	1,25	1,13	1,02	0,93	0,84

4a. Spannungspegel n_U in Neper, bezogen auf 0,7746 V*), und Spannung U_x

$\frac{n_U}{\text{Np}}$	0	1	2	3	4	5	6	7	8	9
−17,	32,2	29,1	26,3	23,8	21,5	19,5	17,6	16,0	14,4	13,1
16,	87,5	78,9	71,4	64,6	58,4	52,9	47,7	43,2	39,1	35,4
15,	237	215	194	174	159	144	130	118	107	96,1
14,	644	582	528	477	431	390	353	320	290	262
13,	1,75	1,58	1,43	1,29	1,18	1,06	961	868	790	713
12,	4,76	4,31	3,90	3,52	3,19	2,88	2,61	2,36	2,14	1,94
11,	12,94	11,70	10,61	9,605	8,676	7,823	7,103	6,421	5,817	5,26
10,	35,17	31,84	28,82	26,03	23,55	21,30	19,29	17,51	15,88	14,33
9,	95,59	86,52	78,23	70,81	64,07	57,98	52,46	47,47	42,95	38,87
8,	259,9	235,1	212,8	192,5	174,2	157,6	142,6	129,0	116,7	105,7
7,	706,4	639,1	578,3	523,2	473,5	428,4	387,7	350,7	317,4	287,1
6,	1,920	1,737	1,572	1,422	1,287	1,164	1,053	953,5	862,9	780,8
5,	5,219	4,723	4,273	3,867	3,499	3,166	2,864	2,592	2,345	2,12
4,	14,19	12,84	11,61	10,51	9,512	8,606	7,785	7,045	6,375	5,76
3,	38,57	34,90	31,57	28,57	25,85	23,39	21,16	19,15	17,33	15,68
2,	104,8	94,89	85,83	77,69	70,27	63,58	57,53	52,06	47,10	42,62
1,	285,0	257,9	233,3	211,1	191,0	172,8	156,4	141,6	128,0	115,9
− 0,	774,6	700,9	634,2	573,8	519,2	469,8	425,1	384,7	348,0	315,0
+ 0,	774,6	856,1	946,1	1,046	1,156	1,277	1,411	1,560	1,724	1,90
1,	2,106	2,327	2,572	2,842	3,141	3,472	3,837	4,239	4,686	5,17
2,	5,724	6,325	6,991	7,726	8,536	9,435	10,43	11,53	12,74	14,08
3,	15,56	17,19	19,00	21,00	23,21	25,65	28,35	31,30	34,63	38,27
4,	42,29	46,74	51,66	57,09	63,09	69,73	77,06	85,17	94,12	104,0
+ 5,	115,0	127,0	140,4	155,2	171,5	189,5	209,5	231,5	255,9	282,8

*) Bezugsleistung $P_1 = 1$ mW an 600 Ω, damit Bezugsspannung $U_1 = \sqrt{1 \text{ mW} \cdot 600\,\Omega} = 0{,}7746$ V; vgl. S.

4b. Leistungspegel *n* in Neper Npm, also bezogen auf 1 mW, und Leistung P_x

n_U Npm	0	1	2	3	4	5	6	7	8	9
− 11,	279,0	228,4	187,0	153,1	125,4	102,6	84,03	68,79	56,32	45,63
10,	2,061	1,688	1,382	1,131	926,1	758,3	620,8	508,2	416,2	340,7
9,	15,23	12,47	10,21	8,358	6,843	5,603	4,587	3,756	3,075	2,518
8,	112,5	92,14	75,44	61,76	50,57	41,40	33,90	27,75	22,72	18,60
7,	831,5	680,8	557,4	456,4	373,6	305,9	250,5	205,1	167,9	137,5
6,	6,144	5,031	4,119	3,372	2,761	2,260	1,851	1,515	1,241	1,016
5,	45,40	37,17	30,43	24,92	20,50	16,70	13,67	11,20	9,166	7,505
4,	335,5	274,7	224,9	184,1	150,7	123,4	101,0	82,72	67,73	55,45
3,	2,479	2,029	1,662	1,360	1,114	911,9	746,6	611,3	500,5	409,7
2,	18,32	15,00	12,28	10,05	8,230	6,738	5,517	4,517	3,698	3,028
1,	135,3	110,8	90,72	74,27	60,81	49,79	40,76	33,37	27,32	22,37
− 0,	1000	818,7	670,3	548,8	449,3	367,9	301,2	246,6	201,9	165,3
+ 0,	1,000	1,221	1,492	1,822	2,226	2,718	3,320	4,055	4,953	6,050
1,	7,389	9,025	11,02	13,46	16,45	20,09	24,53	29,96	36,60	44,70
2,	54,60	66,69	81,45	99,48	121,5	148,4	181,3	221,4	270,4	330,3
3,	403,4	492,8	601,9	735,1	897,9	1,097	1,339	1,636	1,998	2,441
4,	2,981	3,641	4,447	5,432	6,634	8,103	9,897	12,09	14,76	18,03
5,	22,03	26,90	32,86	40,13	49,02	59,87	73,13	89,32	109,1	133,2
6,	162,8	198,8	242,8	296,5	362,2	442,4	540,4	660,0	806,1	984,6
+ 7,	1,203	1,469	1,794	2,191	2,676	3,269	3,993	4,877	5,956	7,275

fW pW nW µW mW W kW

5a. Tafel zur Umrechnung von Neper in Dezibel

Neper	Dezibel	Neper	Dezibel	Neper	Dezibel	Neper	Dezibel
0,1	0,8686	5,1	44,30	10,1	87,73	15,1	131,16
0,2	1,737	5,2	45,17	10,2	88,60	15,2	132,03
0,3	2,606	5,3	46,04	10,3	89,46	15,3	132,89
0,4	3,474	5,4	46,90	10,4	90,33	15,4	133,76
0,5	4,343	5,5	47,77	10,5	91,20	15,5	134,63
0,6	5,212	5,6	48,64	10,6	92,07	15,6	135,50
0,7	6,080	5,7	49,51	10,7	92,94	15,7	136,37
0,8	6,949	5,8	50,38	10,8	93,81	15,8	137,24
0,9	7,817	5,9	51,25	10,9	94,68	15,9	138,11
1,0	8,686	6,0	52,12	11,0	95,54	16,0	138,97
1,1	9,554	6,1	52,98	11,1	96,41	16,1	139,84
1,2	10,42	6,2	53,85	11,2	97,28	16,2	140,71
1,3	11,29	6,3	54,72	11,3	98,15	16,3	141,58
1,4	12,16	6,4	55,49	11,4	99,02	16,4	142,45
1,5	13,03	6,5	56,46	11,5	99,89	16,5	143,32
1,6	13,90	6,6	57,33	11,6	100,76	16,6	144,19
1,7	14,77	6,7	58,20	11,7	101,62	16,7	145,05
1,8	15,63	6,8	59,06	11,8	102,49	16,8	145,92
1,9	16,50	6,9	59,93	11,9	103,36	16,9	146,79
2,0	17,37	7,0	60,80	12,0	104,23	17,0	147,66
2,1	18,24	7,1	61,67	12,1	105,10	17,1	148,53
2,2	19,11	7,2	62,54	12,2	105,97	17,2	149,40
2,3	19,98	7,3	63,41	12,3	106,84	17,3	150,27
2,4	20,85	7,4	64,28	12,4	107,71	17,4	151,13
2,5	21,71	7,5	65,14	12,5	108,57	17,5	152,00
2,6	22,58	7,6	66,01	12,6	109,44	17,6	152,87
2,7	23,45	7,7	66,88	12,7	110,31	17,7	153,74
2,8	24,32	7,8	67,75	12,8	111,18	17,8	154,61
2,9	25,19	7,9	68,62	12,9	112,05	17,9	155,48
3,0	26,06	8,0	69,49	13,0	112,92	18,0	156,35
3,1	26,93	8,1	70,36	13,1	113,79	18,1	157,21
3,2	27,79	8,2	71,22	13,2	114,65	18,2	158,08
3,3	28,66	8,3	72,09	13,3	115,52	18,3	158,95
3,4	29,53	8,4	72,96	13,4	116,39	18,4	159,82
3,5	30,40	8,5	73,83	13,5	117,26	18,5	160,69
3,6	31,27	8,6	74,70	13,6	118,13	18,6	161,56
3,7	32,14	8,7	75,57	13,7	119,00	18,7	162,43
3,8	33,01	8,8	76,44	13,8	119,87	18,8	163,29
3,9	33,87	8,9	77,30	13,9	120,73	18,9	164,16
4,0	34,74	9,0	78,17	14,0	121,60	19,0	165,03
4,1	35,61	9,1	79,04	14,1	122,47	19,1	165,90
4,2	36,48	9,2	79,91	14,2	123,34	19,2	166,77
4,3	37,35	9,3	80,78	14,3	124,21	19,3	167,64
4,4	38,22	9,4	81,65	14,4	125,08	19,4	168,51
4,5	39,09	9,5	82,52	14,5	125,95	19,5	169,37
4,6	39,96	9,6	83,38	14,6	126,81	19,6	170,24
4,7	40,82	9,7	84,25	14,7	127,68	19,7	171,11
4,8	41,69	9,8	85,12	14,8	128,55	19,8	171,98
4,9	42,56	9,9	85,99	14,9	129,42	19,9	172,85
5,0	43,43	10,0	86,86	15,0	130,29	20,0	173,72

5b. Tafel zur Umrechnung von Dezibel in Neper

Dezibel	Neper	Dezibel	Neper	Dezibel	Neper	Dezibel	Neper
1	0,1151	51	5,872	101	11,63	151	17,38
2	0,2303	52	5,987	102	11,74	152	17,50
3	0,3454	53	6,102	103	11,86	153	17,61
4	0,4605	54	6,217	104	11,97	154	17,73
5	0,5756	55	6,332	105	12,09	155	17,85
6	0,6908	56	6,447	106	12,20	156	17,96
7	0,8059	57	6,562	107	12,32	157	18,08
8	0,9210	58	6,677	108	12,43	158	18,19
9	1,0362	59	6,793	109	12,55	159	18,31
10	1,1513	60	6,908	110	12,66	160	18,42
11	1,266	61	7,023	111	12,78	161	18,54
12	1,382	62	7,138	112	12,89	162	18,65
13	1,497	63	7,253	113	13,01	163	18,77
14	1,612	64	7,368	114	13,12	164	18,88
15	1,727	65	7,483	115	13,24	165	19,00
16	1,842	66	7,599	116	13,35	166	19,11
17	1,957	67	7,714	117	13,47	167	19,23
18	2,072	68	7,829	118	13,59	168	19,34
19	2,187	69	7,944	119	13,70	169	19,46
20	2,303	70	8,059	120	13,82	170	19,57
21	2,418	71	8,174	121	13,93	171	19,69
22	2,533	72	8,289	122	14,05	172	19,80
23	2,648	73	8,404	123	14,16	173	19,92
24	2,763	74	8,520	124	14,28	174	20,03
25	2,878	75	8,635	125	14,39	175	20,15
26	2,993	76	8,750	126	14,51	176	20,26
27	3,108	77	8,865	127	14,62	177	20,38
28	3,224	78	8,980	128	14,74	178	20,49
29	3,339	79	9,095	129	14,85	179	20,61
30	3,454	80	9,210	130	14,97	180	20,72
31	3,569	81	9,325	131	15,08	181	20,84
32	3,684	82	9,440	132	15,20	182	20,95
33	3,799	83	9,556	133	15,31	183	21,07
34	3,914	84	9,671	134	15,43	184	21,18
35	4,030	85	9,786	135	15,54	185	21,30
36	4,145	86	9,901	136	15,66	186	21,41
37	4,260	87	10,02	137	15,77	187	21,53
38	4,375	88	10,13	138	15,89	188	21,64
39	4,490	89	10,25	139	16,00	189	21,76
40	4,605	90	10,36	140	16,12	190	21,87
41	4,720	91	10,48	141	16,23	191	21,99
42	4,835	92	10,59	142	16,35	192	22,10
43	4,951	93	10,71	143	16,46	193	22,22
44	5,066	94	10,82	144	16,58	194	22,34
45	5,181	95	10,94	145	16,69	195	22,45
46	5,296	96	11,05	146	16,81	196	22,57
47	5,411	97	11,17	147	16,92	197	22,68
48	5,526	98	11,28	148	17,04	198	22,80
49	5,641	99	11,40	149	17,15	199	22,91
50	5,756	100	11,51	150	17,27	200	23,03

6. Blindwiderstände und Blindleitwerte

Aus den Tafeln 6a, b und c lassen sich die Blindwiderstandsbeträge $X = 1/\omega C$ der Kapazität C und $X = \omega L$ der Induktivität L und ihre Blindleitwerte B in Abhängigkeit von der Frequenz f bestimmen.

Beispiele:

1. Wie groß ist der Widerstand X eines Kondensators mit $C = 260$ pF bei $f = 250$ kHz? Die Tafel 6a ergibt die Größenordnung mit $1\ \text{k}\Omega < X < 10\ \text{k}\Omega$, die Tafel 6b den genauen Wert zu 2,46 kΩ.

2. Wie groß muß ein Kondensator sein, damit er bei 420 kHz einen Leitwert $B = 120$ mS hat? Aus Tafel 6a findet man $10\ \text{nF} < C < 100\ \text{nF}$ und aus Tafel 6c den genauen Wert 45 nF.

Tafel 6a

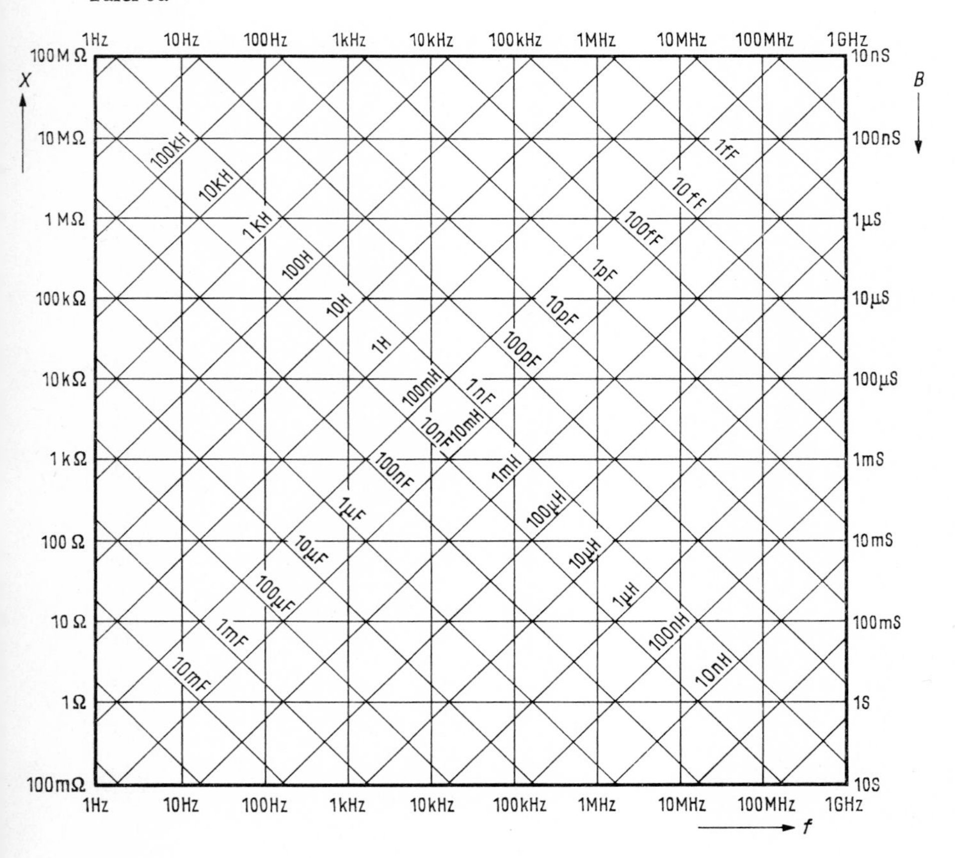

3. Eine Induktivität von 135 mH ist in einen Wechselstromkreis eingeschaltet und hat dabei einen Widerstand von 480 Ω. Welche Frequenz f hat der Wechselstrom? In Tafel 6a liest man ab $100\ \text{Hz} < f < 1\ \text{kHz}$ und in Tafel 6b $f = 570$ Hz. Weiter kann man die im Resonanzfall ($\omega_0^2 \cdot CL = 1$) zusammengehörigen Werte von C, L und f_0 bestimmen.

4. Welches ist die Resonanzfrequenz eines Schwingkreises, der aus der Kapazität $C = 150$ pF und der Induktivität $L = 230$ nH besteht? Tafel 6a liefert $10\ \text{MHz} < f_0 < 100\ \text{MHz}$ und Tafel 6b $f_0 = 27$ MHz.

Tafel 6b

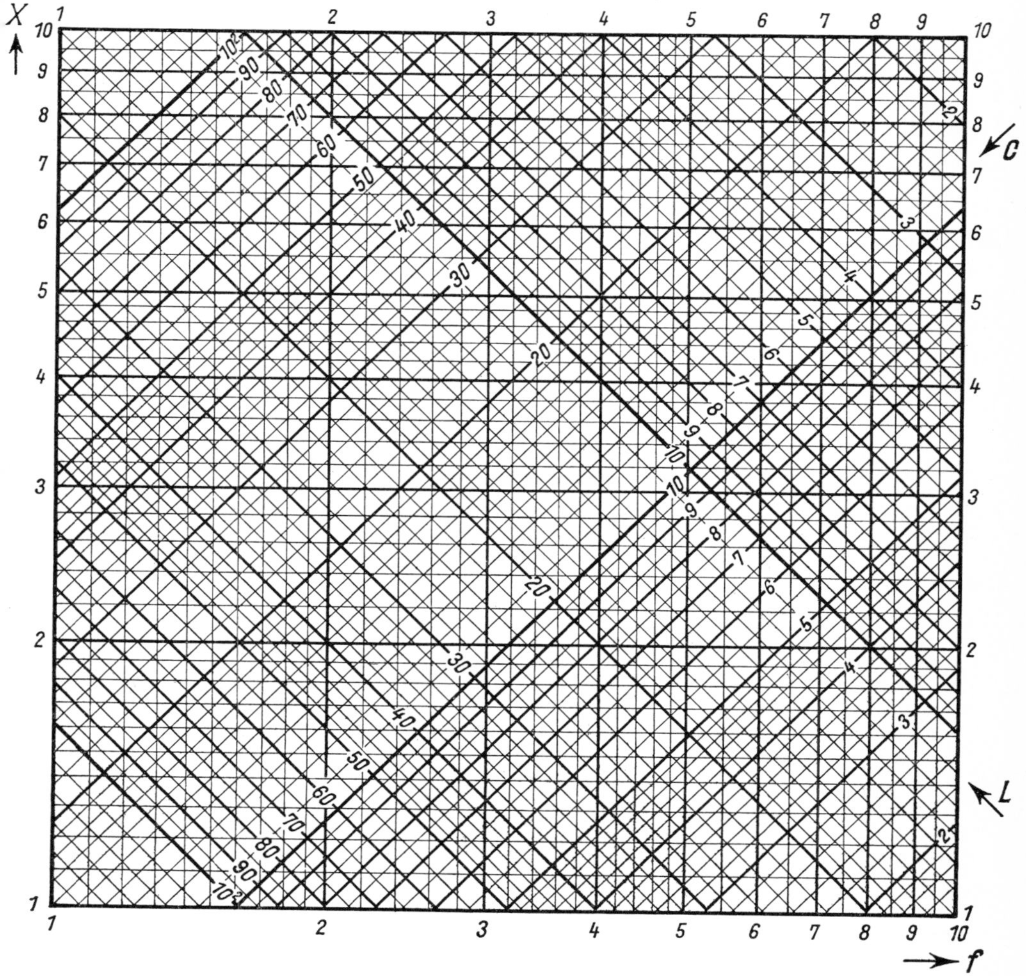

5. In einem Schwingkreis für 468 kHz ist die schadhaft gewordene Induktivität L zu ersetzen. Welchen Wert muß sie haben, wenn die Kapazität den Wert $C = 1{,}30$ nF hat? Nach Tafel 6a gilt $10\ \mu\text{H} < L < 100\ \mu\text{H}$; Tafel 6b liefert $L = 90\ \mu\text{H}$.

6. Bei einem Schwingkreis soll bei der Resonanzfrequenz $f_0 = 3{,}5$ kHz der Widerstand der Komponenten 180 kΩ betragen. Wie groß müssen C und L sein? Aus Tafel 6a folgt $100\ \text{pF} < C < 1\ \text{nF}$ und $1\ \text{H} < L < 10\ \text{H}$; Tafel 6b ergibt $C = 250$ pF und $L = 8{,}2$ H.

Tafel 6c

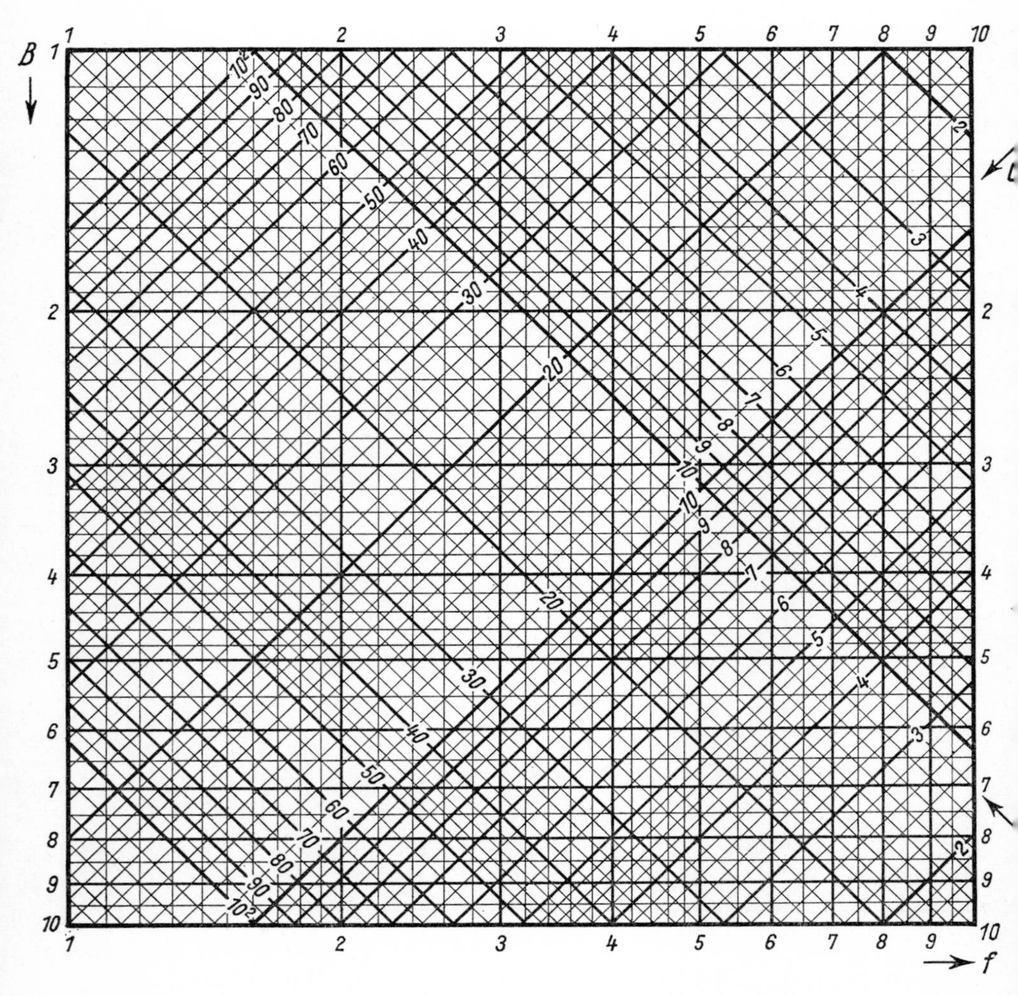

7. Berechnung von Kapazitäten

$\varepsilon/\varepsilon_0$ ist die Dielektrizitätszahl ε_r, wie sie in Werkstofftabellen angegeben wird. In den zugeschnittenen Größengleichungen ist $\varepsilon_0 = 0{,}0885$ pF/cm $= \frac{1}{3{,}6\pi}$ pF/cm eingesetzt.

Zwei ebene Flächen A im Abstand d; $d^2 \ll A$:

$$C = \varepsilon \frac{A}{d}; \qquad \frac{C}{\mathrm{pF}} = 0{,}0885\, \varepsilon_r \frac{\frac{A}{\mathrm{cm}^2}}{\frac{d}{\mathrm{cm}}}.$$

Draht der Länge l, mit dem Radius r, im Abstand h *parallel zu einer* unendlich ausgedehnten *Ebene*; $r \ll h \ll l$:

$$C = \frac{2\varepsilon\pi l}{\ln \frac{2h}{r}}; \qquad \frac{C}{\mathrm{pF}} = \frac{2}{3{,}6}\, \varepsilon_r \frac{\frac{l}{\mathrm{cm}}}{\ln \frac{\frac{2h}{\mathrm{cm}}}{\frac{r}{\mathrm{cm}}}}.$$

Koaxiale Kreiszylinder der Länge l, mit den Radien R und r *(koaxiale Kabel)*:

$$C = \frac{2\pi\varepsilon l}{\ln \frac{R}{r}}; \qquad \frac{C}{\mathrm{pF}} = \frac{2}{3{,}6}\, \varepsilon_r \frac{\frac{l}{\mathrm{cm}}}{\ln \frac{\frac{R}{\mathrm{cm}}}{\frac{r}{\mathrm{cm}}}}.$$

Parallele Drähte der Länge l, mit dem Radius r im Abstand d *(Doppelleitungen)*; $r \ll d \ll l$:

$$C = \frac{\pi\varepsilon l}{\ln \frac{d}{r}}; \qquad \frac{C}{\mathrm{pF}} = \frac{1}{3{,}6}\, \varepsilon_r \frac{\frac{l}{\mathrm{cm}}}{\ln \frac{\frac{d}{\mathrm{cm}}}{\frac{r}{\mathrm{cm}}}}.$$

Parallele Bänder der Länge l, der Breite b, mit dem Abstand d; $d \ll b \ll l$:

$$C = \varepsilon \cdot l \frac{b+d}{d}; \qquad \frac{C}{\mathrm{pF}} = \frac{1}{3{,}6\pi}\, \varepsilon_r \frac{l}{\mathrm{cm}} \frac{\frac{b}{\mathrm{cm}} + \frac{d}{\mathrm{cm}}}{\frac{d}{\mathrm{cm}}}.$$

8. Berechnung von Selbstinduktivitäten

μ/μ_0 ist die Permeabilitätszahl μ_r, wie sie in Werkstofftabellen angegeben wird.

In den zugeschnittenen Größengleichungen ist $\mu_0 = 12{,}56\ \mathrm{nH/cm} = 4\pi\ \mathrm{nH/cm}$ eingesetzt.

*Gerader Draht** (Einfachleitung); $r \ll l$:

$$L = \frac{\mu l}{2\pi}\left(\ln\frac{2l}{r} - \mathrm{K}\right); \qquad \frac{L}{\mathrm{nH}} = 2\mu_r \frac{l}{\mathrm{cm}}\left(\ln\frac{\frac{2l}{\mathrm{cm}}}{\frac{r}{\mathrm{cm}}} - \mathrm{K}\right);$$

für $f = 0$ ist $\mathrm{K} = 3/4$;

$f = \infty$ ist $\mathrm{K} = 1$.

*Gerades Band**; Dicke $\ll$ Breite $b \ll$ Länge l:

$$L = \frac{\mu l}{2\pi}\left(\ln\frac{2l}{b} + \frac{1}{2}\right); \qquad \frac{L}{\mathrm{nH}} = 2\mu_r \frac{l}{\mathrm{cm}}\left(\ln\frac{\frac{2l}{\mathrm{cm}}}{\frac{b}{\mathrm{cm}}} + \frac{1}{2}\right).$$

Bifilardraht (Doppelleitung); $r \ll$ Abstand $d \ll$ Länge l:

$$L = \frac{\mu l}{4\pi}\left(4\ln\frac{d}{r} + \mathrm{K}\right); \qquad \frac{L}{\mathrm{nH}} = \mu_r \frac{l}{\mathrm{cm}}\left(4\ln\frac{\frac{d}{\mathrm{cm}}}{\frac{r}{\mathrm{cm}}} + \mathrm{K}\right);$$

für $f = 0$ ist $\mathrm{K} = 1$;

$f = \infty$ ist $\mathrm{K} = 0$.

Bifilarband der Länge l, Breite b, mit dem Abstand d; Eindringtiefe $\vartheta \ll d \ll b \ll l$:

$$L = \mu l \frac{d}{b + d}; \qquad \frac{L}{\mathrm{nH}} = 4\pi\mu_r \frac{l}{\mathrm{cm}} \frac{\frac{d}{\mathrm{cm}}}{\frac{b}{\mathrm{cm}} + \frac{d}{\mathrm{cm}}}.$$

$f = \infty$ ist gegeben, wenn die Eindringtiefe $\vartheta \ll r$ ist.

* Unter der Induktivität L eines geraden Leitungsstückes wird hierbei der Zuwachs der Induktivität einer großen Leiterschleife bei Einfügen eines geraden Stückes l verstanden. Der Begriff ist für die Praxis brauchbar, da dort immer Leiterschleifen vorliegen, die um Längen l vergrößert oder verkleinert werden können.

Koaxiales Kabel; Innenradius des Außenleiters $R \ll l$; $d =$ Wandstärke des Außenleiters:

$$L = \frac{\mu l}{2\pi}\left[\ln\frac{R}{r} + \mathrm{K}\left(\frac{1}{4} + \frac{1}{3}\,\frac{d}{R}\right)\right];$$

$$\frac{L}{\mathrm{nH}} = 2\mu_\mathrm{r}\,\frac{l}{\mathrm{cm}}\left[\ln\frac{\frac{R}{\mathrm{cm}}}{\frac{r}{\mathrm{cm}}} + \mathrm{K}\left(\frac{1}{4} + \frac{1}{3}\,\frac{\frac{d}{\mathrm{cm}}}{\frac{R}{\mathrm{cm}}}\right)\right];$$

für $f = 0$ ist $\mathrm{K} = 1$;

$f = \infty$ ist $\mathrm{K} = 0$.

Kreisförmige Schleife (Radius R) aus Runddraht (Radius r):

$$L = \mu R\left(\ln\frac{R}{r} + \mathrm{K}\right); \qquad \frac{L}{\mathrm{nH}} = 4\pi\mu_\mathrm{r}\,\frac{R}{\mathrm{cm}}\left(\ln\frac{\frac{R}{\mathrm{cm}}}{\frac{r}{\mathrm{cm}}} + \mathrm{K}\right);$$

für $f = 0$ ist $\mathrm{K} = 0{,}33$;

$f = \infty$ ist $\mathrm{K} = 0{,}08$.

$f = \infty$ ist gegeben, wenn die Eindringtiefe $\vartheta \ll r$ ist.

Kurze, weite Spule mit der Windungszahl n; $R \gg l$:

$$L = \mu n^2 R\left(\ln\frac{R}{l} + 1{,}58\right);$$

$$\frac{L}{\mathrm{nH}} = 4\pi\mu_\mathrm{r} n^2\,\frac{R}{\mathrm{cm}}\left(\ln\frac{\frac{R}{\mathrm{cm}}}{\frac{l}{\mathrm{cm}}} + 1{,}58\right).$$

Lange, enge Spulen mit der Windungszahl n; $R \ll l$:

$$L = \pi\mu n^2\,\frac{R^2}{l}; \qquad \frac{L}{\mathrm{nH}} = 4\pi^2\mu_\mathrm{r} n^2\,\frac{R}{\mathrm{cm}}\,\frac{\frac{R}{\mathrm{cm}}}{\frac{l}{\mathrm{cm}}}.$$

Ringspule (Toroid) mit der Windungsfläche A und dem mittleren Ringradius ϱ; $\varrho^2 \gg A$:

$$L = \frac{\mu}{2\pi}\,\frac{n^2 A}{\varrho}; \qquad \frac{L}{\mathrm{nH}} = 2\mu_\mathrm{r} n^2\,\frac{\frac{A}{\mathrm{cm}^2}}{\frac{\varrho}{\mathrm{cm}}}.$$

9. Hyperbolische Funktionen reellen Arguments

$$\sinh x = \frac{e^x - e^{-x}}{2} = -\sinh(-x) = \sqrt{\cosh^2 x - 1} = \frac{\tanh x}{\sqrt{1 - \tanh^2 x}}$$

$$\cosh x = \frac{e^x + e^{-x}}{2} = \cosh(-x) = \sqrt{\sinh^2 x + 1} = \frac{1}{\sqrt{1 - \tanh^2}}$$

$$\tanh x = \frac{e^x - e^{-x}}{e^x + e^{-x}} = -\tanh(-x) = \frac{\sinh x}{\sqrt{1 + \sinh^2 x}} = \frac{\sqrt{\cosh^2 x -}}{\cosh x}$$

$$\sinh 2x = 2 \cdot \sinh x \cdot \cosh x = \frac{2 \tanh x}{1 - \tanh^2 x}$$

$$\cosh 2x = 1 + 2 \sinh^2 x = 2 \cosh^2 x - 1 = \frac{1 + \tanh^2 x}{1 - \tanh^2 x}$$

$$\tanh 2x = \frac{2 \cdot \sinh x \cdot \cosh x}{\sinh^2 x + \cosh^2 x} = \frac{2 \tanh x}{1 + \tanh^2 x}$$

$$2 \cdot \sinh^2 x = \cosh 2x - 1 \qquad 2 \cosh^2 x = \cosh 2x + 1$$

$$\sinh(x + y) = \sinh x \cdot \cosh y + \cosh x \cdot \sinh y$$

$$\sinh(x - y) = \sinh x \cdot \cosh y - \cosh x \cdot \sinh y$$

$$\cosh(x + y) = \cosh x \cdot \cosh y + \sinh x \cdot \sinh y$$

$$\cosh(x - y) = \cosh x \cdot \cosh y - \sinh x \cdot \sinh y$$

$$\sinh x + \sinh y = 2 \cdot \sinh \frac{x + y}{2} \cdot \cosh \frac{x - y}{2}$$

$$\sinh x - \sinh y = 2 \cdot \sinh \frac{x - y}{2} \cdot \cosh \frac{x + y}{2}$$

$$\cosh x + \cosh y = 2 \cdot \cosh \frac{x + y}{2} \cdot \cosh \frac{x - y}{2}$$

$$\cosh x - \cosh y = 2 \cdot \sinh \frac{x + y}{2} \cdot \sinh \frac{x - y}{2}$$

$$2 \cdot \sinh x \cdot \sinh y = \cosh(x + y) - \cosh(x - y)$$

$$2 \cdot \sinh x \cdot \cosh y = \sinh(x + y) + \sinh(x - y)$$

$$2 \cdot \cosh x \cdot \cosh y = \cosh(x + y) + \cosh(x - y)$$

$$\sinh^2 x + \sinh^2 y = \cosh(x + y) \cdot \cosh(x - y) - 1$$

$$\sinh^2 x - \sinh^2 y = \sinh(x + y) \cdot \sinh(x - y)$$

$$\sinh^2 x + \cosh^2 y = \cosh(x + y) \cdot \cosh(x - y)$$

$$\sinh^2 x - \cosh^2 y = \sinh(x + y) \cdot \sinh(x - y) - 1$$

$$\cosh^2 x - \sinh^2 y = \sinh(x+y)\cdot\sinh(x-y) + 1$$
$$\cosh^2 x + \cosh^2 y = \cosh(x+y)\cdot\cosh(x-y) + 1$$
$$\cosh^2 x - \cosh^2 y = \sinh(x+y)\cdot\sinh(x-y)$$

$$\operatorname{arsinh} x = \ln\left(x + \sqrt{x^2+1}\right) \qquad \operatorname{artanh} x = \frac{1}{2}\ln\frac{1+x}{1-x}$$

$$\operatorname{arcosh} x = \ln\left(x + \sqrt{x^2-1}\right) \qquad \operatorname{artanh}\frac{1}{x} = \frac{1}{2}\ln\frac{x+1}{x-1}$$

$$\sinh\frac{x}{2} = \sqrt{\frac{\cosh x - 1}{2}} \qquad \cosh\frac{x}{2} = \sqrt{\frac{\cosh x + 1}{2}}$$

$$\tanh\frac{x}{2} = \frac{\cosh x - 1}{\sinh x} = \frac{\sinh x}{\cosh x + 1} = \frac{1 - \sqrt{1 - \tanh^2 x}}{\tanh x}$$

10. Hyperbolische Funktionen komplexen Arguments

$$\sinh jx = j\cdot\sin x \qquad \sinh x = -j\cdot\sin jx$$
$$\cosh jx = \cos x \qquad \cosh x = \cos jx$$
$$\tanh jx = j\cdot\tan x \qquad \tanh x = -j\cdot\tan jx$$

$$\sin jx = j\cdot\sinh x \qquad \sin x = -j\cdot\sinh jx$$
$$\cos jx = \cosh x \qquad \cos x = \cosh jx$$
$$\tan jx = j\cdot\tanh x \qquad \tan x = -j\cdot\tanh jx$$

$$\sinh(x \pm jy) = \sinh x\cdot\cos y \pm j\cosh x\cdot\sin y$$
$$\cosh(x \pm jy) = \cosh x\cdot\cos y \pm j\sinh x\cdot\sin y$$
$$\sinh|(x+jy)| = \sqrt{\sinh^2 x + \sin^2 y}$$
$$\cosh|(x+jy)| = \sqrt{\sinh^2 x + \cos^2 y}$$
$$\tanh(x \pm jy) = \frac{\sinh 2x \pm j\sin 2y}{\cosh 2x \pm \cos 2y} = \frac{\tanh x \pm j\tan y}{1 \pm j\tanh x\cdot\tan y}$$
$$\coth(x \pm jy) = \frac{\sinh 2x \mp j\sin 2y}{\cosh 2x - \cos 2y} = \frac{\coth x\cdot\cot y \pm j}{\cot y \pm j\coth x}$$

Wenn $\sinh(a + jb) = A + jB$,

dann ist $2\cosh a = \sqrt{A^2 + (B+1)^2} + \sqrt{A^2 + (B-1)^2}$

$2\sin b = \sqrt{A^2 + (B+1)^2} - \sqrt{A^2 + (B-1)^2}$

Wenn $\cosh(a + jb) = A + jB$,

$$\text{dann ist } 2\cosh a = \sqrt{(A+1)^2 + B^2} + \sqrt{(A-1)^2 + B^2}$$

$$2\cos b = \sqrt{(A+1)^2 + B^2} - \sqrt{(A-1)^2 + B^2}$$

Wenn $\cosh(a + jb) = 1 + 2r \cdot e^{j\varphi}$,

$$\text{dann ist } \cosh a = r \pm \sqrt{r^2 + 2r \cdot \cos\varphi + 1}$$

$$\cos b = -r \pm \sqrt{r^2 + 2r \cdot \cos\varphi + 1}$$

Wenn $\tanh(a + jb) = A + jB = r \cdot e^{j\varphi}$,

$$\text{dann ist } \tanh 2a = 2A/(1 + A^2 + B^2) = 2r \cdot \cos\varphi/(1 + r^2)$$

$$\tan 2b = 2B/(1 - A^2 - B^2) = 2r \cdot \sin\varphi/(1 - r^2)$$

11. Hyperbolische Funktionen, Zahlenwerte

x	$\sinh x$	$\cosh x$	$\tanh x$	x	$\sinh x$	$\cosh x$	$\tanh x$
0,0	0,000	1,000	0,000	2,0	3,627	3,762	0,964
0,1	0,100	1,005	0,100	2,1	4,022	4,144	0,970
0,2	0,201	1,020	0,197	2,2	4,457	4,568	0,976
0,3	0,305	1,045	0,291	2,3	4,937	5,037	0,980
0,4	0,411	1,081	0,380	2,4	5,466	5,557	0,984
0,5	0,521	1,128	0,462	2,5	6,050	6,132	0,987
0,6	0,637	1,185	0,537	2,6	6,695	6,769	0,989
0,7	0,759	1,255	0,604	2,7	7,406	7,473	0,991
0,8	0,888	1,337	0,664	2,8	8,192	8,253	0,993
0,9	1,027	1,433	0,716	2,9	9,060	9,115	0,994
1,0	1,175	1,543	0,762	3,0	10,02	10,07	0,995
1,1	1,336	1,669	0,801	3,1	11,08	11,12	0,996
1,2	1,509	1,811	0,834	3,2	12,25	12,29	0,997
1,3	1,698	1,971	0,862	3,3	13,54	13,57	0,997
1,4	1,904	2,151	0,885	3,4	14,97	15,00	0,998
1,5	2,129	2,352	0,905	3,5	16,54	16,57	0,998
1,6	2,376	2,577	0,922	3,6	18,29	18,31	0,999
1,7	2,646	2,828	0,935	3,7	20,21	20,24	0,999
1,8	2,942	3,107	0,947	3,8	22,34	22,36	0,999
1,9	3,268	3,418	0,956	3,9	24,69	24,71	0,999
2,0	3,627	3,762	0,964	4,0	27,29	27,31	0,999

Für $x > 4$ ist $\sinh x \approx \cosh x \approx \frac{1}{2} e^x$ und $\tanh x \approx 1 - 2 \cdot e^{-2x}$

12. Reihen für Exponential-, Hyperbel-, Kreis- und Arcusfunktionen

Bei den Kreisfunktionen ist x in rad einzusetzen; $x = \pi \cdot \frac{\varphi°}{180°}$.

Konvergenzbereich:

$$e^x = 1 + \frac{x}{1!} + \frac{x^2}{2!} + \frac{x^3}{3!} + \frac{x^4}{4!} \cdots \qquad |x| < \infty$$

$$e^{jx} = 1 - \frac{x^2}{2!} + \frac{x^4}{4!} - \frac{x^6}{6!} \cdots + j\left(\frac{x}{1!} - \frac{x^3}{3!} + \frac{x^5}{5!} - \frac{x^7}{7!} \cdots\right) \qquad |x| < \infty$$

$$\cosh x = 1 + \frac{x^2}{2!} + \frac{x^4}{4!} + \frac{x^6}{6!} + \frac{x^8}{8!} \cdots \qquad |x| < \infty$$

$$\sinh x = \frac{x}{1!} + \frac{x^3}{3!} + \frac{x^5}{5!} + \frac{x^7}{7!} + \frac{x^9}{9!} \cdots \qquad |x| < \infty$$

$$\tanh x = x - \frac{x^3}{3} + \frac{2x^5}{3 \cdot 5} - \frac{17x^7}{3^2 \cdot 5 \cdot 7} + \frac{62x^9}{3^2 \cdot 5 \cdot 7 \cdot 9} \cdots \qquad |x| < \frac{\pi}{2}$$

$$\coth x = \frac{1}{x} + \frac{x}{3} - \frac{x^3}{3^2 \cdot 5} + \frac{2x^5}{3^3 \cdot 5 \cdot 7} \cdots \qquad |x| < \pi$$

$$\cos x = 1 - \frac{x^2}{2!} + \frac{x^4}{4!} - \frac{x^6}{6!} + \frac{x^8}{8!} \cdots \qquad |x| < \infty$$

$$\sin x = \frac{x}{1!} - \frac{x^3}{3!} + \frac{x^5}{5!} - \frac{x^7}{7!} + \frac{x^9}{9!} \cdots \qquad |x| < \infty$$

$$\tan x = x + \frac{x^3}{3} + \frac{2x^5}{3 \cdot 5} + \frac{17x^7}{3^2 \cdot 5 \cdot 7} + \frac{62x^9}{3^2 \cdot 5 \cdot 7 \cdot 9} \cdots \qquad |x| < \frac{\pi}{2}$$

$$\cot x = \frac{1}{x} - \frac{x}{3} - \frac{x^3}{3^3 \cdot 5} - \frac{2x^5}{3^3 \cdot 5 \cdot 7} - \frac{x^7}{3^2 \cdot 5^2 \cdot 7} \cdots \qquad 0 < |x| < \pi$$

$$\operatorname{arc} \cos x = \frac{\pi}{2} - x - \frac{1}{2} \cdot \frac{x^3}{3} - \frac{1 \cdot 3}{2 \cdot 4} \cdot \frac{x^5}{5} - \frac{1 \cdot 3 \cdot 5}{2 \cdot 4 \cdot 6} \cdot \frac{x^7}{7} \cdots \qquad -1 < |x| \leqq 1$$

$$\operatorname{arc} \sin x = x + \frac{1}{2} \cdot \frac{x^3}{3} + \frac{1 \cdot 3}{2 \cdot 4} \cdot \frac{x^5}{5} + \frac{1 \cdot 3 \cdot 5}{2 \cdot 4 \cdot 6} \cdot \frac{x^7}{7} \cdots \qquad -1 < |x| \leqq 1$$

$$\operatorname{arc} \tan x = x - \frac{x^3}{3} + \frac{x^5}{5} - \frac{x^7}{7} + \frac{x^9}{9} \cdots \qquad -1 < |x| \leqq 1$$

$$\operatorname{arc} \cot x = \frac{1}{x} - \frac{1}{3x^3} + \frac{1}{5x^5} - \frac{1}{7x^7} \cdots \qquad 1 < |x|$$

$$= \pi + \frac{1}{x} - \frac{1}{3x^3} + \frac{1}{5x^5} - \frac{1}{7x^7} \cdots \qquad |x| < -1$$

13. Näherungen der Reihen für Exponential-, Hyperbel- und Kreisfunktionen

Der Fehler Δ ist definiert zu: $\Delta = \frac{f_g(x) - f(x)}{f(x)}$, worin $f_g(x)$ die Näherungsfunktion und $f(x)$ die exakte Funktion darstellt.

$f(x) \approx f_g(x)$	$\Delta = \pm 0{,}1\%$ für $x =$	$\Delta = \pm 1\%$ für $x =$	$\Delta = \pm 10\%$ für $x =$
$e^x \approx 1 + x$	$-0{,}044$ bis $+0{,}045$	$-0{,}14$ bis $+0{,}15$	$-0{,}4$ bis $+0{,}5$
$e^x \approx 1 + x + \frac{x^2}{2}$	$-0{,}174$ bis $+0{,}191$	$-0{,}36$ bis $+0{,}44$	$-0{,}7$ bis $+1{,}1$
$\cosh x \approx 1$	$\pm 0{,}045$	$\pm 0{,}14$	$\pm 0{,}4$
$\cosh x \approx 1 + \frac{x^2}{2}$	$\pm 0{,}40$	$\pm 0{,}74$	$\pm 1{,}5$
$\sinh x \approx x$	$\pm 0{,}077$	$\pm 0{,}24$	$\pm 0{,}8$
$\sinh x \approx x + \frac{x^3}{6}$	$\pm 0{,}596$	$\pm 1{,}09$	$\pm 2{,}1$
$\tanh x \approx x$	$\pm 0{,}055$	$\pm 0{,}17$	$\pm 0{,}6$
$\tanh x \approx x - \frac{x^3}{3}$	$\pm 0{,}295$	$\pm 0{,}52$	$\pm 0{,}9$
$\coth x \approx \frac{1}{x}$	$\pm 0{,}055$	$\pm 0{,}17$	$\pm 0{,}6$
$\coth x \approx \frac{1}{x} + \frac{x}{3}$	$\pm 0{,}471$	$\pm 0{,}88$	$\pm 1{,}8$
$\cos x \approx 1$	$\pm 0{,}045$	$\pm 0{,}14$	$\pm 0{,}4$
$\cos x \approx 1 - \frac{x^2}{2}$	$\pm 0{,}386$	$\pm 0{,}66$	$\pm 1{,}0$
$\sin x \approx x$	$\pm 0{,}077$	$\pm 0{,}24$	$\pm 0{,}7$
$\sin x \approx x - \frac{x^3}{6}$	$\pm 0{,}580$	$\pm 1{,}01$	$\pm 1{,}7$
$\tan x \approx x$	$\pm 0{,}055$	$\pm 0{,}17$	$\pm 0{,}5$
$\tan x \approx x + \frac{x^3}{3}$	$\pm 0{,}295$	$\pm 0{,}52$	$\pm 0{,}9$
$\cot x \approx \frac{1}{x}$	$\pm 0{,}055$	$\pm 0{,}17$	$\pm 0{,}5$
$\cot x \approx \frac{1}{x} - \frac{x}{3}$	$\pm 0{,}45$	$\pm 0{,}76$	$\pm 1{,}2$

14. Umwandlung komplexer Zahlen

Komplexe Zahlen r können in rechtwinkligen oder Polarkomponenten ausgedrückt werden. Zwischen beiden bestehen die Beziehungen $r = a \pm jb = |r| \cdot e^{\pm j\varphi}$ mit $|r| = \sqrt{a^2 + b^2}$, $\varphi = \arctan b/a$ und $a = |r| \cdot \cos \varphi$, $b = |r| \cdot \sin \varphi$. Um die häufig notwendigen Umrechnungen zu erleichtern, hat *Reinhardt* die umstehende Tafel angegeben. Sie stellt die Abbildung einer Zehnerpotenz des ersten Quadranten der Gaußschen Zahlenebene dar. In ihr ist jeder Punkt auf doppelte Art eindeutig bestimmt: einmal als Schnittpunkt von je zwei der gezeichneten Orthogonalkurven, ein zweites Mal durch seine rechtwinkligen Koordinaten. Die Orthogonalkurven stellen eine mathematische Abbildung der rechtwinkligen Komponenten a und b dar, die rechtwinkligen Koordinaten sind die Polarkomponenten $|r|$ und φ.

Zur Umrechnung der Komponenten dient das folgende einfache Verfahren. Sind die rechtwinkligen Komponenten a und b gegeben und werden die Polarkomponenten $|r|$ und φ gesucht, so wird in der Tafel der Schnittpunkt der beiden Orthogonalkurven für a und jb gesucht; die durch diesen Punkt gelegten Parallelen zu den Achsen geben die Polarkomponenten $|r|$ und φ auf den Außenskalen an. Sind umgekehrt die Polarkomponenten $|r|$ und φ gegeben, so sucht man diese Werte in den Außenskalen auf und bildet den Schnittpunkt der zugehörigen Achsparallelen; die beiden durch ihn laufenden Orthogonalkurven geben die gesuchten Komponenten a und b an.

Die Vorzeichen der Komponenten a und b bestimmen den Quadranten. Bei der Bestimmung von r sind die Vorzeichen von a und b gleichgültig. Der Winkel φ wird zunächst ohne Rücksicht auf die Vorzeichen der Komponenten dem Kurvenblatt entnommen. Er stellt immer einen spitzen Winkel zur a-Achse dar. Im ersten Quadranten $(a + jb)$ gilt also der abgelesene Winkel unmittelbar, im zweiten Quadranten $(-a + jb)$ ist er von 180° oder 200^g abzuziehen, im dritten Quadranten $(-a - jb)$ zu 180° (200^g) zuzuzählen und im vierten Quadranten $(a - jb)$ von 360° (400^g) abzuziehen. Bei der umgekehrten Umrechnung bestimmt φ den Quadranten. In der Tafel ist dann als φ wieder derjenige spitze Winkel aufzusuchen, den der Vektor mit der a-Achse bildet. (Anstatt den Winkel entgegen dem Uhrzeigersinn positiv zu zählen, kann man ihn auch mit dem Uhrzeigersinn negativ zählen, z.B. $-21°$ statt $+339°$.)

Die erzielbare Genauigkeit wird für die Erfordernisse der Praxis ausreichend sein. Es ist jedoch zweckmäßig, sich auf durchsichtigem Stoff ein rechtwinkliges Achsenkreuz anzufertigen, das in beiden Fällen die Ablesung erheblich erleichtert.

Praktische Anwendungsbeispiele

1. Gegeben sei ein Widerstand $Z = R + j\omega L = R + jX = |Z| \cdot e^{j\varphi} \equiv a + jb$, gesucht der Leitwert $Y = 1/Z$.

Man findet aus der Tafel sofort die Polarkomponenten $|Z|$ und φ, also $Z = |Z| \cdot e^{j\varphi}$. Es ist dann $Y = (1/|Z|) \cdot e^{-j\varphi} = |Y| \cdot e^{-j\varphi}$. Aus der Tafel läßt sich dann wieder ablesen $|Y| \cdot e^{-j\varphi} = G - jB$.

Zahlenbeispiel: $Z = 3\,\Omega + j\,4\,\Omega$. Man findet $|Z| = 5\,\Omega$, $\varphi = 53°$, also $|Y| = 0{,}2$ S. Zu $|Y| = 0{,}2$ S und $\varphi = 53°$ gehören laut Tafel $|G| = 0{,}12$ S, $|B| = 0{,}16$ S. Damit ist $Y = 0{,}2 \cdot e^{-j53°}$ S $= 0{,}12$ S $- j\,0{,}16$ S.

2. Von einem Kabel seien gegeben die kilometrischen Werte R', L', G' und C'. Gesucht wird der Wellenwiderstand $Z = \sqrt{\frac{R' + j\omega L'}{G' + j\omega C'}}$ für verschiedene Kreisfrequenzen ω.

Der Tafel entnimmt man $R' + j\omega L' = |Z| \cdot e^{j\varphi_1}$, $G' + j\omega C' = |Y| \cdot e^{j\varphi_2}$ und hat $Z = \sqrt{\frac{|Z|}{|Y|} \cdot e^{j(\varphi_1 - \varphi_2)}} = \sqrt{\frac{|Z|}{|Y|}} \cdot e^{\frac{j(\varphi_1 - \varphi_2)}{2}} = |Z| \cdot e^{j\varphi}$.

Zahlenbeispiel: $R' = 54\,\Omega$/km, $L' = 0{,}7 \cdot 10^{-3}$ H/km, $G' = 0{,}6 \cdot 10^{-6}$ S/km, $C' = 33{,}5 \cdot 10^{-9}$ F/km. Man ermittelt dafür:

	ωL	ωC	$\|Z\|$	φ_1	$\|Y\|$	φ_2	Z
$\omega_1 = 2500\,{}^1/_s$	1,75	$8{,}375 \cdot 10^{-3}$	54	2°	$8{,}33 \cdot 10^{-5}$	90°	$807 \cdot e^{-j44°}$
$\omega_2 = 5000\,{}^1/_s$	3,5	$16{,}75 \cdot 10^{-5}$	54,1	4°	$16{,}75 \cdot 10^{-5}$	90°	$570 \cdot e^{-j43°}$
$\omega_3 = 10000\,{}^1/_s$	7,0	$33{,}5 \cdot 10^{-5}$	54,3	7,5°	$33{,}5 \cdot 10^{-5}$	90°	$400 \cdot e^{-j41°}$

Im ganzen Bereich ändert sich praktisch nur der Betrag. Man erkennt daraus die Berechtigung und den Vorzug, komplexe Widerstände in Polarkomponenten anzugeben. Sind zwei Widerstände in dieser Form gegeben

$$Z_1 = |Z_1| \cdot e^{j\varphi_1} \quad \text{und} \quad Z_2 = |Z_2| \cdot e^{j\varphi_2}$$

und ist die Summe gesucht in der Form

$$Z_1 + Z_2 = Z_3 = |Z_3| \cdot e^{j\varphi_3},$$

so müßte man ohne Hilfe der Tafel rechnen:

$$Z_1 + Z_2 = R + jX = [|Z_1| \cdot \cos\varphi_1 + |Z_2| \cos\varphi_2] + \\ + j \cdot [|Z_1| \sin\varphi_1 + |Z_2| \sin\varphi_2];$$

$$Z_3 = \sqrt{R^2 + X^2},$$

$$\varphi_3 = \arctan\frac{X}{R}.$$

c) *TF-Systeme für symmetrische Leitungen* (*ohne Pilote*)

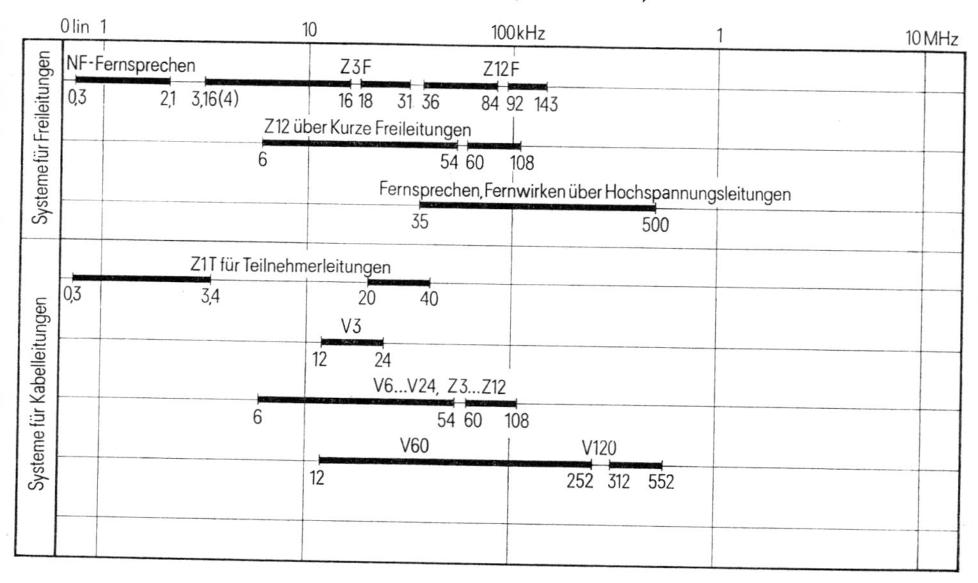

d) *TF-Systeme für Koaxialpaare* (*ohne Pilote*)

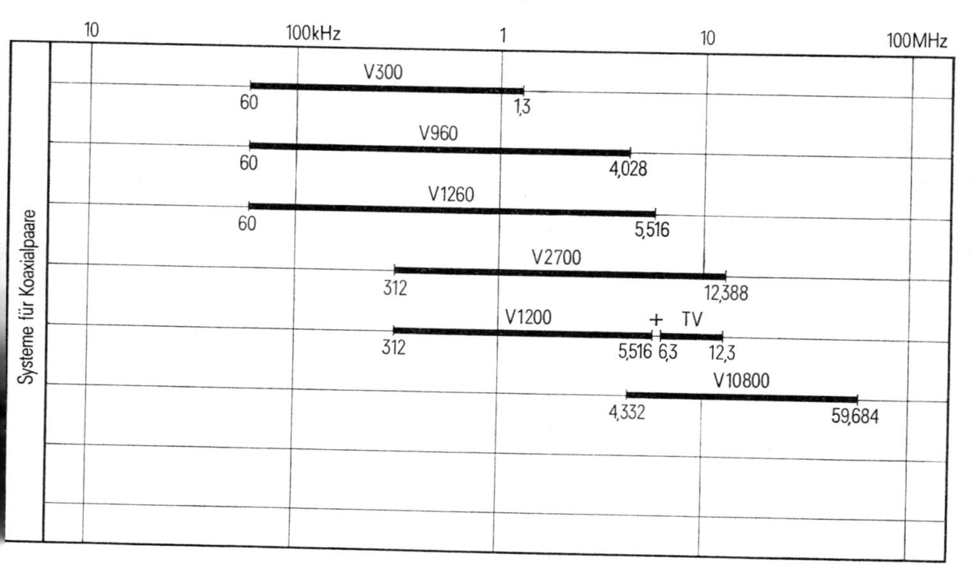

e) *Basisbänder von Richtfunksystemen (mit Piloten)*

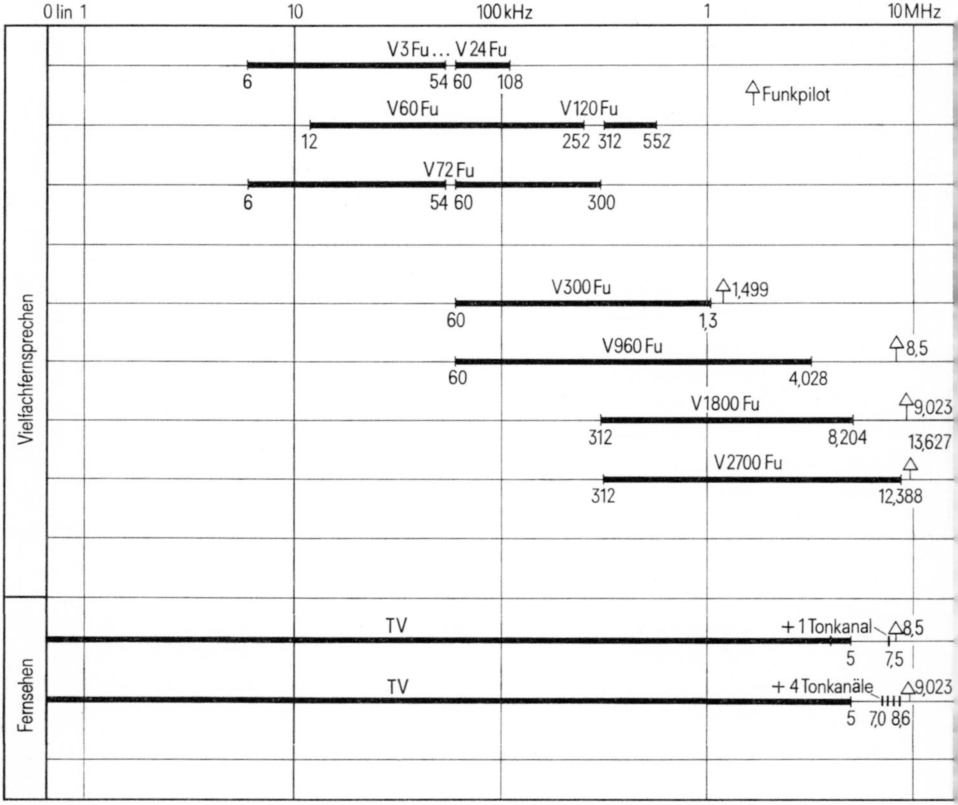

0 lin 1 10 100 kHz 1 10 MHz

Vielfachfernsprechen

V 3 Fu … V 24 Fu
6 54 60 108
Funkpilot

V 60 Fu V 120 Fu
12 252 312 552

V 72 Fu
6 54 60 300

V 300 Fu 1,499
60 1,3

V 960 Fu 8,5
60 4,028

V 1800 Fu 9,023
312 8,204 13,627

V 2700 Fu
312 12,388

Fernsehen

TV + 1 Tonkanal 8,5
5 7,5

TV + 4 Tonkanäle 9,023
5 7,0 8,6

f) *Funksysteme*

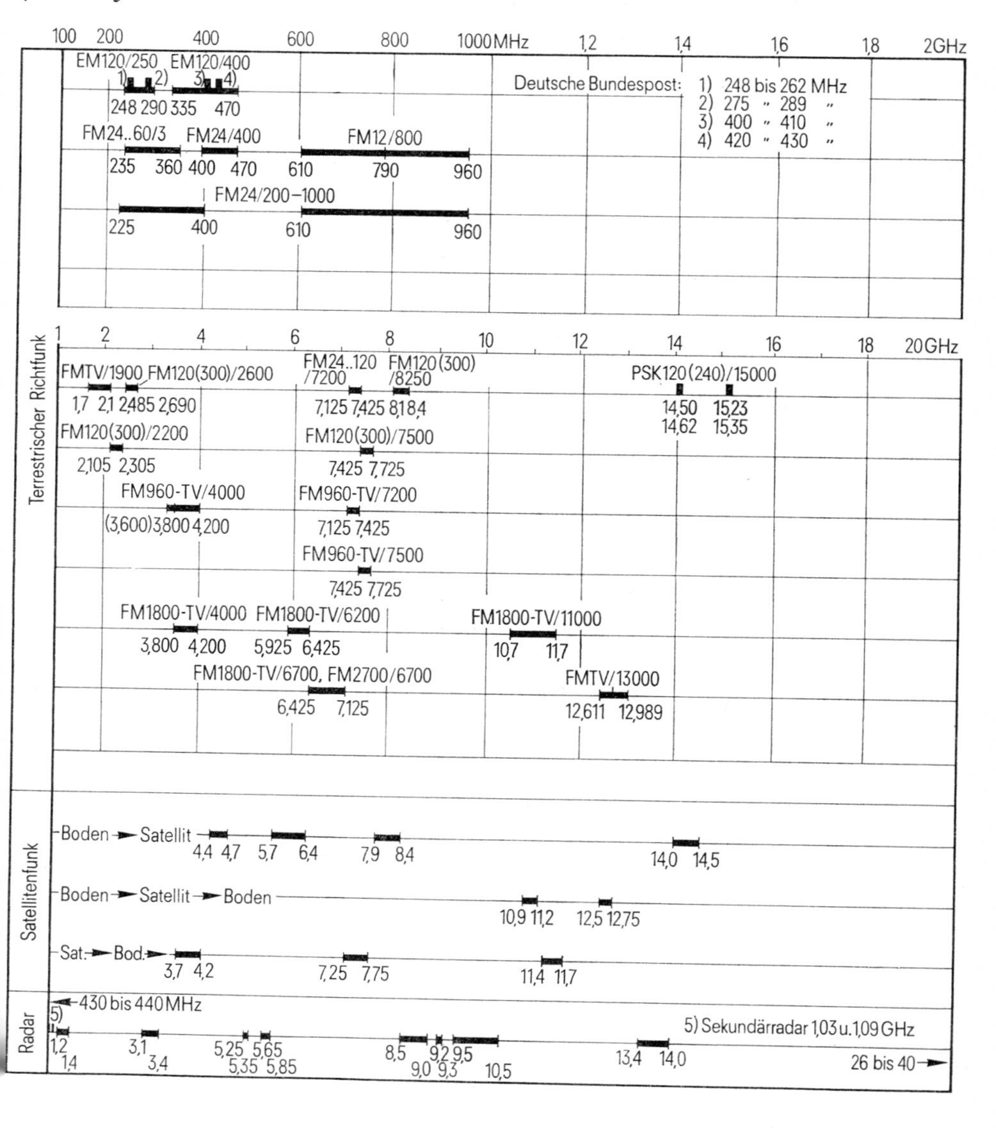

17. Namensabkürzungen einiger Normungs-Organisationen

AEF	Ausschuß für Einheiten und Formelgrößen
ASA	American Standards Association Amerikanische Normenvereinigung
BS	British Standard Britische Norm
CCIR	Comité Consultatif International des Radio-Communications Internationaler beratender Rundfunk-Ausschuß
CCITT	Comité Consultatif International Télégraphique et Téle-phonique Internationaler beratender Ausschuß für den Telegraphen- und Fernsprechdienst
CEPT	Conférence Europêene des Administrations des Postes et des Télecommunications Europäische Konferenz der Post- und Fernmeldeverwaltungen
CISPR	Comité International Spécial des Perturbations Radioélectriques Internationales Spezialkomitee für Rundfunkstörungen
CMTT	Commission Mixte CCIR/CCITT pour les Transmissions Télévisuelles et Sonores Gemischte CCIR/CCITT-Kommission für Fernseh- und Tonübertragung
DNA	Deutscher Normenausschuß; DIN ist sein geschütztes Normenkennzeichen
FNE	Fachnormenausschuß Elektrotechnik
FNM	Fachnormenausschuß Materialprüfung
FMSR	Fachnormenausschuß Messen, Steuern, Regeln
IEC	International Electrotechnical Commission Internationale Elektrotechnische Kommission
ISO	International Organization for Standardization Internationale Organisation für Normung
NTG	Nachrichtentechnische Gesellschaft im VDE
SI	International System of Units Internationales Maßeinheitensystem
UIT (ITU)	Union Internationale des Télécommunications Internationaler Fernmeldeverein
USA SC II	USA Standard Code for Information Interchange Norm-Kode für Informationsaustausch
VDE	Verband Deutscher Elektrotechniker e.V.

Stichwortverzeichnis

V